La vie rêvée des maths

Traduit de l'américain par
Hélène Cottrell

Titre original : *A Tour of the Calculus*
Pantheon Books, New York

La vie rêvée des maths

David Berlinski

Préface de Michel Demazure

Saint-Simon

Sommaire

Préface

L'histoire que nous raconte David Berlinski est celle de l'une des plus extraordinaires constructions intellectuelles collectives. Elle s'étend en fait sur plusieurs milliers d'années, puisque certaines parties remontent au moins à Archimède (la méthode d'exhaustion), tandis que les premières années du XXe siècle en verront les dernières améliorations (Lebesgue, Denjoy). Au cœur de tout cela, on trouve la grande période classique avec ces personnages dont tout le monde connaît les noms sans trop bien savoir ni qui ils étaient ni ce qu'ils ont fait : Descartes, Newton, Leibniz. Et aussi ces noms moins connus qui peuplent les manuels scolaires ou universitaires comme autant d'îles mystérieuses sur un océan inconnu : Cauchy, Euler, Dedekind, Kronecker, Lagrange, Weierstrass…

Car, évidemment, ce dont il s'agit, et c'est bien cela qui peut inquiéter, c'est cette chose affreuse, ce bloc de mathématiques qui dans le monde entier obstrue classes terminales et premières années d'université[1], ce verrou qui ouvre ou ferme l'accès aux études scientifiques : le calcul différentiel et intégral. En anglais, on dit simplement *calculus*[2] . Sur le campus de Princeton en 1960 (je me souviens de la date car c'était l'année de l'U2, cet avion espion abattu au-dessus de l'URSS), la plaisanterie que l'on entendait à tout propos c'était que, pour être politicien, businessman, patron…, un homme important, quoi, il fallait avoir échoué à l'unité de valeur dite

1 Et tout le monde n'a pas la chance d'avoir Mrs Crabtree comme professeur, ni Mlle Ackeroyd comme condisciple !

2 Le titre original du livre est *A Tour of the Calculus*.

calculus, ceux qui réussissaient devenant naturellement, eux, des « têtes d'œuf », ces *eggheads* qui peuplaient les campus..., et dont les pires enseignaient le *calculus* !

Parmi les livres que l'on reçoit, il y a ceux que l'on pose de côté « pour plus tard », ceux que l'on parcourt et puis ceux qu'on lit. Et parmi ceux-ci, ceux qu'on aime tellement qu'on est jaloux : « Quel beau sujet, je regrette de n'y avoir pas pensé » ; ou mieux, « j'aurais aimé écrire ce livre » ; ou encore plus, « si je l'avais écrit, j'aurais fait autrement, mieux même ». Pour celui-ci, l'écrire mieux – et même l'écrire tout court – ce serait une autre paire de manches. Car ce que fait ce diable de Berlinski, ce magicien de Berlinski, c'est tout simplement prodigieux. Sous sa plume, ce *calculus* maudit devient – ce que tous les pédagogues du monde se sont toujours employés à cacher – un roman extraordinaire, une histoire picaresque pleine de figures inoubliables. Pourra-t-on après cette lecture rencontrer son inspecteur des impôts sans se demander s'il ressemble à Newton ? ou ne pas chercher des yeux Leibniz en entrant dans un bar à bière ? Et tout cela sans « se dégonfler » une seule seconde, en violant toutes les règles de la vulgarisation... Lorsque l'on rencontre un obstacle, on ne contourne pas, on ne biaise pas, on respire, on fait une pose, on choisit le chemin et on escalade. Des limites ? oui, on parlera des limites ; des dérivées ? oui, il y aura des dérivées ! des intégrales ? aussi ! des théorèmes ? évidemment ! et les coupures, cette horrible chose de Dedekind, quand même pas ? ? ? mais si, absolument ! ! !

Incontestablement, nous avons là un livre d'un nouveau type, qui démontre que l'on peut réconcilier deux littératures fort distinctes : la « scientifique », avec son ascèse, sa priorité au contenu, ses exigences de rigueur, que sais-je, tout ce qui d'habitude en dégoûte les lecteurs ; et la « grande », celle où un auteur/créateur met en scène des personnages, raconte une histoire, fait penser, fait rêver, fait réagir, fait rire..., où l'on est confronté à un style, où l'on peut aimer ou ne pas aimer ce qu'on lit. On l'aura compris, en le lisant, j'ai pensé, j'ai réagi, j'ai ri, j'ai rencontré un auteur, un style, en un mot j'ai aimé. Et je prévois – je souhaite – que nombreux seront ceux qui comme moi liront, réagiront, riront, aimeront ; et se diront : « En fait, si on me l'avait raconté comme cela à l'époque, le *calculus*, peut-être que moi aussi je serais devenu une tête d'œuf ! » Comme je souhaite aussi dans la même ligne d'autres livres, d'autres thèmes, d'autres auteurs.

Mais il n'y a pas que l'histoire, les personnages, l'anecdote. Il y a aussi dans ce livre ces choses que l'on n'explique jamais, ou très rarement, celles qui sont – prétendument – « évidentes » pour l'un et – prétendument – incompréhensibles pour les autres. Par exemple, le rapport entre le monde réel et les nombres, ces nombres justement appelés « nombres réels » dans le jargon des mathématiciens, le grand pas fait au XIXe siècle pour sortir de l'ornière où s'étaient bloqués les Grecs. Là aussi, Berlinski prend le temps, explique, trouve la métaphore inattendue.

Donc ce livre, lisez-le. Comme on le disait à une certaine époque, si vous ne pouvez pas l'acheter, volez-le, mais lisez-le !

Michel Demazure
Président de la Cité des sciences et de l'industrie
Mathématicien

Introduction

À la lueur de ses feux de camp qui rougeoient dans l'obscurité, chaque civilisation se raconte à elle-même des histoires sur la façon dont les dieux ont illuminé le ciel du matin et mis en mouvement la roue de l'existence. La grande civilisation scientifique de l'Occident – *notre* civilisation – ne fait pas exception. Le Calcul[1] est la première histoire que ce monde s'est racontée, alors qu'il devenait le monde moderne.

Le sentiment d'inconfort intellectuel qui a poussé le Calcul à prendre corps au XVIIe siècle repose au plus profond de la mémoire. Il provient d'un contraste inquiétant, d'une division de l'expérience. Les mots et les nombres sont, comme les êtres humains qui les emploient, isolés et discrets ; mais le mouvement lent et mesuré des étoiles dans le ciel nocturne, le lever et le coucher du soleil, la grande boule qui surgit puis s'évanouit inexplicablement, les pensées et les émotions qui émergent à l'extrémité éloignée de la conscience s'attardent quelques instants ou quelques mois, puis, comme des barques glissant sur quelque rivière maussade, disparaissent silencieusement – toutes ces choses sont des processus continus se déroulant sans à-coups. Leurs parties sont inséparables. Comment le langage peut-il représenter ce qui n'est pas discret et les nombres ce qui n'est pas divisible ?

L'espace et le temps sont les grands impondérables de l'expérience humaine, le continuum dans lequel chaque vie est

1 L'anglais *calculus* se traduit par « calcul différentiel et intégral », que l'on appellera « Calcul » par souci de simplification (NdT).

vécue et chaque rivière coule. Dans sa dimension la plus vaste, la plus architecturale, le Calcul est une grande, et même une spectaculaire, théorie de l'espace et du temps, la démonstration que dans les nombres réels se trouve un instrument qui permet de les représenter. Si la science débute dans un respect mêlé de crainte tandis que l'œil s'étend à travers le froid de l'espace, au-delà de la ceinture d'Orion, au-delà des galaxies qui tournoient sur leur axe, alors l'humanité a créé avec le Calcul un instrument commensurable avec sa capacité à s'interroger.

Il est dit parfois, et parfois par des mathématiciens, que l'utilité du Calcul réside dans ses applications. C'est une vision incohérente des choses, bien que naïve. Quelle que soit la place que le mathématicien puisse occuper dans le mythe, appliquant distraitement des symboles épars à un monde physique étranger, les théories mathématiques s'appliquent *uniquement* aux faits mathématiques, et les mathématiques ne peuvent pas plus s'appliquer aux faits qui ne sont *pas* mathématiques que les formes ne peuvent s'appliquer aux liquides. Si le Calcul naît à une vie frémissante dans la mécanique céleste, comme il le fait sûrement, alors c'est la preuve que les étoiles au firmament possèdent une identité mathématique secrète, un aspect d'elles-mêmes que, telles de craintives fleurs nocturnes, elles ne révèlent que lorsque le mathématicien murmure. C'est dans le monde des choses et des lieux, des temps, des troubles et des processus denses et turbides que les mathématiques ne sont pas tant appliquées qu'*illustrées*.

Quoi que puissent dire les physiciens, l'espace comme le temps continuent, nous semble-t-il, indéfiniment ; l'œil imaginaire poussé jusqu'à l'extrême bord de l'espace et du temps ne trouve rien qui l'empêche de pousser plus loin, chaque limite imaginable étant une séduisante invitation à examiner l'autre côté de l'au-delà. Nous sommes des créatures finies, liées à cet espace-ci et à ce temps-ci, et démunies face à une étendue illimitée. C'est dans le Calcul que, pour la première fois, l'infini est charmé jusqu'à la docilité, sa luxuriance subordonnée au dur concept d'une limite. Le *ici* et le *maintenant* de la vie ordinaire sont coordonnés au moyen d'une fonction mathématique, l'une des nobles mais impénétrables créations de l'imagination, le fil de soie qui relie les uns aux autres les concepts disparates d'un monde vagabond. Des formules magiques font rentrer la vitesse anarchique, haletante, dans le rang, et font de sa course en avant une fonction du temps ; l'aire récalcitrante délimitée par une courbe finit par se soumettre à la loi des nombres. La vitesse et l'aire, démontre le Calcul, sont liées, et cette révélation est comme un éclair qui jaillit entre deux sommets montagneux distants, un violent éclat de lumière qui montre à l'instant où il va s'éteindre que ces pics sont étrangement symétriques, chacun d'eux existant pour soutenir l'autre. La relation qui vaut entre la vitesse et l'aire vaut également entre des concepts *semblables* à la vitesse et à l'aire, et ainsi le Calcul émerge comme la plus générale des théories traitant des grandeurs continues, une théorie dont les concepts apparaissent dans un millier de disciplines scientifiques éparses et y répandent des reflets de la lumière centrale du sujet, de son unique soleil.

La sécheresse de cette description ne doit pas éclipser le drame qu'elle révèle. De tous les miracles qui existent, aucun n'est plus frappant que le fait que le monde réel puisse être compris en termes de nombres réels, l'espace et le temps, la chair et le sang et les pulsations denses et primitives étant nourris et animés on ne sait trop comment par un réseau de nerfs mathématiques secrets, la juxtaposition des deux – les pulsations d'un côté, ces nombres de l'autre – insoupçonnée et totalement surprenante, presque comme si une morne marionnette mécanique se montrait capable d'animation articulée par le truchement d'un éternuement ou d'un soupir lointains.

L'ensemble des mathématiques auquel donne naissance le Calcul incarne un mode de pensée flamboyant, tout à la fois hardi et spectaculaire, friand de grands gestes intellectuels et dans une large mesure indifférent à toute description détaillée du monde. C'est un style qui a façonné les sciences physiques mais non les sciences biologiques, et son succès en mécanique newtonienne, en relativité générale et en mécanique quantique figure parmi les miracles de l'humanité. Mais l'ère de la pensée que le Calcul a rendue possible touche à sa fin. Tout le monde le pense, et tout le monde a raison. La science perdurera sans doute comme un mode de vie, un parmi d'autres, mais les prétentions sans pareilles qu'elle peut avoir sur notre dévouement intellectuel ou religieux sont perdues, et il serait sot de le nier.

C'est là une conclusion élégiaque. Bien que ce que j'ai écrit soit destiné à évoquer un miracle, il y a pour finir cette chute mélancolique, le rappel qu'en mathématiques, comme en toute chose, les histoires ont un commencement et aussi une fin.

San Francisco

Avertissement au lecteur

Le théorème fondamental du Calcul est le point central de cet ouvrage, le but vers lequel tendent les divers chapitres. Le livre possède une forte impulsion narrative, ses diverses parties ayant pour objectif de permettre à quiconque l'aura lu de ressentir cette bouffée de chaleur qui accompagne tout acte de compréhension et de dire en reposant le livre, *Oui, ça y est, maintenant je comprends*.

Mon but tout au long de ce récit est d'offrir un voyage dans le Calcul et non un traité. Je me suis concentré sur l'essentiel. On ne trouvera ici ni problèmes, ni exercices, ni quoi que ce soit de ce genre. J'ai supprimé dans la mesure du possible le formalisme mathématique au profit de la langue courante. Mais il est impossible d'expliquer les mathématiques sans recourir de temps à autre aux mathématiques, et le symbolisme du mathématicien, qui semble, aux yeux du profane, aussi engageant que le chinois, n'en représente pas moins un instrument d'une puissance et d'une concision sans pareilles. J'ai l'espoir qu'en faisant de cet instrument un usage parcimonieux les symboles en viendront à étinceler contre la toile de fond de la prose ordinaire comme des joyaux sur du velours noir.

L'argument du livre est exprimé dans le texte lui-même ; dans les divers appendices, des définitions sont données dans leur plein formalisme et un certain nombre de théorèmes démontrés. Je n'ai pas prouvé tout ce qui pouvait l'être : certaines assertions subsistent dans le texte comme des affirmations retentissantes. Il n'y a dans les appendices rien qui ne soit à la portée du lecteur moyen, mais on ne peut éluder le fait que la confrontation avec la démonstration soit bien souvent une leçon d'humilité. L'œil ralentit ; un sentiment d'impuissance s'empare de l'âme. Au premier abord, le langage plein d'aplomb de l'assertion mathématique semble constituer une subtile forme de moquerie. Il n'y a aucun remède à cela sinon celui, ancestral, de la pratique et de la volonté de s'armer d'un papier et d'un crayon. Les lecteurs souhaitant un aperçu général n'ont nul besoin de s'attarder dans les sous-sols ; mais une démonstration mathématique, une fois comprise, est dans sa capacité à forcer la conviction un miracle de vie éclairée. Ceux qui, au départ, reculent d'indignation devant un raisonnement discipliné pourraient, avec le temps, revoir avec plaisir les déductions qu'ils avaient rejetées.

J'ai écrit ce livre pour les hommes et les femmes qui désirent comprendre le Calcul en tant que réalisation de la pensée humaine. Je ne ferai pas d'eux des mathématiciens, mais j'ai idée que ce qu'ils veulent, c'est simplement un peu plus de lumière jetée sur un sujet obscur.

Et c'est ce dont nous avons tous besoin : un peu plus de lumière.

La structure du livre

La structure générale du Calcul est simple. Le sujet est défini par une idée directrice fantastique, un axiome de base, une invention intellectuelle calme et pénétrante, une propriété profonde, deux définitions cruciales, une définition auxiliaire, un théorème majeur et le théorème fondamental du Calcul.

- *L'**idée directrice fantastique** : le monde réel peut être compris en termes de nombres réels.*
- *L'**axiome de base** : donne vie aux nombres réels.*
- *L'**invention calme et pénétrante** : la fonction mathématique.*
- *La **propriété profonde** : la continuité.*
- *Les **définitions cruciales** : la vitesse instantanée et l'aire délimitée par une courbe.*
- *La **définition auxiliaire** : une limite.*
- *Le **théorème majeur** : le théorème des accroissements finis.*
- *Le **théorème fondamental** du Calcul est le théorème fondamental du Calcul.*

Ce sont là les grands murs porteurs et les arcs-boutants du sujet.

CHAPITRE 1

Les maîtres des symboles

Certaines choses étaient du chinois pour les Grecs. Au Vᵉ siècle av. J.-C., Zénon d'Élée affirma qu'il était impossible à un homme de traverser une pièce pour aller se cogner le nez contre le mur d'en face.

Comment ça ?

Pour atteindre le mur, il lui faudrait d'abord franchir la moitié de la pièce, puis la moitié de la distance restante, et à nouveau la moitié de la distance subsistant encore. « Ce processus, écrivit Zénon dans un raisonnement toujours en vogue dans les résidences universitaires (où il ne manque jamais d'impressionner les occupants), peut être poursuivi à l'infini sans jamais parvenir à son terme. » Mais pour s'achever, un processus infini ne demande-t-il pas un temps infini ? C'est ce que l'on pourrait penser. Car un processus, après tout, est quelque chose qui se déroule dans le temps. Pourtant, il est de fait que nous *pouvons* condenser cette infinité d'étapes en une marche rapide d'une extrémité de la pièce à l'autre : *voilà* une chose que nous faisons facilement. Une déduction imparable entre en contradiction avec une réalité inéluctable, l'étincelant petit raisonnement de Zénon servant à revêtir le quotidien d'une impossibilité criante.

Vingt-deux siècles plus tard, le temps fait une pirouette au XVIIᵉ siècle pour marquer pensivement une pause et répondre à Zénon. Aucun téléphone encore ; pas de fax, ni de cappuccinos, ni d'ordinateurs ; pas de routes à proprement parler ; des volées d'escaliers en guise d'appareils à muscler. Les conditions sanitaires ? Effroyables. Sans parler de l'hygiène corporelle. Mais pas de MTV non plus, ni de pseudo-documentaires vantant à une heure tardive les mérites de la cuisine au wok ou des lotions capillaires suédoises ; quant à Madonna, elle n'est encore qu'un simple cauchemar en gestation. Avant le XVIIe siècle, tout n'est que sépia, limon océanique et obscures intuitions grumeleuses ; après lui, surgit un étrange système symbolique qui inonde le paysage intellectuel d'une lumière nacrée, crue et plate. Communiant avec les puissances de la nuit et les rythmes sombres et onduleux qui glissent dans le ciel, le mathématicien – entre tous ! – émerge comme le maître inattendu de ces symboles, avec dans le Calcul un coffre aux trésors plein de chants et d'incantations, de formules magiques, de trous de ver menant au fruit défendu qu'est le cœur des choses.

Dans son évolution historique, le Calcul représente une entreprise de plaisir retardé. Pour inattendu qu'il soit, *plaisir* est bien le mot juste, évoquant une sorte d'explosion intellectuelle ; mais *retard* est l'idée directrice, le Calcul étant semblable à l'un de ces rêves adolescents poignants dans lesquels les désirs sont douloureusement définis mais désespérément ajournés. Après un long échauffement qui dura de l'Antiquité jusqu'au XVIIe siècle, le cœur du sujet fut brusquement découvert par Gottfried Leibniz et Isaac Newton dans la seconde moitié du siècle, tels deux détecteurs d'incendie qui se déclenchent dans la nuit exactement au même moment dans deux pays largement éloignés. Certes, d'autres mathématiciens, en France, en Angleterre et en Italie, comprirent ceci ou saisirent cela mais aucun ne sut voir *à la fois* ceci et cela, et ils restent donc à jamais dans la mémoire des hommes comme tenant la porte par laquelle s'engouffrèrent Leibniz et Newton. Comme toute histoire, celle-ci a un avant et un après, un passage de l'obscurité à la lumière. L'opinion courante est celle du bon sens : chez Leibniz et Newton, il y eut un rayonnement, une illumination.

Il va sans dire que les deux hommes gaspillèrent une énergie considérable dans une vile et mesquine tentative pour établir la priorité de leur découverte, bien que chacun eût manifestement conçu ses idées indépendamment de l'autre.

Isaac Newton vint au monde le jour de Noël 1642, l'année

où s'éteignait Galilée. Une curieuse série de coïncidences numériques jalonne l'histoire du Calcul. Ses premiers portraits le montrent comme un jeune homme sombre, avec un long visage marqué par un front élevé et de petits yeux soupçonneux. Pas le visage d'un homme enclin à papoter de choses et d'autres ni à passer une plaisante soirée dans quelque pub embué, une chope de bière à la main. La tension de la bouche dénote l'individu prêt à se soustraire à ses sens en tremblant d'irritation. Quant aux yeux, petits, perçants, astucieux mais sombres et étroits, ils semblent dire : *Dites donc, M. Berlinski, il semble que cette année vos déductions excèdent vos revenus...*

Bref, *ce* genre de visage.

Durant l'hiver 1665-1666, la peste contraignit Trinity College, Cambridge, à fermer ses portes. Newton réintégra ses pénates dans la campagne anglaise. À vingt-trois ans, il était déjà considéré par ses contemporains comme un être profondément introverti et fermé au plaisir. L'année suivante, il énonça et établit le binôme de Newton (une généralisation de la règle familière selon laquelle $a + b$ multiplié par lui-même est égal à $a^2 + 2ab + b^2$), inventa le Calcul, découvrit la loi universelle de la gravitation (qui donnerait naissance à la dynamique moderne) et élabora la théorie des couleurs. Ces douze mois sont restés à juste titre gravés dans l'histoire anglaise comme l'*annus mirabilis*, l'année des miracles. À son retour à Cambridge, Newton fut nommé titulaire de la chaire lucasienne de mathématiques. Il fit connaître ses découvertes avec la réticence naturelle d'un homme convaincu de son génie, donc indifférent aux louanges, mais en 1687, poussé par l'astronome Edmund Halley, il publia les *Philosophiae Naturalis Principia Mathematica*, communément appelés *Principia*, s'assurant ainsi la réputation durable de l'auteur du plus grand ouvrage scientifique de tous les temps.

Les *Principia* sont l'expression suprême, dans la pensée humaine, de la capacité de l'esprit à immobiliser l'univers comme objet de contemplation ; difficile de concilier leur force monumentale avec certains récits, humainement charmants mais anecdotiques : Newton échevelé et à demi nu, à en croire les racontars, sa perruque de travers et pleine de miettes de pain, errant dans la pièce nauséabonde qui lui servait à la fois de chambre et de bureau, grommelant dans sa barbe, des mots à demi articulés s'échappant de ses lèvres minces, rigide de concentration ou avachi au hasard sur son lit défait, totalement absorbé, oubliant de manger, ne dormant que par intermittence d'un sommeil léger et désorganisé, une pomme en putréfaction sur sa table, les *Principia* prenant forme au rythme de l'empilement des feuilles papier vélin sur le bureau en bois.

C'est là, dans ce texte visionnaire, que prend naissance la physique moderne, et c'est donc là, dans un sens, que prend naissance la *vie* moderne. Les étoiles au firmament *et* les objets à la surface de la terre sont, dans les *Principia*, placés sous le contrôle d'un système symbolique simple, leur comportement circonscrit par la loi de l'attraction universelle. L'indocilité anarchique de l'univers pré-newtonien disparaît à jamais, les divinités d'autrefois dispersées aux vents de la nuit au profit du Dieu aux yeux rouges que, pendant un temps, Newton fut le seul à voir. L'univers *dans tous ses aspects*, poursuivent les *Principia*, est coordonné par un Maître Plan, un ensemble complexe et densément réticulé de lois mathématiques, un système de symboles. C'est là l'idée qui poussait Newton. Il donna le titre majestueux de *Système du monde* à une partie des *Principia*. Et c'est cette même idée qui continue à pousser les physiciens. Lancé à la recherche d'une théorie finale qui engloberait toutes les autres théories physiques, Steven Weinberg, l'homme au prix Nobel, est le légataire de Newton, son héritier.

Passons maintenant à Gottfried Wilhelm Leibniz, né à Leipzig quatre ans seulement après Newton. Planté devant les *hors-d'œuvre*[1] et les crevettes au beurre fondu, c'est un homme bien en chair d'une quarantaine d'années. Sur sa tête trône une énorme perruque brune aux boucles élaborées ; il porte les dentelles et les soieries du courtisan. Il a le front

1 En français dans le texte (NdT).

haut, les pommettes arrondies, les yeux fixes et écartés, le nez beau et fort ; le visage d'un homme à goûter, j'imagine, le vin chaud, les œufs pochés sur un toast beurré, une bonne flambée alors que le vent fait trembler les fenêtres d'un château à la campagne, une jeune servante penchée très bas sur les assiettes et qui, après dîner, dit doucement mais sans réelle surprise : *Voyons, Herr Leibniz, allons, bitte !*

Leibniz étudia le droit, la théologie et la philosophie ; il s'intéressa aux mathématiques et à la diplomatie, à l'histoire, à la géologie, à la linguistique, à la biologie, à la numismatique, aux langues classiques et à la fabrication des bougies. Serein et sûr de lui, doté d'une grande intelligence et d'un intérêt constant et aisément soutenu pour les choses, il passa la majeure partie de son existence à la cour de Hanovre, en Allemagne, au service de ducs souffreteux, assez sages pour reconnaître en lui leur supérieur. En tant que personnage officiel de la cour, il se plongea dans la généalogie et les affaires juridiques, sillonnant le continent sur l'ordre de ses royaux maîtres ; mais malgré ses devoirs officiels, malgré les jours interminables passés dans d'exigus carrosses en bois, son postérieur bien rembourré tressautant sur les routes accidentées d'Europe, il resta un métaphysicien parmi les métaphysiciens et un mathématicien parmi les mathématiciens – un prince parmi les princes ; il connaissait les grands esprits d'Europe et les grands esprits d'Europe le connaissaient.

La comparaison avec Newton est instructive. Leibniz était un intellectuel mondain, ce que les Français appellent *un brasseur d'affaires*[1], un homme qui se promenait avec nonchalance dans le monde des idées ; il arriva au Calcul parce que son génial esprit comprit quelque chose, puis se mit à *jaillir*. Sa vision était suprêmement *locale*. Il y a des problèmes par-ci, des choses à étudier par-là, un monde d'une variété foisonnante. Les règles simples qui gouvernent les affaires à Leipzig ne sont pas celles, difficiles et compliquées, qui permettent de tirer au clair les sinistres intrigues

1 En français dans le texte (NdT).

parisiennes. La nuit est différente du jour, la Terre de la Lune. Ce qui est convenable dans un *stuberl* ne l'est pas à la cour. L'intelligence raisonnable n'a pas tant besoin de lois universelles que de *méthodes* universelles, de manières de coordonner les informations et de réunir simultanément différents aspects du monde. Prophétiquement, Leibniz inventa une machine à calculer universelle ; il conçut l'idée d'un système formel ; il comprit, du moins semble-t-il, la nature de ces systèmes combinatoires discrets présents à la fois dans les grammaires humaines et dans l'ADN ; il vit la forme que prendrait plus tard la logique mathématique et, dans ses étranges invocations philosophiques de substances telles que les monades, dont chacune contient, on ne sait trop comment, un univers potentiel, il sembla pressentir l'orientation future de la mécanique quantique et de la cosmologie, presque comme si dans le désordre et les distractions de sa vie il était parfois capable de se glisser dans le cours du temps et d'apercevoir juste assez d'avenir pour y puiser ses idées les plus fécondes et les plus irrésistibles.

Newton, lui, était un visionnaire cérébral. De chacun des masques qu'il portait perçait le même regard hypnotique, charbonneux et scrutateur. Il fut conduit à inventer le Calcul parce que c'était l'outil mathématique indispensable sans lequel il ne pouvait achever – ne pouvait *entamer* – l'entreprise consistant à décrire le Maître Plan dans toute sa limpidité, sa simplicité et sa beauté surnaturelle. Sa vision des choses était intensément *globale*. La diversité ornementale du monde ne représentait pour lui qu'un obstacle à la compréhension. Rien dans son tempérament ne le poussait à chérir le détail – l'odeur de la glycine au printemps, la lente courbe d'une rivière, le sourire doux et perplexe d'une femme, l'écrasante *singularité* de toute chose. Quelles que soient les différences entre un lieu et un autre, ou entre le passé, le présent et le futur, un principe directeur, une sorte d'unité, embrasse ces différences et montre, au mathématicien tout au moins, que telles les arêtes d'un cristal étincelant elles ne sont que les aspects superficiels d'une flamme centrale.

On pourrait en conclure qu'il existait entre Leibniz et Newton une différence de profondeur intellectuelle. C'est faux. Ils étaient tous deux des hommes de génie. Pourtant, il ne fait aucun doute que c'est la vision de Newton, celle d'un univers coordonné par un Maître Plan, par un ensemble de principes mathématiques assez féconds pour *contraindre* à l'existence les fondements mêmes du monde, qui est restée jusqu'à présent imprimée sur les sciences physiques, de sorte que l'entreprise elle-même, depuis les *Principia* jusqu'aux diverses théories du tout, absolument tout, dont les physiciens contemporains nous assurent qu'elles sont en cours d'élaboration, porte la marque de sa personnalité austère et énigmatique.

CHAPITRE 2

Les symboles des maîtres

Le fait est là. À un moment donné, les mathématiciens européens contemplèrent l'univers, remarquèrent l'effroyable pagaille qui y régnait et décidèrent qu'il devait exister, à un niveau ou à un autre, une représentation simple du monde, qui pouvait être coordonnée par le monde des nombres. Remarquez la double exigence. Une *représentation* du monde, et coordonnée au moyen des *nombres*. Quand cette extravagante idée a-t-elle vu le jour ? Je l'ignore. Elle n'a pas effleuré l'esprit des Anciens, quelle qu'ait pu être leur propension au mysticisme numérique; probablement les moines encapuchonnés et encagoulés du Moyen Âge la considérèrent-ils comme une momerie superstitieuse (ce qu'elle est peut-être d'ailleurs) ; et au milieu du XVIe siècle encore, au cœur d'une civilisation qui avait brillamment appris à représenter les aurochs et les anges à l'aide de peintures et de pigments durables, l'idée d'une représentation mathématique du monde restait étrangère et abstraite. Mais vers la fin du XVIIe siècle, cette représentation était, pour l'essentiel, achevée (bien qu'il eût fallu cent cinquante ans encore pour que les détails logiques soient péniblement mis en place). Le monde réel avait été réinterprété en termes de nombres réels. Ce fantastique accomplissement est l'expression d'un bouleversement psychologique, l'instant de son aboutissement comparable à la minute exacte où, il y a bien longtemps, les dieux tyranniques et geignards de l'Antiquité finirent par être considérés comme les *aspects* d'une seule et même divinité impérieuse et insondable.

L'idée que le monde dans son ensemble (et par là même le monde sensible) nécessite une représentation mathématique soulève deux questions évidentes. *Quel* monde coordonner par les nombres ? Et par *quels* nombres ? Commençons par le commencement. La représentation mathématique du monde repose sur la géométrie euclidienne, une théorie déjà ancienne au XVIIe siècle. Ce qui nous amène à faire une pénible pause pour rassembler nos souvenirs de géométrie au lycée. Voilà Mrs Crabtree, debout devant le tableau, le regard éteint. Voilà Amy Kranz, vêtue d'un pull rouge, son dos pubescent arqué de manière revigorante. Et voilà Stokely, le pitre de service, plongé dans la préparation d'un crachat. Mais que se passe-t-il ? En classe, je veux dire. Apparemment, il est question de triangles ou de trapézoïdes. Le tableau est couvert de dessins. Et d'un point de vue purement intuitif, cet arrêt sur image (datant, dans mon cas, des bienheureuses années cinquante) conviendra aussi bien qu'autre chose. La géométrie élémentaire est l'étude de certaines formes simples, régulières et évidentes. Les droites et les points prédominent. À l'exception de quelques arcs simples, nulle courbe plus compliquée que le cercle. Aucune ligne tordue. Rien d'irrégulier ni d'informe. Pas d'algèbre. Peu de symboles, en fait. La discipline procède par élimination et idéalisation. Le terrain de foot boueux est débarrassé de ses joueurs massifs et réduit à ses caractéristiques essentielles : longueur, largeur et aire.

Dans sa dimension historique, la géométrie est une discipline qui émerge, auréolée de brume, des marécages de l'Égypte ancienne, où un coriace contremaître aux tresses huilées contemple les champs, une feuille de papyrus rigide sous le bras et où même le plus inabordable des souverains antiques, le Roi-Dont-Nul-N'ose-Prononcer-Le-Nom, s'incline devant l'homme capable de déterminer la superficie de Ses champs cultivés ou le volume de Son affreuse pyramide. Évoquer le souvenir de ce contremaître revient à évoquer les origines bassement pratiques de la discipline. La géométrie en tant qu'art intellectuel noble laisse le contremaître enfoncé jusqu'aux genoux dans son marécage, un moustique vrombissant au-dessus de sa tête brune et brillante. Les

Grecs du IIIe siècle av. J.-C., à qui l'on doit la discipline, reprirent les connaissances du contremaître et en firent une science déductive. Certaines affirmations géométriques furent mises de côté et simplement acceptées comme allant de soi. Une droite, affirma Euclide avec entrain, peut être tracée entre deux points quelconques. Et puis, ajouta-t-il, tous les angles droits sont égaux. Il existe cinq de ces postulats dans la géométrie d'Euclide, ainsi qu'un certain nombre d'axiomes auxiliaires traitant de sujets purement logiques – l'affirmation bien connue, par exemple, selon laquelle ajouter des égaux à des égaux donne des égaux. À partir de ces postulats et axiomes, Euclide entreprit de *dériver* les assertions de la géométrie, ses théorèmes centraux. Il dota ainsi les connaissances du contremaître d'une structure intellectuelle durable.

Durant de longs siècles, l'austère édifice de la géométrie euclidienne demeura l'exemple suprême de la pensée pure. Euclide, fut-il dit (par Edna St. Vincent Millay, qui était en matière de géométrie d'une ignorance crasse), voyait la beauté à l'état pur. Abstraction faite de sa grandeur intellectuelle, la géométrie euclidienne joue un rôle simple et saisissant dans l'organisation de l'expérience. Elle est schématique ; elle sert de canevas. En son sein, les grandes lignes du Maître Plan sont pour la première fois révélées. Ses définitions et ses théorèmes simples, initialement conçus comme des exercices purement intellectuels, un badin tête-à-tête de l'esprit avec lui-même, ont une interprétation directe et par là même troublante dans le monde voluptueux et déroutant des sens. Une droite *est* la plus courte distance entre deux points. Que la structure de l'univers physique semble avoir été composée avec l'œil rivé sur le manuel de lycée *Bienvenue dans la géométrie*, par Fitzwater et Blutford, est signe que les choses sont généralement plus étranges qu'elles ne le paraissent.

Voûtée par les ans, antique et austère, la géométrie euclidienne est une théorie statique, donc, dans une certaine mesure, stagnante. Tout en elle reste immuable et nul changement ne se reflète jamais dans son clair miroir. Les choses sont ce qu'elles sont, maintenant et pour l'éternité. C'était le point de vue privilégié par les Grecs qui, manifestement, avaient bonne vue ; mais *nous* vivons dans un monde d'épanouissement et de déclin incessants, avec des choses qui se meuvent frénétiquement à la surface de la terre, des planètes qui surgissent en virevoltant dans le ciel nocturne, des galaxies qui naissent puis disparaissent, avec l'univers lui-même qui résulte d'un grotesque *Bang !* et qui est destiné, un jour, à se dilater indéfiniment dans le vide ou à se recroqueviller sur lui-même tel un vieux pruneau fripé. Sans doute la géométrie décrit-elle le squelette, mais le Calcul est une théorie vivante qui a besoin de chair, de sang, et d'un dense réseau de nerfs.

Adieu, Mrs Crabtree, *adieu*.

Quelle quantité et combien ?

Contrairement à la géométrie euclidienne, l'arithmétique provient directement du cœur humain, du boum-boum sous le stéthoscope du médecin ou l'oreille de l'amant (où il sonne fortement comme les mots *fini, déjà*), impossible à entendre sans un mélancolique écho mental : 1, 2, 3, 4..., ces doubles sons, ce cœur qui bat, ces échos numériques se suivant parfaitement aussi longtemps que n'importe lequel d'entre nous puisse compter.

Les plus familiers des objets, les nombres n'en sont pas moins étonnamment insaisissables, et prouvent par leur insaisissabilité même que certains outils intellectuels peuvent être bien utilisés avant d'être bien compris. Les nombres tendent à se répartir par clans ou par systèmes, chaque nouveau système naissant à la faveur d'une infirmité perçue dans celui qui le précède. Les entiers naturels 1, 2, 3, 4... démarrent à 1 et continuent tambour battant jusqu'à l'infini, même si expliquer ce que signifie pour quelque chose de continuer indéfiniment sans recourir pour cela aux entiers naturels tient du mystère. À presque tous les égards, ils nous sont, ces nombres, simplement donnés, et ils expriment une facette primitive et intime de notre expérience. Comme beaucoup de cadeaux, ils se présentent couronnés de nuages. L'addition tient parfaitement debout chez les entiers naturels ; la multiplication aussi. Deux entiers naturels quelconques peuvent être ajoutés, et deux quelconques multipliés. Mais la soustraction et la division sont des opérations curieusement invalides. Il est possible de soustraire 5 de 10. Le résultat est 5. Mais 10 de 5 ? Aucune réponse à cela *au sein* des entiers naturels. Ils *commencent* à 1.

Les nombres entiers représentent une extension, un élargissement étudié du système des entiers naturels, motivé par une détresse intellectuelle manifeste et rendu possible par deux fantastiques inventions. La détresse, je viens de la décrire. Et ces inventions ? La première est le nombre 0, création d'un mathématicien indien anonyme mais digne d'admiration. Quand 5 est soustrait de 5, le résultat n'est rien du tout, les pommes disparaissant de la table en laissant derrière elles une absence curieuse et légèrement parfumée. Qu'y *avait*-il ? Cinq pommes. Qu'y *a*-t-il ? Rien, *nada*, nib. Il a fallu un acte d'une profonde audace intellectuelle pour attribuer un nom, donc un symbole, à tout ce néant. Rien, *nada*, nib, zéro, 0.

Les nombres négatifs sont la deuxième des grandes inventions. Ce sont des nombres marqués d'une coiffe : –504, –323, –32, –1 (le signe moins m'a toujours paru un symbole d'étrangeté). Il en résulte un système qui est centré sur 0 et part vers l'infini dans les deux directions : ..., –5, –4, –3, –2, –1, 0, 1, 2, 3, 4, ... Voilà la soustraction rendue possible : 10 ôté de 5 donne –5.

Pourtant, si la soustraction (avec l'addition et la multiplication) est désormais possible chez les nombres entiers, la division, elle, reste une énigme. Certaines divisions peuvent être exprimées entièrement en termes d'entiers : 12 divisé par 4, par exemple, qui donne tout simplement 3. Mais 12 divisé par 7 ? Voilà qui, en termes d'entiers, ne donne rien du tout et rappelle ainsi ces moments dans *Star Trek* où l'ambassadeur silurien se volatilise à la suite de la panne du téléporteur.

C'est ainsi que les nombres rationnels, ou fractions, font leur entrée en scène, des nombres à la forme double familière : 2/3, 5/9, 17/32. Les fractions expriment la relation entre le tout des choses qui sont composées de parties et les parties qui composent ces choses. Voici une tourte à la pêche, un tout appétissant, et voilà des parts juteuses et dorées, les parties de ce tout, donc les deux tiers, les cinq neuvièmes ou les dix-sept trente-deuxièmes de la chose. Les fractions une fois en place, la division chez les entiers n'est plus qu'un jeu d'enfant. Diviser 12 par 7 produit l'exotique 12/7, un nombre qui n'existe pas (et ne pourrait survivre) parmi les entiers. Mais les fractions jouent aussi un rôle important dans la mesure des grandeurs et acquièrent de la sorte une utilité qui dépasse la simple division.

Les entiers naturels répondent à la plus ancienne et la plus primitive des questions – *quelle quantité ?* C'est avec l'apparition de cette question dans l'histoire humaine que le monde est soumis pour la première fois à une forme de ségrégation conceptuelle. Compter veut dire classer, et classer veut dire observer puis répartir, les choses se plaçant entre leurs limites et les limites servant à garder les choses distinctes les unes des autres. Avant l'apparition des entiers naturels, le monde devait avoir quelque chose d'un bain turc à l'ancienne, avec des silhouettes pâles et ventripotentes émergeant de la vapeur et s'éloignant d'un pas traînant dans des couloirs indistincts, chaque chose floue et vaguement dégoulinante ; après, il devient net et diversifié, la découverte du comptage menant inéluctablement à une multiplication explosive d'éléments ontologiques éclatants, de choses nouvellement créées car nouvellement comptées.

Les nombres rationnels, pour leur part, répondent à une question plus moderne et plus sophistiquée – *combien ?* Le comptage est une affaire de oui ou non. Soit il y a trois plats sur la table, trois patients reniflant dans la salle d'attente, trois aspects de la divinité, soit non. La question *quelle quantité ?* ne demande aucune mise au point supplémentaire. Mais *combien ?* déclenche la nécessité d'une mesure, comme dans *combien cela pèse-t-il ?* Dans la mesure, une quantité est évaluée au moyen d'un système qu'il est possible d'améliorer toujours plus, comme la balance de la salle de bains qui admet les subdivisions, les kilos cédant la place aux demi-kilos et les demi-kilos aux quarts de kilos, le système tout entier étant susceptible d'être affiné *indéfiniment*, n'eût été la difficulté pratique de lire, à travers la chaude brume de larmes de frustration, l'horrible nouvelle qui s'affiche là, en bas, quelque part en dessous de tous ces bourrelets. Manifestement, cette capacité de subdivision, qui forme une partie essentielle de la mesure, demande les nombres rationnels pour être exprimée et non uniquement les entiers. Je peux *compter* les kilos jusqu'au nombre entier le plus proche ; mais pour *mesurer* la graisse plus précisément encore, j'ai besoin de ces fractions.

Si utiles qu'elles soient, les fractions conservent après un examen minutieux quelque chose d'un peu malsain, voire de bizarre. Pour commencer, elle paraissent impliquées d'entrée dans un raisonnement circulaire des plus louches. Une fraction ordinaire est une division en perspective, 1/2 représentant 1 *divisé* par 2. Mais les nombres rationnels ont été invoqués au départ pour rendre compte de la division chez les entiers. L'opération de division a été expliquée en faisant appel aux fractions et les fractions en faisant appel à l'opération de division. Voilà un raisonnement qui n'a rien pour inspirer confiance. C'est pour cette raison que les mathématiciens parlent souvent des fractions comme si elles étaient *construites* à partir des entiers, tournure de phrase qui évoque le travail honnête accompli honnêtement. Cette construction procède de la manière la plus simple qui soit. Les fractions sont tout d'abord éliminées au profit de paires d'entiers pris dans un ordre particulier, 2/3 cédant la place à (2, 3) et le quelque peu déséquilibré 25/2 s'effaçant devant (25, 2). L'univers symbolique se rétrécit – envolées, ces élégantes fractions ; puis il s'élargit de manière spectaculaire – naissance des paires d'entiers. Ce qu'il faut pour faire marcher ce tour de passe-passe un rien suspect, c'est la preuve que les opérations arithmétiques ordinaires qui permettent d'ajouter, de soustraire, de multiplier et de diviser les fractions peuvent être reportées sur les paires d'entiers.

Et c'est le cas. Deux fractions *a/b* et *c/d* sont égales quand $ad = bc$. Les fractions 2/3 et 4/6 représentent le même nombre *parce que* 2 × 6 est exactement la même chose que 4 × 3. Petit rappel du lycée. Idem pour les deux paires de nombres (a, b) et (c, d), quelles qu'elles soient. Idem comment ? Idem *par définition*, le mathématicien déclarant simplement que (a, b) est la même chose que (c, d) si $ad = bc$. Et idem aussi par définition pour ce qui est d'ajouter, de multiplier, de soustraire et de diviser des paires d'entiers, ces paires finissant au bout du compte par remplir toutes les fonctions utiles qu'aient jamais remplies les fractions.

De cette manière, les nombres rationnels sont vidés d'une source de leur bizarrerie – les fractions ; à peine retirées, celles-ci sont promptement réintégrées dans le monde mathématique dans la perspective fort raisonnable où, si des questions survenaient (*qu'est-ce que c'est que ces horribles trucs ?*), on pourrait toujours répondre (*des paires d'entiers*).

Les fractions une fois en place, le système numérique dans lequel elles sont enchâssées subit une transformation qualitative. Les entiers sont discrets en ce sens qu'entre le 1 et le 2, il n'y a absolument rien. Et guère plus, est-il besoin de le préciser, entre le 2 et le 3. Aller d'un entier à l'autre est comme franchir un vide d'un noir d'encre en passant de rocher en rocher. Les fractions viennent occuper les espaces vides, avec 3/2, par exemple, solidement dressé entre le 1 et le 2. Il y a maintenant des rochers entre les rochers – le vide disparaît – et des rochers entre les rochers et les rochers, 1/3 prenant position entre 1/4 et 1/2. Le remplissage des fractions entre les fractions est un processus qui se poursuit indéfiniment. Le vide s'est volatilisé. Le système numérique est désormais *dense*, et non plus discret, il est infini dans les deux directions, de même que les entiers positifs et négatifs se succèdent sans fin, et il est infini également entre un entier et un autre.

En regardant l'espace entre le 1 et le 2, qui grouille maintenant de fractions, le mathématicien, ou le lecteur, peut avoir un bref instant la sensation inattendue de contempler une sinistre fosse, une source cachée de création.

CHAPITRE 3

Le noir bourgeonnement de la géométrie

La géométrie est un monde dans le monde. Les entiers et les fractions représentent les nombres par lesquels ce monde doit être coordonné. Mais la géométrie est une chose, l'arithmétique en est une autre. Prises séparément, elles restèrent étrangères l'une à l'autre. La géométrie analytique est le programme qui permet à l'arithmétique de naître à une vie éclatante au sein de la géométrie, donc qui décrit le processus par lequel un monde par ailleurs austère est poussé à fleurir.

Or, dans son incarnation la plus abstraite et par conséquent la plus belle, la géométrie euclidienne plane n'émerge de rien de plus qu'un ensemble de lignes et de points. Nouvelle entrée en scène de Mrs Crabtree pour une ultime et morne apparition. « Voyez-vous, dit-elle, un triangle est simplement l'intérieur de trois droites mutuellement intersectées, et un cercle est défini par le mouvement d'une droite autour d'un point. » Une pause pour observer l'effet de cette déclaration sur la classe. *Des lignes et des points*, dit-elle tristement. Puis ses traits se fondent à nouveau dans le néant, laissant fugitivement derrière eux le contour de sa mince silhouette, qui diminue jusqu'à n'être plus qu'un point isolé puis s'évanouit.

Le programme de la géométrie analytique consiste à faire sortir les nombres du sol épais d'un paysage géométrique ; cela débute par une droite solitaire, quelque chose qui s'étend dans l'imagination comme une route s'étire d'un horizon bleuté à l'autre au milieu du désert. Le voyageur déambulant le long de cette route, rappelons-le, n'a besoin que d'*un* repère pour s'orienter. Tel le héros d'innombrables westerns, il se *dirige vers* Dogde City ou, à l'instar du méchant de ces mêmes westerns, *s'éloigne de* Dogde City, Dogde City étant, sur ce tronçon de route autrement vide et isolé, le point solitaire qui indique au cow-boy où il va et au méchant d'où il vient.

Ce qui est assez bon pour le cow-boy est assez bon pour le mathématicien. Placé face à une droite donnée, *il* choisit un point qui servira de point de départ. Ce point fait office d'*origine*, de source des choses et de centre du mouvement. *Hé toi ! Commence ici.* Une fois l'origine en place, choisie sur la droite par le geste arbitraire mais étrangement irrésistible du mathématicien, la droite mathématique, comme la route spectaculairement partagée en deux par Dogde City, est elle-même divisée entre ce qui s'étend de part et d'autre de l'origine, la simple détermination de cette dernière donnant à la droite une structure saisissante là où elle avait auparavant un aspect aussi insignifiant que celui d'un œuf.

Dodge City est, bien entendu, un endroit réel – les saloons, la maison close au-dessus du parc d'engraissement du bétail, les églises, le tout ornementé et dément dans le soleil couchant ; tandis que l'origine est un point mathématique, une chose qui a emprunté à la notion de lieu sa propriété essentielle, celle de se trouver *ici* plutôt que là, la droite infiniment prolongée parfaitement en équilibre sur cette pointe svelte, solitaire et singulière. Mais, ne l'oublions pas, un point n'est *pas* un nombre ; occupant un lieu sans espace et apparaissant comme par caprice à chaque fois que deux droites se croisent, c'est un objet géométrique, une sorte d'atome insondable à partir duquel la droite est finalement créée. La géométrie analytique est un programme pour faire fleurir le désert ; mais si l'on veut pouvoir y trouver l'arithmétique, ce ne peut être qu'après l'attribution délibérée de nombres aux points, l'appariement d'éléments incorrigiblement distincts. Le mathématicien ne découvre donc pas un nombre à l'origine : il en *fait apparaître* un. Balayant du regard ce paysage linéaire, cette droite bissectée par un point, il attribue à l'origine le nombre 0, ne serait-ce que des entiers naturels est représenté exactement de la même manière. Les fractions tiennent dans ce système leur rôle habituel, 1/2, par exemple, désignant le point à mi-chemin du 0 et du 1. Pas de mauvaises surprises. Les choses sont exactement ce qu'elles semblent être. Le système est simple.

Si les fractions et les entiers positifs indiquent la distance à partir de l'origine dans une direction, leur homologues négatifs indiquent la distance dans l'autre direction. C'est là que l'on peut apprécier pour la première fois la clarté d'une scène géométrique – sa lumière dans le désert. Les nombres négatifs sont sans doute le premier des grands concepts mathématiques contraires à l'intuition. Un nombre représentant une quantité, il est difficile d'imaginer des quantités *négatives,* des choses qui soient inférieures à zéro (bien que des exemples viennent aisément à l'esprit, comme le romancier Brett Easton Ellis[1]). Sur la droite, la négativité des nombres négatifs n'indique cependant rien de plus que leur *direction* : si les nombres positifs vont vers la droite, les négatifs, eux, avancent vers la gauche.

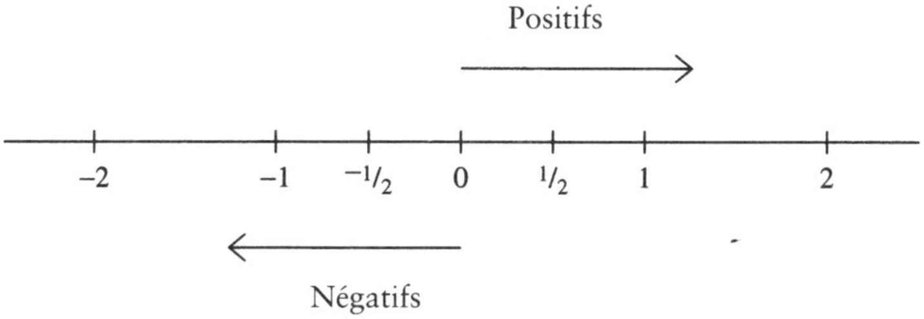

La droite numérique

Cet élégant petit exercice une fois achevé, les nombres ont été inscrits sur la droite géométrique, lui donnant un contenu arithmétique vivant et recevant de sa part un exosquelette géométrique. Aux points de la droite est mainte-

1 Auteur d'un livre intitulé *Moins que zéro* (NdT).

nant attribuée une grandeur numérique, et aux nombres une distance géométrique. Il est possible de *mesurer* la distance entre les points et de *voir* la distance entre les nombres. Loin de paraître étrange, cette interprétation de l'arithmétique et de la géométrie fait vibrer une corde intuitive grave et résonnante qui suggère que, contrairement à leur évolution historique, ces matières sont deux aspects d'une seule et même discipline plus profonde dans laquelle la forme et le nombre sont parfaitement appariés puis fusionnés.

CHAPITRE 4

Coordonnées cartésiennes

Souhaitant me rendre dans un coin perdu, je m'imagine en train de faire une chose que je ne fais jamais : regarder une carte. Je vois sur la feuille imprimée des points qui indiquent toutes sortes d'endroits inoubliables : il y a Plaatsville, foyer des Plaatsville Gophers, il y a la ville natale d'Asa H. Aberfawthy, inventeur de la saucisse sans peau, et il y a le site de la plus grosse usine de fromage industriel de la planète. Au bas de la page s'échelonnent les lettres de **A** à **E** ; sur le côté, les nombres de 1 à 5. Ce sont les coordonnées de la carte.

C'est ma seule certitude. Le reste me plonge dans la confusion la plus totale. Je tourne et je retourne la carte entre mes mains.

– Vous voulez aller où, mon vieux ?

Envahi d'une fureur grandissante, je contemple maintenant la carte d'un œil aveugle tandis que le pompiste, parfumé au cambouis et les yeux cernés par un réseau de fines rides, la tapote de son index, le tout sous le regard narquois de ma femme.

– Leper's Depot. Nous voulons aller à Leper's Depot.

Un grognement à ma droite :

– Toi, tu veux aller à Leper's Depot. Moi, je veux rentrer à la maison.

Avec ce que je prends pour un sourire de supériorité, le Maître des pompes lit l'index alphabétique de la carte sans le moindre effort.

– Lardvista, Lawrence, Lemis, Leper's Depot. Voilà. **E**5.

Je compte de 1 à 5 sur le côté de la carte. Je vais de **A** à **E** au bas de la feuille. Je prolonge les lignes imaginaires. Ça alors ! Le voilà. Leper's Depot. Exactement à l'endroit prévu, la démonstration, si tant est qu'il en faille une, que tout point d'une carte peut être défini par deux coordonnées et que chaque paire de coordonnées (lettre et nombre) désigne un point sur la carte.

La station-service, avec ses fanions qui claquent et son pompiste momifié, sert à exprimer la grande idée lumineuse de la géométrie analytique. La cartographie et les mathématiques reposent l'une comme l'autre sur l'association de points ou de lieux à des paires de nombres. Dans le cas des mathématiques, les coordonnées de choix sont toujours numériques, ne serait-ce que par commodité, et créées par l'intersection de deux droites perpendiculaires. Ce sont les axes d'une carte mathématique. Leur point d'intersection, le 0, représente l'origine de la carte, le centre névralgique du système.

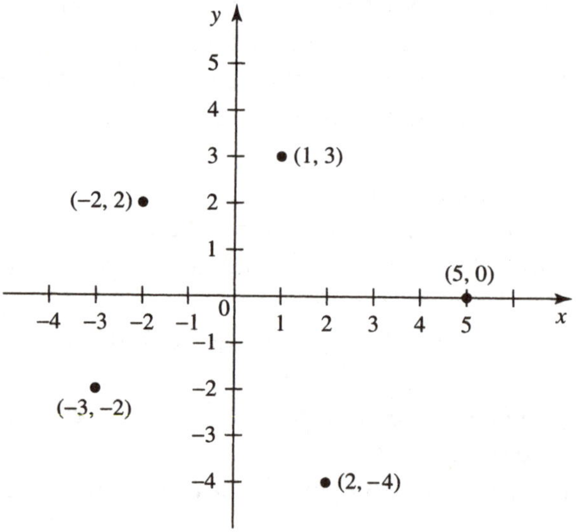

Système de coordonnées cartésiennes

Un système de mesure simple et unifié entre maintenant en jeu. À partir de l'origine, les distances sur les deux droites numériques sont signalées de la manière habituelle et avec les nombres habituels – les entiers et les fractions ordinaires. Au-dessus et à droite de l'origine s'égrènent les nombres positifs ; au-dessous et à gauche, les nombres négatifs. Ces droites numériques, ainsi que l'espace qu'elles embrassent, incarnent un système de coordonnées cartésiennes, ou repère cartésien, ce système lui-même servant à décrire le plan géométrique. Envolés, les villes et les villages d'une carte papier ; *cette* carte-*ci* recouvre un panorama infini de points[1].

Comme une carte papier ordinaire, un repère cartésien a pour objet de fournir des informations sur la totalité du plan qu'il englobe au moyen de ses droites numériques. On peut se représenter celles-ci comme deux voies de chemin de fer perpendiculaires plongeant à travers l'immensité sombre et déserte de quelque steppe avoisinante. Mais pour le moment, les nombres n'ont fait leur apparition que sur les droites numériques, et uniquement sur elles. Les points situés dans la neige alentour, pour continuer à filer la métaphore russe, sont dépourvus de toute identité arithmétique et ils restent donc là, en Sibérie, à attendre impatiemment que les choses veuillent bien commencer. Pourtant chaque point, quelle que soit sa distance de l'origine, peut facilement être placé sous le contrôle de l'appareil arithmétique du système.

La procédure suivie sur une carte-papier est renouvelée sur le plan. Un point solitaire à l'écart des droites numériques – prenez Vasilievo, à cinq cents verstes de la voie de chemin de fer la plus proche, les paysans assis devant leurs cabanes en ruine, les poules picorant le sol gelé, avec dans le lointain une église en bois pareille à une boîte coiffée d'un oignon –

1 La supposition que l'espace contient un nombre infini de points est si courante et si facile à faire qu'il est tentant d'oublier qu'elle est en conflit ouvert avec l'hypothèse atomique de la physique moderne, l'idée que la décomposition de l'espace ne procède que pendant un nombre fini d'étapes et s'achève avec l'exposition d'un nombre fini de particules fondamentales ou élémentaires.

est défini au moyen de deux opérations simples et successives. Par ce point passent deux droites perpendiculaires qui courent parallèlement aux axes des coordonnées. On attribue au point les nombres situés au croisement de ces deux droites avec les droites numériques.

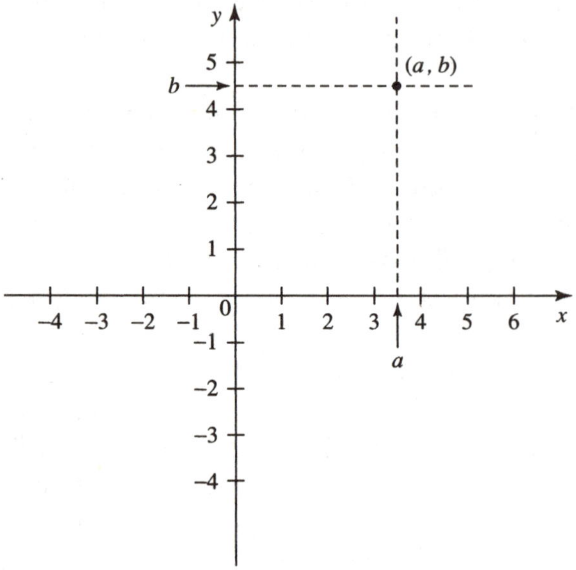

Attribution de coordonnées (*a*, *b*)
à un point du plan

Grâce à cette identification par procuration, Vasilievo acquiert un vif sentiment de sa propre existence par l'intermédiaire de sa relation avec ces voies de chemin de fer ridiculement lointaines qui pourraient emmener un voyageur jusqu'à Moscou ou Saint-Pétersbourg. Si simple qu'il soit, ce procédé fonctionne pour tous les points ; une fois les droites numériques en place, le plan géométrique s'épanouit de santé à mesure que chacun de son infinité de points reçoit une adresse unique – ses *coordonnées* – et donc une identification unique.

Une origine est en place ; *là* se croisent les axes des coordonnées. Les droites numériques ont acquis une double identité, les distances ayant été dotées de nombres et les nombres étant intervenus pour marquer les distances. Le plan dans son ensemble a pris un caractère arithmétique précis, ses points associés à des paires de nombres. La particularité poignante d'un monde où chaque lieu se distingue des autres à d'innombrables égards est perdue. Dans un repère cartésien, les points sont tous semblables à l'exception de leur adresse. Mais un système de coordonnées est suffisant pour exprimer la notion de distance sur la droite et, au-delà, de distance dans le plan. L'expérience métaphysique de l'enracinement a été pourvue d'un écho mathématique dans la notion d'origine, et l'essence même de ce que signifie être un lieu plutôt qu'un autre a été exprimée par les points du système et les nombres qui les identifient.

Messieurs les philosophes français, que dites-vous de ça ?

Contraint par une tournure de phrase

Des étudiants, qui n'ont nul besoin d'être persuadés que les études sur la condition féminine sont utiles à quelque chose, demandent souvent innocemment si la géométrie analytique sert à quelque chose. *Mais bien sûr* est la réponse abrégée. La longue aussi. La géométrie analytique permet au mathématicien de décrire les figures géométriques au moyen d'équations, et d'entamer ainsi la tâche consistant à mettre figures, formes et douces courbes sensuelles sous le contrôle des symboles. Prenez une droite, par exemple, suspendue en plein ciel et se propulsant consciencieusement à travers tout l'espace. Que dire de cette droite à part quelque chose comme *tiens, la voilà qui passe* ? Mais imaginez maintenant cette droite en train de traverser un repère cartésien pour s'élever vers des territoires inconnus.

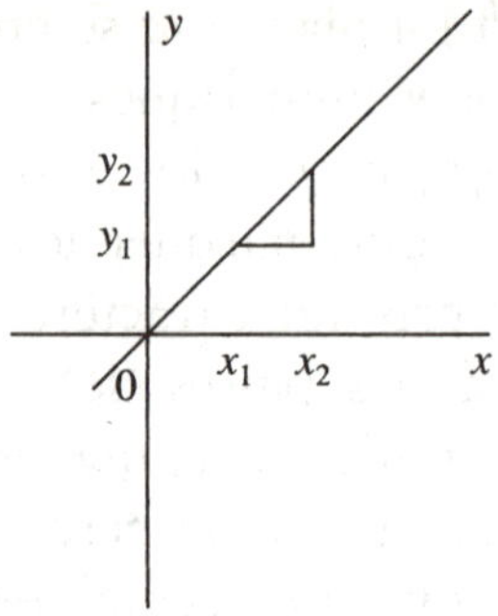

Droite passant par l'origine

La figure montre clairement – on peut le prendre pour acquis – que, chaque fois que la droite monte d'une unité, elle progresse d'une unité vers la droite. Vers le haut, elle passe de y_1 à y_2 ; vers l'extérieur, de x_1 à x_2. (Les indices font office de panneaux indicateurs généraux, x_1 désignant la première étape, donc le premier lieu sur l'axe des x, et x_2 la deuxième étape, donc le deuxième lieu.) Le quotient des distances couvertes dans les deux directions, distance verticale sur distance horizontale, est la *pente* de la droite : $(y_2 - y_1)/(x_2 - x_1)$, pour mettre la chose sous forme de symboles, $(y_2 - y_1)/(x_2 - x_1)$ étant ici égal à 1. Il est aussi évident d'après la figure que cette droite croise l'axe des y à l'origine. La pente de la droite et le point d'intersection sont fixes. Ce sont là simplement les conditions descriptives de la droite, son identité circonstancielle.

Jadis, au temps de la délicieuse aurore aux doigts de rose, les géomètres analytiques découvrirent qu'une droite dans un repère cartésien peut être décrite, et l'être *complètement*, par une équation de la forme $y = mx + b$. Ces six symboles ont une signification attendue bien qu'imparfaitement retenue. Les variables de la fin de l'alphabet, comme x ou y, jouent le même rôle que les pronoms ordinaires, des bouts de grammaire qui indiquent où se trouvent les inconnues, de la même manière que *il l'a fait* laisse dans l'ombre à la fois *qui* il est et *ce* qu'il a fait. Résoudre une équation algébrique (ou n'importe quelle équation) consiste à déterminer qui *il* est ou ce qu'il a *fait*, et cela en se fondant sur divers indices parsemés dans l'équation. Le b badin et bondissant fait quant à lui office de nom propre, et représente le point précis où une droite croise l'axe des y ; m est un autre nom propre qui désigne pour sa part la pente de la droite. Les variables d'une équation étant variables, elles prennent différentes valeurs dans une même équation, tandis que les noms propres restent fixes et figés.

Chacun des points d'une droite domestiquée par un repère cartésien correspond à deux nombres. Ce sont ses coordonnées, la marque de sa domestication, l'une correspondant à la distance sur l'axe des x, l'autre à la distance sur l'axe des y. L'équation $y = mx + b$ dit qu'une valeur donnée de x permet de déterminer sans équivoque une valeur de y. Voilà une chose bien remarquable à dire pour une équation ; il ne lui est possible de le faire que parce que le système de contraintes qu'elle exprime est vissé assez solidement pour spécifier les valeurs inconnues de y.

Supposez ainsi que $x = 423$. Cette bribe d'information ne sert qu'à attirer votre attention vers le froid de l'espace interstellaire, où un point de la droite occupe une position située à 423 unités de l'origine sur l'axe des x. L'information ne fournit que la moitié de l'adresse du point. Manque la coordonnée y. Et *voici* ce que donne l'équation : $y = 423$ et y *doit* être 423 puisque $m = 1$, que $b = 0$, que $x = 423$ et que y est égal à $mx + b$. Il est rare que la langue courante offre une phrase rédigée si précisément qu'elle rende l'identification d'une inconnue inéluctable. Le *il* de *il l'a fait* peut désigner n'importe qui, de Charlemagne à Harry Houdini, et seul le contexte et un raffinement de la description permettent de rétrécir le champ des possibles, *il l'a fait comme d'habitude*, par exemple, pouvant à la limite désigner un célèbre chanteur.

Ce que l'équation $y = mx + b$ fait pour un point, elle le fait pour tous les autres, et elle tire ainsi le rideau de son autorité sur une infinité de coordonnées. Une *infinité* ! Peut-être une droite est-elle davantage que la simple somme de ses points mais, quelle que soit son identité, elle est *exprimée* par les points qui la composent. Suspendue en plein ciel et plongeant lugubrement vers la double obscurité de la distance dans deux directions, c'est elle-même qui tombe maintenant sous le contrôle d'une formule, d'une tournure de phrase finie.

Debout à l'entrée d'une grotte secrète, l'Ali Baba du conte cherchait à murmurer une formule magique. Pauvre sot. Il ne s'intéressait qu'au butin. Avec les *mots*, le mathématicien contrôle l'*illimitable*.

Chez Descartes

Le restaurant est ouvert en permanence, les casseroles en cuivre étincelant contre les lambris sombres qui couvrent les murs. Les mathématiciens qui s'installent confortablement après avoir salué la femme du propriétaire, *eux*, connaissent René Descartes comme un mathématicien : quant à son rôle de philosophe, ils le passent sous silence avec embarras. Même si cela ne suscite qu'un murmure de reconnaissance indulgent et ironique, il est bon de leur rappeler que Descartes fut le premier des philosophes modernes, et le plus grand, *parce qu*'il fut le premier.

Descartes introduisit la méthode du doute dans la philosophie et poussa les philosophes à commencer leur travail avec scepticisme – le problème posé par sa question brutale et pénétrante : *comment savons-nous ?* Comment savons-nous *quoi ? Quoi que ce soit.* Ses *Méditations* restent un texte dont les philosophes modernes ne s'échappent jamais vraiment, quelque libérés qu'ils s'imaginent être de son influence hypnotique profonde. Établissant une distinction entre l'âme et le corps, donc entre le monde de l'expérience et le monde physique, Descartes affirma prophétiquement que c'est l'âme et *non* le corps qui est intuitivement connue, aisément accessible. Le succès des sciences semble indiquer le contraire, mais c'est un succès accompli à grands frais intellectuels et sur une très longue période de temps, et nous pourrions fort bien, au bout du compte, repartir tous en troupe chez Descartes pour nous asseoir avec les mathématiciens dans la pièce obscure et soporifique, afin de contempler l'âme en train de se contempler tandis que l'odeur de la graisse d'oie se répand dans l'air.

Descartes naquit en 1596 près de Tours, où, dit-on, on parle un français d'une exceptionnelle pureté et, me rappelle l'un des mathématiciens, on sait faire honneur à la bonne chère. De santé délicate, gâté par son père, il fut, jeune homme, passionnément préoccupé par les mathématiques. Il resta toute sa vie un valétudinaire, capable de prendre le lit à l'apparition du moindre bouton ; pourtant, dans sa jeunesse, ses biographes le dépeignent comme un simple soldat, partant à la guerre pour une campagne stupide, après une autre. Il participa à la bataille de Prague ; il s'engagea dans les troupes de l'Électeur de Bavière. Il semblait éprouver un réel amour pour la tente froide et humide du soldat, l'eau ruisselant le long des parois en toile, pour l'éclair aveuglant du canon, le rugissement et le fracas du combat tandis que des hommes tendus et violents s'élançaient à travers les champs boueux.

Et durant tout ce temps, il poursuivit ses aventures intellectuelles passionnées, capable on ne sait comment de concilier l'intérêt pour l'ineffable avec la sordide brutalité de la vie de soldat. Assurément seul *chef* d'une scène historique marquante, celle de la philosophie analytique, Descartes est également l'étoile d'une scène intellectuelle bien plus animée, celle des mathématiques, où il joua avec succès le rôle d'un grand mathématicien visionnaire, suggérant dans son chef-d'œuvre, *La Géométrie*, une synthèse spectaculaire et de portée considérable entre l'algèbre et la géométrie. Il parvint à la maturité mathématique dans les premières années du XVIIe siècle, et manqua ainsi le moment de création dont disposèrent Leibniz et Newton ; mais eu égard au Calcul, c'est à Descartes que fut octroyée la vision d'un paysage géométrique ancien animé d'une vie arithmétique, et ce fut donc lui qui apporta le plan sans lequel on n'aurait pu achever l'arche.

Dans sa vie comme dans sa mort, Descartes fut unique, et le seul grand penseur à mourir d'inconfort. Appelé à Stockholm comme tuteur de la reine Christine, il découvrit à sa grande horreur que celle-ci, une jeune et vigoureuse amazone, voulait des leçons de géométrie tôt le matin. La perspective était lugubre, l'heure indue, la ville enfouie sous la neige, avec un vent arctique glacial qui soufflait sur les eaux sombres et maussades – Stockholm est pratiquement une île. Descartes désespéra de ses devoirs. Il contracta une inflammation de la plèvre, une pneumonie sans doute, et mourut dans sa cinquante-quatrième année, crachant dans le même souffle ses poumons et sa vie, six ans après la naissance de Newton.

CHAPITRE 5

L'insoutenable continuité du mouvement

Mais il y a toujours un mais.

La transposition d'un corps humain dans l'espace trouve son écho mathématique dans la progression purement imaginaire de distances successives le long d'une droite numérique. En descendant cette route au milieu du désert, j'accrois ma distance de l'origine, la droite mathématique servant à refléter ma course en avant extatique. C'est dans cette course en avant extatique que l'expérience révèle l'un de ses aspects curieux et obsédant. Quel que soit le trajet, je peux l'interrompre simplement en m'arrêtant ; je peux me précipiter ou traîner les pieds ; mais tant que je me transpose de lieu en lieu, l'expérience du mouvement est *continue* dans un sens du mot qui est prégnant sans être encore bien défini.

L'insoutenable continuité du mouvement.

La droite géométrique reflète parfaitement l'insoutenable continuité du mouvement ; entre les points, il y a des points, ces points se disposant de façon que la droite dans son ensemble forme un *continuum*, image mystique et ancienne de choses à la limite de la netteté, expression parfaite du passage que nous faisons d'un lieu à un autre, ou d'un temps à un autre, l'expérience de la continuité suggérant qu'à un certain niveau tout n'est que *fusionnement*, signe d'une unité plus grande dans laquelle la distinction immémoriale entre le sujet et l'objet disparaît et l'âme part rejoindre à la nage le grand océan de l'existence.

Mais les nombres sont des durs à cuire ; chacun est pétri d'un fier sentiment d'individualité et aucun ne semble disposé à nager tant soit peu vers l'océan de l'existence. Ou quoi que ce soit d'autre. Si les points de la droite trouvent leurs identités séparées pesantes, les nombres *se délectent* positivement de leur individualité. Cette situation peut provoquer un petit cri de méfiance, le funeste pressentiment que la droite et les nombres qui y sont inscrits sont d'une certaine manière discordants. Et si ces remarques sont formulées avec un haussement d'épaules intuitif, elles sont soutenues par un raisonnement ancien.

Les *si* s'accumulent

Un théorème attribué à Pythagore affirme que si a et b sont les côtés d'un triangle rectangle et h son hypoténuse, alors $a^2 + b^2 = h^2$. Ce théorème illustre une *caractéristique* frappante des triangles rectangles : quelle que soit leur configuration particulière, *cette* relation numérique simple vaut pour leurs côtés. Si $a = 3$ et $b = 4$, $a^2 + b^2 = 25$, et h doit donc être 5.

Et c'est le cas, le théorème de Pythagore enserrant l'indocilité du monde dans un ensemble incorruptible de contraintes conceptuelles.

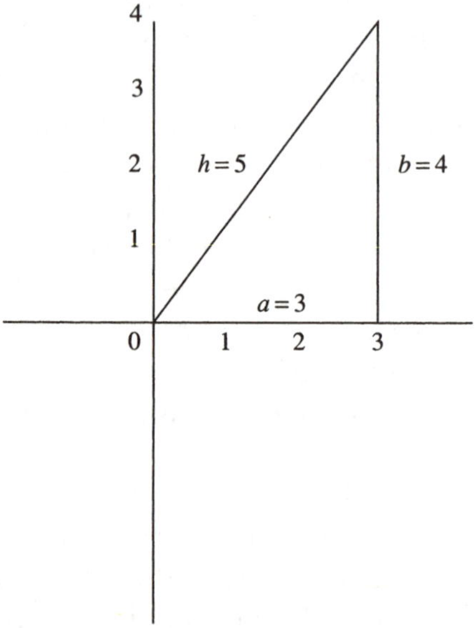

Le théorème de Pythagore

Mais supposez maintenant que *a* et *b* soient égaux à 1. Le triangle qui répond à cette supposition n'a rien d'extraordinaire. Ses jambes font chacune une unité de long. La chose a un aspect quelque peu ramassé. Et *h*, dans toute cette banalité ? Entre autres, *h* exprime l'étendue d'une distance fixe et désespérément prosaïque dans le monde réel. Et si *h* est une distance dans le monde réel, c'est aussi une distance sur la droite numérique, chose que l'on peut vérifier en faisant pivoter le triangle pour que son hypoténuse coïncide avec l'axe de la droite numérique. Ainsi inscrite sur cette dernière, l'extrémité de l'hypoténuse se trouve à précisément *h* de l'origine.

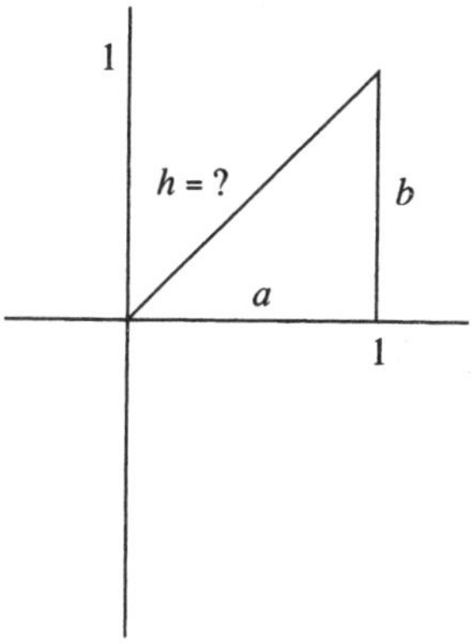

Le théorème de Pythagore quand *a* et *b* sont égaux à 1

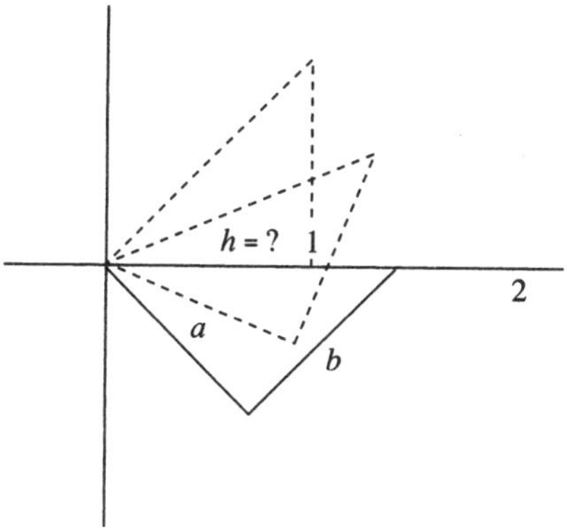

L'hypoténuse *h* en tant qu'étendue sur la droite numérique

Et après ? Qu'*est*-ce donc que *h* ? Une distance de quelle *grandeur* ? La question appartient à cette généreuse congrégation de questions posées par ceux qui sont désespérément perdus.

– Leper's Depot. Est-ce à quelque distance d'ici ?

– Ouais.

– Pouvez-vous me dire combien ?

Intellectuellement parlant, il serait détestable d'apprendre que si Leper's Depot *est bien* à quelque distance d'ici, c'est une distance qu'on *ne peut* corréler avec aucun nombre.

– J'sais pas, mon pote. Impossible à dire.

Cette réponse laconique, qui évoque l'une de ces comédies de l'absurde si populaires dans les années cinquante, n'en est pas moins *appropriée* dans le cas de *h*, les soupçons et les conjectures se rejoignant maintenant en une déclaration lugubre et catégorique : *c'est impossible à dire.*

Le raisonnement général est très simple, très compact et très puissant. Le théorème de Pythagore dit que $a^2 + b^2 = h^2$, et il le dit pour *tout* triangle rectangle. Si a et b sont égaux à 1, donc que $a^2 + b^2 = 2$, alors h est le nombre qui, porté au carré (ou multiplié par lui-même), vaut 2. Ces étapes déductives nettes et méthodiques suffisent pour mener le lecteur au bord de l'abîme. Car si $a^2 + b^2 = 2$, h^2 doit être 2 et **h** lui-même doit être $\sqrt{2}$

Mais un tel nombre n'existe pas.

La racine carrée de 2 est comme le yeti ou le monstre du loch Ness, les neiges d'antan, le fantôme obscur près de la fenêtre poussiéreuse – elle est inexistante, elle est introuvable, elle ne fait pas partie du décor de ce monde ni d'aucun autre.

Voilà l'exposé pris dans un nœud de concepts. Regardez un peu cette couronne d'épines.

CHAPITRE 6

Hé

La racine carrée de 2 ? Elle n'existe pas ? *C'est une blague, c'est ça ?* – ceci sur le ton d'incrédulité qu'on réserve d'ordinaire au vieil ami venu annoncer sa retraite imminente dans un ashram. La chose est déroutante. Elle a dérouté les Grecs, et elle a dérouté les mathématiciens venus après eux. Elle a dérouté les mathématiciens tout au long des siècles – sages hindous illuminés écrivant à l'ombre de superbes temples, érudits arabes barbus tripotant leurs caftans, individus mercantiles de la Renaissance italienne.

Mais rien à faire. L'antique démonstration est inattaquable et elle intervient avec l'autorité irritante d'un cauchemar éveillé, l'un de ces sordides épisodes où, disons, un chauffeur de taxi débraillé, pas rasé et sans cou se tourne et vous apostrophe avec insolence mais avec une parfaite et troublante assurance :

« *Hé,* mon pote, supposez que $\sqrt{2}$ existe. Facilitez-vous la vie et supposez-le, c'est tout. Alors $\sqrt{2} = p/q$, où p et q sont ces trucs, ces nombres, là. Non ?

Mais p et q, ils peuvent pas être tous les deux *pairs*, vu que s'ils l'étaient, on pourrait diviser le tout par 2. Je veux dire, s'ils étaient comme 2/4 ou un truc comme ça, on pourrait toujours dire que c'est la même chose que 1/2 et se servir de ça à la place. Non ?

Hé, mais $\sqrt{2} \times \sqrt{2}$, c'est forcément la même chose que $p/q \times p/q$. Je veux dire, mon gars, c'est comme ça pour la racine carrée de n'importe quoi.

Bon maintenant, est-ce que $\sqrt{2} \times \sqrt{2} = 2$, ou quoi ? Et $p/q \times p/q$, hé, c'est la même chose que p^2/q^2.

Donc on a $2 = p^2/q^2$, et puis on a $2q^2 = p^2$ vu qu'on multiplie les deux côtés de l'équation par q^2. C'est un truc qu'on a le droit de faire, ça.

Donc ça veut dire que p^2, il doit être pair – non ? – vu qu'on divise les deux côtés de l'équation par 2.

Si p^2 est pair, ça veut dire que p doit être pair. Non ? Ça, c'est vu qu'un impair multiplié par un impair donne forcément un impair.

Hé, d'ailleurs quand j'y pense c'est vrai aussi dans mon métier.

Maintenant suivez-moi bien. On prend $p/2 \times p/2$, on obtient $p^2/4$.

Hé, j'en *viens* au fait, et de toute façon, avec cette circulation, on n'avance pas. Regardez ce que j'ai fait. On sait que p^2, c'est la même chose que $2q^2$. Donc si p^2 est divisible par 4, même chose pour $2q^2$, vu qu'ils sont égaux et tout ça.

Vous me suivez, ou quoi ? Je demande parce qu'on arrive au bout. $2q^2$, si c'est divisible par 4, ça veut forcément dire que q^2 est divisible par 2. Non ?

Ce qui veut dire que q est divisible par 2.

Ce qui veut dire que p et q sont *tous les deux* pairs. Et si vous restez là à hocher la tête comme un idiot, c'est que je vous ai dit il y a cinq minutes que p et q ne peuvent pas être tous les deux pairs.

Alors lequel est vrai, chef ? »

Lequel, en effet ?

Pauvres grosses choses

Le raisonnement qu'on vient d'exposer consiste à flageller impitoyablement une supposition pour l'amener à la contradiction – *reductio ad absurdum*, comme le procédé est joyeusement appelé dans le métier, surtout par ceux qui flagellent. Cet *absurdum* particulier suscite comme un sentiment d'énervement. Seize a une racine carrée, à savoir 4, et 1/4 a une racine carrée, à savoir 1/2, mais 2 n'a aucune racine carrée que ce soit parmi les nombres rationnels, bien qu'il semble que 2,25 ait une racine carrée, qui est 1,5. *Énervement* ? Pas tout à fait le mot qui convient. Voilà qu'un obstacle ancien à la compréhension a émergé des brumes du passé en poussant des grognements humides et en laissant derrière lui une traînée verte et gluante. *Obstacle* ? Pas tout à fait le mot qui convient non plus. On peut refaire encore et encore le raisonnement du chauffeur de taxi. Outre la racine carrée de 2, il existe une abondance de racines carrées qu'on ne peut exprimer par un nombre rationnel – la racine carrée de 3, par exemple. Comme du velours qui révèle en pleine lumière une série de trous de mites inquiétants, le système numérique familier est plein de failles étranges, d'endroits qui ne reflètent que le vide. Et pour *ça*, le mot qui convient est « bizarre ».

La racine carrée de 2 força les Grecs à envisager les *grandeurs incommensurables* – des distances sur la droite ne pouvant être corrélées avec aucun nombre. Ce sont des objets déplaisants, ces distances sans nombre, ne serait-ce que parce que, comme des chiens sans poils, elles exhibent leurs défauts de manière aussi provocante. La découverte des grandeurs incommensurables provoqua une crise chez les mathématiciens grecs attachés (comme la plupart des mathématiciens) à la suprématie des nombres. On raconte l'histoire d'un mathématicien assez téméraire pour soutenir à bord d'un navire l'idée des distances sans nombre. La scène est irrésistible : le ciel éclatant de la Méditerranée, le vent dans les voiles amidonnées, les hommes puissamment musclés qui cessent pour le moment de ramer, les coudes sur les genoux, tandis qu'un petit étranger courtaud déclare avec fermeté que contre toute attente certaines distances ne peuvent être mesurées au moyen des nombres, qu'ils soient naturels ou rationnels. Les rameurs se regardent, se lèvent comme un seul homme, saisissent ce minus présomptueux par le col de sa tunique et, alors même qu'il proteste pompeusement qu'après tout il est mathématicien, le précipitent dans la mer lie-de-vin. La crise qu'ils provoquèrent, les

Grecs ne la résolurent jamais. Dans Eudoxe et dans Euclide, les grandeurs incommensurables font leur apparition en tant que grandeurs incommensurables, étranges objets sans nombre. Des quotients entre ces objets sont définis et un système de géométrie créé, mais au bout du compte, les pauvres grosses choses restent là : obscures, invraisemblables et bizarres.

Les grands mathématiciens hindous et arabes du Moyen Âge prirent une tout autre voie. Ils traitèrent les grandeurs incommensurables *comme si* elles étaient vraiment des nombres – des nombres *irrationnels*, ce terme apportant par inadvertance une jolie nuance révélatrice de la folie rôdant autour de la notion même – et apprirent quantités d'astuces qui permettraient de manipuler de tels nombres. Au XIIe siècle, par exemple, Bhaskara démontra correctement que $\sqrt{3} + \sqrt{12} = 3\sqrt{3}$, un accomplissement, me permettrai-je d'ajouter, bien au-dessus des capacités intellectuelles collectives, disons, du département d'anglais de Duke University. (Il est plaisant d'imaginer les membres du département assis ensemble dans une longue salle de conférences, les marxistes d'un côté, les déconstructionnistes de l'autre, en train de se colleter avec le problème, tout en s'insultant copieusement.) Mais ni Bhaskara ni aucun autre ne parvint jamais à préciser ce qu'*étaient* des éléments tels que $\sqrt{3}$. Comme ils le font si souvent, les symboles résistèrent à toute tentative pour les investir d'un sens. Assis dans leurs jardins parfumés, ces mille et un mathématiciens arabes se livrèrent à leurs calculs avec la certitude charmante et insouciante que tout ce charabia avait vraiment un sens.

Personne ne fit mieux d'ailleurs, et le charabia médiéval des mathématiques arabes apparut en Italie, en France et en Angleterre comme une mauvaise herbe d'une inexpugnable vivacité, mais d'une irrémédiable vulgarité. Et la chose curieuse, qui va à l'encontre de l'intuition, c'est que cela n'eut pas d'importance. La conception courante des mathématiques comme une discipline *vouée* à un idéal de précision n'a guère de rapport avec les mathématiques telles qu'elles sont vécues. Entre 1500 et 1800, la grande scène centrale de la pensée européenne regorge de personnages qui jacassent et argumentent – Cardan, Stifel, Pascal, Descartes, Wallis, Barrows, même Leibniz et le sacro-saint Newton –, disent une chose mais en écrivent une tout autre, conviennent en réunion solennelle que les nombres irrationnels sont une fiction (un signe presque certain de mauvaise foi, en mathématiques comme en toute chose), puis appliquent cette fiction aux problèmes numériques et, comme Bhaskara, trouvent miraculeusement la bonne réponse, le travail inhérent à la création du Calcul étant une affaire manifestement capable d'être conduite *sans* être clarifiée, les mathématiciens suivant la trace d'une vérité centrale assez suggestive pour faire de la finesse de la distinction une distraction futile. *Allez en avant et la foi vous viendra*[1], aurait dit d'Alembert, un conseil que l'on continue, pour ce qui est du Calcul, à offrir pieusement aux étudiants de première année (avec, ajouterai-je, des résultats entièrement prévisibles).

Ce récit pourrait, bien sûr, être continué dans les ramifications d'un millier de biographies. Qu'il me soit permis plutôt de transmettre une impression de ce que l'histoire a déjà communiqué : un bond en avant du progrès mathématique éclairé par le sentiment obsédant et rétrograde que deux objets anciens de l'expérience humaine, la droite et les nombres eux-mêmes, sont par certains côtés désespérément discordants, le sentiment de dislocation rendu d'autant plus pressant et d'autant plus poignant du fait de la conviction partagée par la quasi-totalité des mathématiciens que la droite devrait exprimer les nombres et les nombres représenter la droite, et que l'expression comme la représentation devraient être parfaites et complètes.

1 En français dans le texte (NdT).

CHAPITRE 7

Treize manières de regarder une droite

Quand le merle s'envola loin des regards
il marqua le bord
d'un cercle parmi de nombreux autres.

WALLACE STEVENS

Une simple droite, tendant vers l'infini dans deux directions, est un objet ancien de l'expérience humaine, la première des grandes abstractions de la vie sensible.

Une manière de regarder une droite.

Les bords et les surfaces du monde naturel tendent avec irrésolution vers l'informe ; plongé dans la naissance et la décrépitude, le monde biologique est rempli de surfaces tièdes et recuites, enflées, courbes, amorphes, la création tout entière organisée mais chaotique. Une droite possède la pureté de tout objet qui ne dévie pas. La chose reste suspendue là, aussi sévère que la lame d'une épée.

Deux manières de regarder une droite.

Et ?

La droite est *infinie*, composée d'une infinité de points.

Et ?

La droite est *dense*. Entre deux points quelconques, il y en a un troisième.

Et ?

La droite est *ordonnée*. Ses points ne sont pas juste posés là dans un fouillis aléatoire. Tout point vient après ceux qui sont avant et avant ceux qui sont après.

Et ?

La droite est *continue*. Il n'existe pas de point où sa structure intérieure manque de cohérence et révèle un vide abyssal, l'autre côté de l'au-delà.

Six manières de regarder une droite.

Et maintenant, une question évidente mais difficile : *laquelle* de ces manières de regarder donne à la droite sa mystérieuse singularité en tant qu'objet de la pensée ; en quoi l'*essence* de la droite réside-t-elle ? Les philosophes peuvent maintenant occuper la scène durant trente secondes :

Sa cohérence. Oui, absolument. Sa cohérence.

La manière dont elle se tient, et tout ça.

Le fait qu'à chaque fois qu'il y a deux points, il y en a un autre entre eux ?

C'est sa continuité qui fait sa particularité. Si l'on était un insecte sur la droite, on ne tomberait pas entre deux points ou quelque chose comme ça. C'est très difficile à expliquer.

D'un certain côté, les philosophes ont montré la voie d'un détour qu'il n'est pas nécessaire de prendre. Depuis l'époque des Grecs, les mathématiciens s'efforçaient d'expliquer l'essence de la droite par la densité de ses points. Les physiciens aussi, Ernst Mach en particulier, affirmant que la droite est continue simplement parce que entre deux points quelconques il en existe un troisième. Ils avaient tort, ces mathématiciens, et Mach aussi. Entre deux nombres rationnels quelconques (deux fractions quelconques), il existe un autre nombre rationnel (une autre fraction). La preuve ? Prenez la somme de ces fractions et divisez-la par deux. Le résultat, leur moyenne arithmétique, tombera bien proprement entre les deux fractions originales. Les nombres rationnels, *comme les points de la droite*, s'ouvrent pour révéler d'autres eux-mêmes encore dans les espaces qui les séparent. Et pourtant la droite est plus riche que les nombres rationnels. Simplement, ce n'est pas à *cet* égard qu'elle est plus riche.

Six manières de regarder une droite qui sont maintenant épuisées.

Voyageant à travers l'espace, c'est mon corps à califourchon sur une Harley qui divise la route désertique entre Ce Qui Est Passé et Ce Qui Est À Venir, créant ainsi un sentiment changeant de *position* spatiale. Une droite est comme une route bleutée, et un point mathématique est comme un endroit géographique, quelque chose qui sépare ce qu'il y avait avant (le désert aride, l'odeur de la sauge dans l'air printanier, le paysage on ne sait pourquoi si étrange) de ce qui va venir (les montagnes, les cascades sur leurs flancs, les fleurs de printemps dans les prairies calcaires).

Sept manières de regarder une droite.

Voyageant à travers le temps, c'est ma conscience qui divise ma vie entre Ce Qui A Été et Ce Qui Va Être, les événements qui ont eu lieu s'estompant comme des fragments pâles et répétitifs, les événements qui sont à venir alignés imperturbablement dans le futur en attendant leur tour, ma conscience du temps qui passe créant un sentiment changeant de *position* temporelle, l'impression d'un instant particulier. Une droite est comme une existence habitée, et un point est comme le moment présent, une éruption locale qui sert à séparer ce qui a déjà eu lieu (l'enfance, la jeunesse, l'âge adulte) de ce qui reste à venir (l'âge mûr, la vieillesse, le gouffre).

Huit manières de regarder une droite.

L'instant présent, donc le sentiment du *maintenant*, divise le continuum temporel ; l'endroit présent, donc le sentiment de l'*ici*, le continuum spatial. Le temps comme l'espace peuvent être coupés, la coupure divisant le temps entre l'Avant et l'Après et l'espace (si l'on pense maintenant à une route) entre le Derrière et le Devant. Une droite est comme une route et comme une existence habitée.

Neuf et dix manières de regarder une droite.

La capacité d'être coupé est une caractéristique subtile de l'expérience, la couleur entre deux couleurs. Dans son remarquable essai *Continuité et nombres irrationnels*, le mathématicien allemand du XIXe siècle, Richard Dedekind, écrivit avec un sentiment de découverte naissante que c'était sa capacité d'être coupée (et uniquement elle) qui donnait à la droite son essence, sa puissance. Supposons, supposa Dedekind, qu'en un point la droite géométrique soit en imagination coupée. Le résultat de la coupure que l'on vient d'effectuer est un partage de la droite en deux segments, **A** et **B**. Tout point de **A** se trouve à gauche de tout point de **B**.

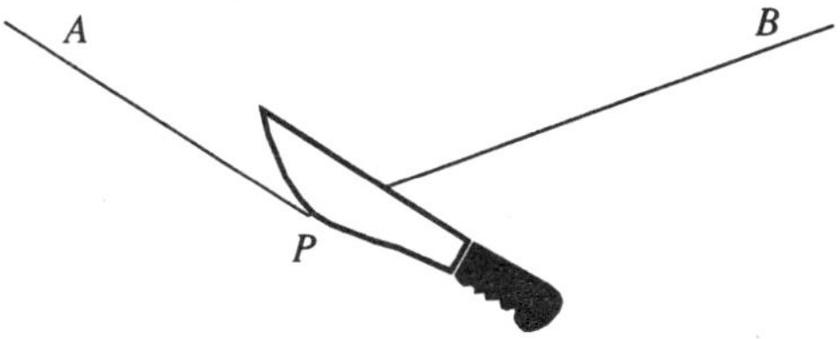

Coupure de la droite au point *P* par Dedekind

La métaphore de la coupure a un sens, bien entendu, car la droite est ordonnée par le positionnement de ses points (tout comme une route l'est par celui de ses villes et cités) ; mais le mot « coupure » ne parvient pas à rendre le caractère décisif et massif de l'allemand *geschnitten*, la suggestion énergique d'une action entreprise, comme si la droite était réellement sectionnée par une lourde paire de cisailles.

Chacun des points de la droite détermine une coupure et une seule, un endroit où la droite peut être partagée en deux ailes : c'est une caractéristique de la droite suffisamment évidente pour qu'on l'oublie.

Onze manières de regarder une droite.

Mais chacune des coupures se fait en un point et un seul, un endroit où les ailes de la droite coïncident : c'est également une caractéristique de la droite suffisamment subtile pour qu'on l'oublie.

Douze manières de regarder une droite.

Dans les objets mathématiques les plus austères se trouvent des aspects de la vie même – le sentiment du présent, le sentiment du lieu, et les manières dont sont découpés le temps et l'espace. La vie est comme une droite et une droite est comme la vie, la métaphore s'effaçant au profit du sens et le sens s'effaçant au profit de la métaphore.

Treize manières de regarder une droite.

CHAPITRE 8

Le docteur de la découverte

Le mieux est d'imaginer Dedekind comme un grand diagnostiqueur, un docteur de la découverte. Les faits sont en ordre ; mais les *faits* ont toujours été en ordre. Les *faits* sont clairement visibles depuis plus de deux mille ans. Ces faits, les voici. Certaines distances sur la droite ne peuvent être mises en corrélation avec aucun nombre, naturel ou rationnel. Et les nombres contiennent des manques, des endroits où il devrait y avoir quelque chose, mais où il n'y a rien. Un cornet acoustique rudimentaire à la main, les autres docteurs ont déjà tiré la conclusion évidente : la droite est intrinsèquement un objet *plus riche* que les nombres. La droite a quelque chose, dit l'un d'eux, une sorte de continuité, une propriété particulière, une chose ou un aspect, une caractéristique ou une condition ; mais quand il s'agit de préciser ce qu'est cette chose, cet aspect, cette caractéristique ou cette condition, il se tait.

Dedekind écoute silencieusement, ses lèvres minces serrées l'une contre l'autre. Puis il dit :

– La comparaison des nombres rationnels avec une droite a conduit à la prise de conscience de l'existence de manques, d'une certaine incomplétude ou d'une discontinuité de la droite, tandis que nous lui attribuons la complétude, l'absence de manques ou la continuité.

Son ton est professoral et il s'exprime avec une courtoisie grave.

– Ainsi donc, en quoi cette continuité existe-t-elle ? demande-t-il par un trait de rhétorique.

Les autres docteurs semblent sur le qui-vive.

– Tout doit dépendre, poursuit-il d'une voix toujours

calme, toujours sérieuse, étonnamment musicale, de la réponse à cette question.

Certains docteurs opinent du chef.

– J'y ai longtemps réfléchi, en vain, mais j'ai finalement trouvé ce que je cherchais.

– Oui ?

Dedekind se détourne du cercle des visages attentifs et palpe de ses doigts élégants et délicats le patient alité. Il retire ses mains en murmurant, montre du doigt l'endroit profondément sensible qu'il vient de toucher et le nerf imparfait et mystérieux qui se trouve en dessous.

– Nous savons que tout point *p* de la droite produit une séparation de cette dernière en deux portions telles que tout point de l'une se trouve à gauche de tout point de l'autre.

Dedekind tient ses mains en l'air, les paumes tournées vers le haut, pour suggérer la droite brisée en deux parties. Ses mains ressemblent à des ailes d'oiseau.

– Mais mon cher docteur…

– Je trouve, continue Dedekind, l'essence de la continuité dans l'inverse.

– L'inverse ?

– Dans le principe suivant, dit-il d'une voix plus clairement définie, irrésistible. Si l'on divise tous les points de la droite en deux classes telles que tout point de la première se trouve à gauche de tout point de la deuxième, alors – emphatique, Dedekind lève le doigt – il existe un point et un seul qui produise ce partage de tous les points en deux classes, cette coupure de la droite en deux portions.

Les docteurs échangent à nouveau des regards tendus.

– C'est par cette remarque banale que le secret de la continuité doit être révélé.

– Mais c'est tellement évident.

– Oui, dit Dedekind. Beaucoup peuvent trouver sa substance bien banale.

Il hausse légèrement les épaules.

– Je suis heureux que tout le monde trouve ce principe aussi évident et aussi en adéquation avec ses propres idées d'une droite, car je suis absolument incapable de fournir la moindre preuve de sa justesse.

Un murmure sifflant s'élève dans la pièce.

– Et personne d'autre n'a ce pouvoir non plus, ajoute rapidement Dedekind. Cette propriété supposée de la droite n'est rien de plus qu'un axiome par lequel nous attribuons à la droite sa continuité, par lequel nous trouvons une continuité en elle.

– Mais, docteur, êtes-vous en train de dire que la continuité est quelque chose que nous créons ? Alors que certainement c'est quelque chose que nous découvrons ?

Dedekind hausse les épaules comme pour indiquer que la différence n'a guère d'importance.

– Et les nombres rationnels ? Que faites-vous des nombres rationnels ?

– Tout nombre rationnel *r*, dit Dedekind, opère une séparation du système en deux classes *A* et *B* telles que tout nombre de la première est inférieur à tout nombre de la deuxième.

– Et quel rôle ce nombre, ce *r*, joue-t-il ?

– Il est soit le plus grand nombre de **A**, soit le plus petit nombre de **B**.

– Oui, certainement cela est vrai, dit quelqu'un.

– Et à cet égard, ajoute Dedekind, les nombres rationnels sont comme la droite.

Les docteurs regardent Dedekind, pleins d'espoir.

– Mais il est facile de montrer qu'il existe une infinité de coupures qui ne sont pas produites par un nombre rationnel.

– Pas produites par un nombre rationnel ?

Dedekind hoche la tête, ses cheveux blond-roux lissés vers l'arrière.

– Prenons, par exemple, le nombre 2. (Il ôte ses lunettes, se masse un instant l'arête du nez du bout de ses doigts crispés.) Si nous attribuons à une classe *B* tout nombre rationnel positif dont le carré est supérieur à 2 et à une autre classe *A* tous les autres nombres rationnels, cette séparation forme une coupure. Après tout, tout nombre de *A* est inférieur à tout nombre de *B*.

Les docteurs inclinent la tête ; ils semblent acquiescer.

– Mais cette coupure n'est produite par aucun nombre rationnel, dit lentement Dedekind.

– Cela, je ne le comprends pas.

– Il est facile de montrer, poursuit-il, qu'il n'existe ni dans la classe ***B*** un nombre qui soit le plus petit, ni dans la classe ***A*** un nombre qui soit le plus grand[1].

Pendant un moment, la pièce est silencieuse.

– C'est dans cette propriété, ajoute-t-il, selon laquelle toutes les coupures ne sont pas produites par des nombres rationnels que réside l'incomplétude ou la discontinuité du domaine de tous les nombres rationnels.

Dans la pièce, où flotte une odeur de désinfectant et de phénol, personne ne bouge.

– Eh bien, oui, finit par dire l'un des hommes les plus jeunes.

Un système enfin complet

La droite est dans un certain sens plus riche que les nombres qui servent à la représenter, et cela est un fait ancien, un fait gênant ; mais le diagnostic de Dedekind fait plus qu'éclairer ce fait d'un jour nouveau pour dévoiler la source longtemps cachée de la disparité entre la droite et le nombre. Tout nombre rationnel produit une coupure parmi les nombres ; mais certaines coupures ne répondent à aucun nombre rationnel, et c'est à cet égard – *à celui-là seulement et à aucun autre* – que les nombres et la droite diffèrent. L'examen calme mais profond de Dedekind porte ses fruits en tant qu'acte de libération intellectuelle parce qu'il relie un phénomène particulier – que certaines distances ne peuvent être mesurées par aucun nombre rationnel – à celui bien plus grand, bien plus général, selon lequel certaines *coupures* ne peuvent être faites à aucun nombre rationnel.

1 Enfin, facile quand on sait ce qu'on fait. Une démonstration figure à l'annexe. Dedekind, cela va de soi, savait ce qu'il faisait.

La force du diagnostic de Dedekind est qu'il propose son propre remède. Si les nombres rationnels sont pleins de lacunes, des nombres nouveaux, préconisa Dedekind, sont nécessaires pour compenser ces insuffisances. On peut maintenant entendre les mathématiciens hindous et arabes grommeler depuis l'arrière de l'au-delà en frappant le sol de leur canne à pommeau d'ivoire ; ils insinuent que *quoi* que ce Dedekind puisse suggérer, *ils* l'ont toujours su. Mais les mathématiciens avant Dedekind avaient simplement fait appel aux nombres irrationnels avec une sorte d'insouciance joviale, en faisant confiance à leur extraordinaire intuition pour tomber juste. Dans le diagnostic de Dedekind, ces nombres nouveaux apparaissent à la suite d'un acte *raisonné* de création.

Parler de nombres en création, c'est donner un nouvel éclairage à une scène conceptuelle familière. Les entiers naturels 1, 2, 3, 4, ... se présentent d'eux-mêmes comme l'élément de base d'une culture humaine commune. Tout le reste implique d'une certaine façon un acte de fabrication. L'exemple des fractions – cette étrange histoire de paires de nombres – laisse supposer que, tel le cygne aux lignes pures que la magie de l'origami fait émerger de manière surprenante d'une feuille de papier pliée, de nouveaux nombres peuvent être créés à partir des vieux. Mais les nombres irrationnels sont des objets conceptuels étranges et, comme on pouvait s'en douter, il n'y a pas de manière *simple* de les définir. D'un autre côté, ils peuvent être mis au monde en masse, par un seul et même geste de générosité. Je suis par tempérament du côté de ceux qui préfèrent les méthodes de gros (peut-être à cause d'un ancêtre d'un *shtetl* spécialisé dans les articles de mercerie), le vaste et sombre néant de la droite étant exorcisé d'un seul coup par un unique rayon de lumière.

L'axiome qui atteint ces objectifs est étonnamment dépouillé. « Ainsi, à chaque fois que nous avons affaire à une coupure ***A*** et ***B***, écrit Dedekind, qui n'est produite par aucun nombre rationnel, nous *créons* un nombre nouveau, un nombre *irrationnel*. » Ces propos peuvent sembler décousus, mais Dedekind parvient à brosser le portrait de ce nouveau nombre avec précision et donc à fournir au moins les linéaments du miracle souhaité. Cela doit être un nombre de ***A*** supérieur à tout autre nombre de ***A*** ; donc inférieur à tout nombre de ***B***. L'axiome lui-même sert à *contraindre* un tel nombre à l'existence. Étant donné toute coupure des nombres en deux camps ***A*** et ***B***, *il existe*, dit l'axiome – il *doit* exister, ajoute le mathématicien – un nombre de ***A*** et un seul qui soit supérieur à tout autre nombre de ***A***, l'impérieux *il existe* donnant le jour à quelque chose de nouveau et permettant ainsi au mathématicien de prendre part au mystère général de la création. Dans le cas des coupures rationnelles, l'axiome ratifie l'évidence : les coupures rationnelles sont faites aux nombres rationnels. Mais là où il n'y avait auparavant qu'un vide répondant à la racine carrée de 2, un nombre nouveau fait maintenant son apparition, un Prince des ténèbres, un objet complètement différent de tout nombre rationnel que ce soit, poussé hors de l'obscurité et plein d'un sombre mystère.

Dedekind publia le résultat de ses recherches en 1872, donc à portée du souvenir de la veuve la plus âgée des vétérans de la guerre de Sécession, et si je mentionne ce fait, c'est pour relier par un tissu vivant cet instant avec cet autre. En 1872, le Calcul existait déjà depuis plus de deux siècles. Si le Calcul ressemble fort à une cathédrale, sa construction étant l'œuvre de plusieurs siècles, il resta jusqu'au XIXe siècle une cathédrale accrochée de manière suspecte en plein ciel, simplement suspendue là, avec personne d'absolument certain qu'un jour cette magnifique et minutieuse structure ne viendrait pas s'écraser au sol et se briser en mille morceaux. L'axiome de Dedekind figure *logiquement* parmi les affirmations fondamentales du Calcul. Cet axiome une fois en place, la cathédrale est dotée de fondations. Une supposition a été évoquée pour dissiper un mystère.

Au-delà des entiers naturels, donc, au-delà des entiers et au-delà des fractions, se trouve une autre classe de nombres, grands, songeurs et muets. Ce sont les nombres irrationnels avec lesquels, il y a bien longtemps, les mathématiciens hindous et arabes jouèrent dans leurs jardins parfumés. Le système composé des entiers naturels, des entiers, des fractions et des nombres irrationnels acquiert une nouvelle identité, celle du *système des nombres réels*, avec dans le mot *système* l'affirmation nette de son ampleur, une ampleur qui rappelle le *système du monde* de Newton, et dans le mot *réel* le signe que *ces* nombres sont les vis en acier qui servent à ériger l'échafaudage du monde.

Un brouhaha de fantômes

Puisque j'ai parlé de Richard Dedekind et de l'Europe centrale, il me faut au moins brosser la scène. L'immeuble est massif et construit en pierre. Une discrète plaque de bronze indique que ses fondations ont été posées au XIIIe siècle. Un grand escalier circulaire, aux marches usées par le temps, mène de la cour aux étages supérieurs. Les appartements aussi sont grands et leurs pièces spacieuses. Les meubles sont lourds, prévus pour durer des générations, le sofa garni de coussins en duvet rouges et rebondis, le fauteuil – une housse sur l'accoudoir et une profonde dépression dans le velours à l'endroit où quelqu'un a appuyé sa tête – monté sur des pieds richement ornés en forme de pattes d'ours, une énorme armoire en pin contre le mur du fond, un tapis persan dans des tons sourds de brique et d'or, les chaises près de la table fabriquées dans un bois teinté de couleur sombre, la longue table de la salle à manger lourde et sentant l'huile, des brûleurs à gaz sur le mur, une série de solennels portraits de famille en brun et blanc, un piano ouvert dans le petit salon, un Blüthner de deux mètres aux pieds sculptés et voluptueux. La cuisine est loin, de l'autre côté de la maison, et peuplée de servantes gloussantes. La salle de bains est minuscule mais immaculée, un placard fermé ne comportant que de tristes toilettes. Dehors, l'air de l'Europe centrale est lourd et humide, le ciel bas et éternellement gris.

Richard Dedekind naît en 1831 ; c'est *sa* tête qui s'appuie contre le velours de ce fauteuil et ses longs doigts élégants qui massent la peau au-dessus de ses tempes, un livre relié en cuir plié dos vers le haut sur son genou. Nous sommes en Allemagne, loin de la mer, et Dedekind est le résultat de l'atmosphère de l'Europe centrale : c'est un homme de la mi-distance. Bien que ses talents fussent évidents dès son jeune âge, il passa sa vie professionnelle comme instructeur dans un lycée technique de Brunswick, sa ville natale. Les *Hochschule* allemandes du XIXe siècle étaient des institutions bien plus exigeantes que les lycées américains modernes, et Weierstrass, lui aussi, enseigna pendant plusieurs années dans des conditions similaires avant de se voir offrir un poste universitaire. Cela dit, tous les lycées sont les mêmes, des variantes superficielles de quelque lycée central situé en Enfer. L'exil professionnel de Dedekind a étonné ses biographes. Il est difficile de trouver un autre mathématicien de son envergure si manifestement incapable d'obtenir le moindre poste universitaire. Et, pourtant, à en juger par sa correspondance, Dedekind était en bons termes avec les mathématiciens de son époque. Réservé mais immanquablement courtois, il laisse deviner derrière son écriture un homme d'un discernement calme, d'une intelligence ouverte, lucide et affirmative. Il ne se maria jamais et vécut avec sa sœur. De tels arrangements familiaux étaient plus courants il y a un siècle qu'ils ne le sont aujourd'hui. Il était, dit-on, régulier dans ses habitudes.

Dans ma jeunesse, j'ai appris le Calcul dans un petit livre plein d'inspiration intitulé *Le Calcul rapide*. Comme tant d'ouvrages de ce genre, il se donnait beaucoup de mal pour m'assurer que contrairement aux apparences la discipline ancienne que je m'efforçais de maîtriser était en fait assez facile. Plus tard, j'ai lu et étudié le *Calculus* d'Edmund Landau, un texte qui était par comparaison d'une sévère absence de compromis. Chaque page contenait ce qui semblait à mes yeux une jungle de symboles entrecoupée de rares mots. Le Calcul, disait le livre, était aussi impénétrable que l'acier et aussi dur que la mort. Je fus assez intrigué par l'ouvrage pour lire quelques remarques sur Landau dans une encyclopédie allemande des sciences. Mathématicien imposant et couronné de succès, homme d'une grande culture, il avait été forcé par les nazis à fuir l'Allemagne à la fin des années trente. Une photo prise en 1943 le montre faisant un cours en Angleterre, le regard perdu… C'est lui qui avait prononcé le discours à la mémoire de Dedekind lors du décès de ce dernier en 1916.

1916 ? D'une façon ou d'une autre, Dedekind *était* entré dans le XXe siècle d'un pas chancelant, l'un de ces personnages touchants qui survivent à leur temps, à leur place et au cercle de leurs amis. Après tout, ses racines intellectuelles prenaient naissance au XVIIIe siècle. Il avait été l'élève du grand Carl Friedrich Gauss – son dernier. Ce terrifiant vieil homme avait lu et approuvé sa thèse de doctorat et il était né en 1777 ! De temps à autre, je reprends mon exemplaire du *Calculus* de Landau et je laisse les lourdes pages glisser entre mes doigts. J'ai l'air de guetter quelque chose.

Un brouhaha de fantômes européens.

Annexe

Une coupure qui ne correspond à *aucun* nombre rationnel

Voici la démonstration. Souvenez-vous qu'il n'existe aucun nombre *rationnel* r tel que $r^2 = 2$. Partagez maintenant les nombres rationnels en deux classes ***A*** et ***B*** telles que tout nombre de ***A***, quand on le porte au carré, est inférieur à 2 et tout nombre de ***B***, une fois élevé au carré, supérieur à 2. D'un côté il y a les nombres de ***A***, pareils à des pétards qui claquent quand on les élève au carré ; quelle que soit la manière dont ils claquent, ces nombres ne claquent *jamais* plus loin que 2. De l'autre côté se trouvent les nombres de B, pareils à des pétards qui claquent quand on les élève au carré ; quelle que soit la manière dont ils claquent, eux claquent *toujours* plus loin que 2.

Tout nombre de ***A*** est inférieur à tout nombre de ***B***, donc ***A*** et ***B*** définissent une coupure. La démonstration que cette coupure n'est produite par aucun nombre rationnel procède en poussant une hypothèse à la contradiction. Supposez qu'il existe effectivement un nombre rationnel r qui produise cette coupure. *Supposez-le pour l'intérêt de la discussion.* Par définition, r est supérieur à tout *autre* élément de ***A***. Un nombre r' plus grand que r se retrouve donc dans ***B***, en plein no man's land. Quand on le porte au carré, r' *doit*, de par la définition de ***B***, donner un nombre supérieur à 2. Cependant, quel que soit le r candidat, il est facile de trouver un nombre r' plus grand que lui et dont le carré soit *inférieur* à 2.

Facile ? Aussi facile comme *ça* : prenez $c = 2 - r^2$ et $r' = r + c/4$. Alors r'^2 est simplement $r + c/4$ multiplié par lui-même, c'est-à-dire $r^2 + rc/2 + c^2/16$; mais $r^2 + rc/2 + c^2/16$ est inférieur ou, au plus, égal à $r^2 + r^2c/2 + c^2/16$. Car, après tout, $r^2c/2$ est plus grand que $rc/2$. Mais regardez maintenant ceci : $r^2 + r^2c/2 + c^2/16$ n'est rien d'autre que $2 - (7/16)c^2$, l'identité émergeant lorsque les opérations indiquées dans $r^2 + r^2c/2 + c^2/16$ sont effectuées. (Comment ? En prenant 16 comme dénominateur commun des fractions). Mais $2 - (7/16)c^2$ est platement inférieur à 2, et r'^2 n'étant pas supérieur à $2 - (7/16)c^2$, il est donc lui aussi *inférieur* à 2. Mais la supposition admise au départ, et selon laquelle r' est plus grand que r, implique que r'^2 est *plus grand* que 2. On est ainsi parvenu à une contradiction. La fête et la démonstration sont finies. On ne peut pas dire que ce raisonnement soit très joli, mais il marche.

CHAPITRE 9

L'émergence du monde réel

Au commencement, les entiers naturels, 1, 2, 3, 4, ... puis le 0 et les nombres négatifs. Ensuite les nombres rationnels, ou fractions. Et enfin les nombres irrationnels. Je n'ai pas dit ce que *sont* les nombres irrationnels, mais seulement que le système des nombres réels obéit à l'axiome de Dedekind. Comme les membres d'une association de farfelus, les autres nombres expriment leur identité sans le moindre complexe, mais qu'en est-il de la racine carrée de 2 ? Elle a vu le jour à la suite d'une supposition ; elle entretient avec les autres nombres un certain rapport ; lorsqu'on la multiplie par elle-même, elle donne le nombre 2. Mais la chose semble au bout du compte entièrement définie par les relations qu'elle cultive, un peu comme certaines personnalités mondaines qui, comme le dit une expression connue pour être connue, sont connues pour être connues.

Un nombre rationnel ou fraction, il vaut la peine de le rappeler, possède une double identité qui s'avère utile dans de nombreuses circonstances, comme c'est souvent le cas des doubles identités. Le nombre 1/2, par exemple, peut s'écrire en notation décimale sous la forme 0,5 et le nombre 15/28 sous la forme 0,53571428571428. Or, la racine carrée de 2 peut *elle aussi* s'écrire en notation décimale, sous la forme 1,414 pour commencer. Cette notation permet de faire réintégrer aux nombres irrationnels une certaine communauté de nombres car, par la forme, 1,414 et 0,53571428571428 semblent être *grosso modo* le même genre d'objets. Dans la mesure où la notation décimale sert cet objectif psychologique, elle ne fait de mal à personne. Mais le développement décimal d'un nombre *rationnel* – les chiffres qui se trouvent après la virgule – est soit fini, comme dans le cas de 0,5, soit condamné à se répéter après une certaine période, et il figure ainsi parmi les nombres comme un de ces fantômes pénibles qui retournent chaque Halloween devant la même cheminée, où on peut les voir en train de se tordre les mains dans un cliquetis de chaînes, tout en arborant un air lugubre. Dans le développement décimal de 15/28, la séquence 571428 revient continuellement, cliquetant à l'infini.

Le contraste avec les nombres irrationnels est frappant. Le développement décimal d'un nombre irrationnel ne se répète *jamais*. Au contraire, il s'éloigne en traînant les pieds vers un avenir lointain, chacun de ses chiffres arrivant un peu comme une surprise, avec pour résultat un objet unique en son genre et infiniment long, et qui ne présente guère de schéma ou de plan permettant de faciliter la compréhension. La racine carrée de 2 est 1,414, et après cela 1,4142, et après cela 1,414212552... ; d'après ce qui est venu avant, impossible de dire ce qui va venir après. Les chiffres qui expriment ce nombre sont imprévisibles, aléatoires, uniques, solitaires, infinis et insondables. Ils conservent une part de mystère inévitable. Comme l'âme humaine, un nombre irrationnel n'est que partiellement connu, et quoi que l'on puisse apprendre de plus sur l'un ou sur l'autre, il y a toujours infiniment plus à connaître.

Quelle que soit l'identité ultime des nombres irrationnels, ce que l'on connaît d'eux est moins important que ce que l'on connaît du grand système dans lequel ils sont inscrits.

Ce système est *sécable*. L'axiome de Dedekind y est en vigueur, inondant les nombres de lumière, faisant sortir les irrationnels des ténèbres. L'addition, la soustraction, la multiplication et la division, les opérations immémoriales de l'enfance sont rendues entièrement possibles ; ainsi rendues possibles, elles permettent aux nombres irrationnels de fonctionner *en tant que* nombres : $\sqrt{3}+\sqrt{12} = 3\sqrt{3}$, *parce que* la racine carrée de 12 peut s'écrire sous la forme $\sqrt{4\times3}$, puis sous la forme $2\sqrt{3}$, ce qui fait au total trois de ces racines carrées.

Le système est *ordonné*. Tout nombre qui n'est pas égal à 0 est soit supérieur à 0, soit inférieur à 0. C'est un système où chaque nombre trouve sa place et où il y a une place pour chaque nombre.

Et le système est *complet*. Il n'y a pas de manques à combler. Toute coupure tombe comme un coup de hache sur un nombre et un seul. Les nombres positifs ont leurs racines dans le système. L'étrange vide noir qui s'était ouvert parmi les nombres rationnels a disparu. Les grandeurs incommensurables ne sont plus incommensurables. La correspondance entre la droite géométrique et les nombres réels est parfaite et sans défaut.

Enfin un autre pays

Bien que chaque étape soit identique à la précédente, finalement le paysage change. Descartes élabora tout un pan de sa vision d'un monde imbibé de nombres, d'un monde *ivre* de nombres, sans être aucunement capable d'offrir une description précise des nombres réels ; il ne fut éclairé que par le sentiment prophétique que les détails pourraient être précisés plus tard. Plus tard, c'est maintenant. Les détails sont tous disponibles et n'ont besoin que d'être mis en place. C'est au moyen d'un repère cartésien que le mathématicien se propose de représenter le monde réel : les nombres réels font maintenant leur apparition circonspecte mais inévitable dans ce système *via* l'enrichissement de ses axes de coordonnées. Le choix d'une unité et d'une origine se fait comme avant, mais les points de la droite sont mis en correspondance avec des nombres réels et les points de l'espace avec des paires de nombres réels. Ces dernières manœuvres effectuées, la construction du système est achevée et une représentation du monde émerge : lumineuse, parée de bijoux, noire sur le gris du ciel.

Pourtant, il reste dans cette structure quelque chose de stérile. Tel qu'il se présente, un système de coordonnées cartésiennes est une manière de représenter l'espace en deux dimensions, l'axe des *x* s'étendant vers la gauche et la droite, celui des *y* s'étirant vers le haut et le bas, l'un comme l'autre intuitivement perçus comme la représentation d'une distance ou d'une étendue spatiales. Mais l'idée directrice fantastique qui anime le Calcul est de façonner, à partir des nombres réels et d'un cadre géométrique dépouillé, une représentation du monde *réel* dans laquelle les choses prennent vie, se développent, puis tombent en décrépitude. Dans le monde des coordonnées, rien ne vit, rien ne respire et on ne voit certainement pas le moindre singe danser dans les arbres aux branches lourdes et pendantes. Un repère cartésien représente l'espace mais *non* le temps, et sans le temps il n'y a pas de vie.

Juste avant qu'un paysage totalement nouveau se révèle dans toute sa beauté, il y a souvent un instant de confusion, car l'œil nécessite un réglage intérieur pour que la scène devienne nette. C'est par un tel réglage d'attitude qu'un repère cartésien acquiert son aspect vivant. La droite géométrique est l'emblème séculaire de l'espace, du temps, du mouvement et de la conscience. Les axes des coordonnées sont eux-mêmes des droites. Cet axe des *x* qui jusqu'à présent représentait l'espace, supposez plutôt qu'il représente le temps. Supposez plutôt qu'il représente le temps ? D'accord. Le résultat est un repère cartésien où l'espace et le temps sont représentés, où ils sont représentés dans une seule et même structure globale et où ils sont représentés *simultanément*.

Aucune autre manœuvre n'a été effectuée, mais on peut maintenant percevoir des choses nouvelles. Chaque point de *ce* système-*ci* est exprimé par une coordonnée indiquant l'espace et une coordonnée indiquant le temps. Alors qu'auparavant le système pouvait seulement affirmer que le légendaire Leper's Depot se trouvait à une adresse située à une certaine distance sur l'axe des *x* et à une certaine distance sur l'axe des *y*, il dit maintenant que Leper's Depot se tient à une certaine distance sur l'axe des *y et* que, *là*, il est douze heures. On a perdu une dimension spatiale, que l'on récupérera plus tard dans le Calcul avancé, mais on a trouvé une dimension temporelle. La différence entre un point et un autre désigne maintenant un changement de position *et* un changement de temps, de sorte que, en faisant défiler l'axe temporel, le mathématicien peut contempler Leper's Depot au matin enivrant de sa première gloire ou au soir démoralisant de son déclin, avec de grands papillons de nuit qui se cognent contre les lampadaires dans le vent frais soufflant depuis la prairie silencieuse au-delà de la ville. Et au bout du compte, qu'est-ce que la vie sinon un inventaire de l'*endroit* où se trouve une chose et de l'*instant* où elle s'y est trouvée ?

L'histoire n'est pas achevée : comme tant d'histoires réelles, elle est *inachevable*. Mais alors qu'un monde réel se fait jour à la suite d'un acte d'imagination, voilà qu'un ultime et obsédant morceau de beauté paysagère vient s'offrir aux regards. Un repère cartésien incarne la supposition que dans le système des nombres réels une *seule* structure mathématique suffit pour décrire *à la fois* le temps et l'espace. La découverte qu'on peut lier par une description commune des choses ou des propriétés superficiellement différentes est souvent libératrice, comme une trêve dans la guerre entre les hommes et les femmes est occasionnellement motivée par l'admission embarrassée que nous (ou eux) sommes après tout des êtres humains. Une représentation au moyen des nombres réels ne change pas le temps en espace ou l'espace en temps. L'idée même est incohérente. Mais cette représentation suffit pour montrer que contre toute attente le temps et l'espace ont bel et bien une description commune et qu'ils trouvent donc leur place dans un système encore plus général, qui montre qu'à un certain niveau très profond les différences entre le temps et l'espace sont moins importantes que les nombres réels qui les représentent tous deux.

Le monde réel a maintenant été interprété au sein des nombres réels, et le premier jalon d'une puissante synthèse, a été posé.

L'homme qui disait non

Presque toujours, il y a quelqu'un quelque part qui dit continuellement non. Leopold Kronecker fait maintenant son entrée dans mon récit. Comme l'évêque Berkeley avant lui, Kronecker réside dans l'histoire du Calcul comme l'un de ces négateurs austères et incorruptibles, un homme inflexible dans ses exigences intellectuelles et, par conséquent, une sorte d'enquiquineur. Né en 1823 dans une famille prussienne prospère, Kronecker, juif allemand, était donc, par une curieuse inversion de l'axe causal de l'histoire, hanté par l'avenir plutôt que par le passé. Jeune homme plutôt petit, il était brillant, capable, intelligent. Le centre de sa vie mathématique tardive se trouvait à Berlin, cette sombre cité impériale ; et il figure à jamais comme le membre discordant d'un imposant quatuor de mathématiciens – dont Karl Weierstrass, Richard Dedekind et Georg Cantor – qui posèrent les fondations du Calcul et achevèrent ainsi la cathédrale dans la seconde moitié du XIXe siècle. Dans un certain sens, Cantor, Dedekind et Weierstrass s'entendaient sur un *élargissement* des mathématiques pour y inclure les nombres irrationnels. Pas Kronecker. Eux avaient une personnalité d'une instinctive générosité intellectuelle ; lui en avait une dans laquelle les limites de l'acceptable étaient réduites. Il ne s'agit pas d'une distinction morale ni même d'un reproche. Pas moins que tout autre sujet sérieux, les mathématiques ont besoin d'hommes capables de dire non.

Kronecker passa ses jeunes années d'adulte à s'occuper de *geschäft*, et fut assez heureux en affaires pour pouvoir se consacrer aux mathématiques dans le confort matériel durant le reste de son existence. J'aimerais faire circuler quelques photos. Voici Kronecker aux environs de la quarantaine, homme élégant et soigné de sa personne, poignets mousquetaires à monogramme repliés sur eux-mêmes, en train de demander à son bottier de rehausser le talon de sa chaussure. Et le voici en train de pencher la tête pour s'entretenir avec le maître d'hôtel d'un grand restaurant berlinois et lui demander si les asperges blanches (*der Spargel*) sont arrivées. *Aber sicher, Herr Professor Doktor*, dit le maître d'hôtel. Et là, Kronecker se lève lors d'une conférence pour attaquer Karl Weierstrass : vous pouvez le voir en train de marteler le sol de sa canne. Manifestement, le président ne lui a pas encore donné la parole. Weierstrass, ébouriffé et avunculaire, une liasse de papiers serrée entre ses doigts replets – il vient d'exposer ses récents travaux sur les séries trigonométriques –, a l'air un peu embarrassé. Et en voici une autre où Kronecker apprend que son ennemi universitaire, Georg Cantor, le créateur de la théorie des ensembles, s'est retiré dans un hôpital psychiatrique. *Aber natürlich*, dit Kronecker, *da gehört er hin*. C'est là qu'est sa place.

Mais l'essence de Kronecker réside entièrement dans une attitude, un ton de voix.

– Les entiers naturels sont les seuls nombres qui existent sans le moindre doute, dit à jamais Kronecker aux vents de l'histoire. Ils nous sont donnés par le Tout-Puissant, ajoute-t-il solennellement. Tout le reste est l'œuvre de l'homme.

– Et ? répondent les vents de l'histoire.

– Il n'y a pas de *et*. Hormis les entiers naturels, rien n'a d'existence certaine.

– Tu plaisantes, Leo.

– Pas de nombres négatifs.

– Hé, c'est super, disent les vents de l'histoire. On n'a jamais cru en eux, de toute façon.

– Pas de fractions.

– Géant.

– Pas de fractions négatives.

– À qui le dis-tu, disent les vents de l'histoire, prêts comme toujours à se ranger du côté des forts en gueule.

– Et par-dessus tout, pas de nombres irrationnels. La racine carrée ne peut pas être exprimée comme le quotient de deux entiers. Par conséquent, elle n'existe pas.

– Mais Leo, écoute Leo, et ces distances, alors ? Tu sais, sur la droite et tout ?

– On ne peut pas mesurer certaines distances par un nombre. Et alors ?

– Mais c'est possible de faire ça, Leo ? On pensait que les mathématiques était une matière du genre « c'est comme ça et pas autrement ».

– Vous aviez tort.

Vivifiant, dites-vous ? Et délicieusement iconoclaste, cette façon de parler ainsi aux vents de l'histoire ? Oui, bien sûr. Comme une douche froide et pure. Niez l'existence des nombres irrationnels et il n'y a pas de problème.

Mais pas de Calcul non plus.

CHAPITRE 10

À jamais familier, à jamais inconnu

La grande scène est prête. Le mathématicien a représenté le temps et l'espace au moyen d'un repère cartésien. Mais c'est une scène encore curieusement *vide*. Comme deux voies de chemin de fer perdues et solitaires, les axes des coordonnées s'étirent vers le nord et le sud et vers le passé et l'avenir. Le plan cartésien lui-même est baigné d'un étrange et sombre silence. L'air est absolument immobile. Rien ne se passe.

Mais *notre* monde est un monde de génération et de corruption et de décrépitude éblouissante et phosphorescente ; les choses ont un commencement tumultueux, elles arrivent à une fin immuable, et ces phénomènes humains simples, ceux du *changement*, les mathématiques sont encore incapables de les refléter. Comme pour tant d'autres notions fondamentales, il est impossible de dire ce qu'*est* le changement, la formule ou la tournure de phrase *le changement est* étant définies soit par un haussement d'épaules entendu, soit par quelque fioriture verbale manifestement identique à la notion analysée. Le changement est une *croissance*. Mais la croissance est une *transformation*. Et les transformations sont des *changements*. En parlant de changement, les philosophes se servent d'un vocabulaire essentiellement similaire à celui présenté de manière engageante par les anciens Grecs. Il y a le fleuve brunâtre d'où émergea un Héraclite ruisselant, convaincu, si invraisemblable que cela puisse paraître, qu'il ne pouvait jamais se baigner deux fois dans le même fleuve. Il y a les paradoxes de Zénon, affreux, sales et méchants – et dangereux à connaître. Et il n'y a pas grand-chose d'autre. Mais l'analyse du changement est le fond de commerce du mathématicien depuis le

XVIIe siècle au moins. C'est le changement qui constitue le centre d'intérêt du Calcul, et c'est l'inscription du changement dans le système de coordonnées qui donne à celui-ci une existence vibrante ; et si le mathématicien ne peut pas définir le changement, il *peut* en revanche trier ses formes caractéristiques, les manières dont il apparaît dans notre monde, ce monde foisonnant.

Nous vivons tous à portée d'oreille des sons étouffés ou monstrueux d'une grande horloge battant d'un tic-tac tantôt rapide, tantôt lent, mais *battant* inéluctablement et inexorablement, et c'est par référence à cette horloge que nous mesurons les changements terribles et déprimants qui s'opèrent dans notre propre corps, le ventre qui s'épaissit, la peau qui tombe, les courbes qui s'affaissent, toute l'histoire inopportunément reflétée dans le miroir du matin où un imposteur à l'allure étrangement familière fait apparemment salon. Ces sombres propos ont au moins pour effet instructif de suggérer que le changement de quelque chose – le changement de *quoi que ce soit* – a lieu sur un arrière-plan où le temps lui-même change, la peau qui tombe tombant en fonction de l'instant passé et de l'instant présent, même si comprendre comment le temps peut changer sans une autre unité de temps pour mesurer *ce* changement-*là* constitue un autre mystère, de ceux dont les mathématiques sont étrangement riches.

C'est le médecin qui étudie la corruption de la chair, les changements du corps ; le romancier, son frère spirituel, étudie la vie sociale, la corruption en général. Leur travail repose sur une accumulation de détails, l'un comme l'autre faisant montre d'un intérêt professionnel pour la collecte et le stockage des faits.

Les intérêts du mathématicien se trouvent ailleurs ; sa méthode est différente.

Un ballon de football rouge et rebondi est lancé en l'air, puis il retombe à terre. En réponse à la question *qu'est-il arrivé ?* (ou peut-être, *qu'est-il réellement arrivé ?*), les romanciers savent que l'événement et la manière dont on le décrit – son *histoire* – sont inextricablement liés, l'événement ou les événements devenant ce qu'ils sont et acquérant le sentiment de leur identité à partir des histoires qu'on raconte sur eux et les histoires acquérant leur fin mot et leur raison d'être à partir des événements qu'elles décrivent.

En observant le ballon qui monte et redescend, le romancier est irrésistiblement enclin à *amplifier* les détails. Le ballon s'élève, reste là, en suspens, le soleil brille dans le ciel, l'air frissonne, le ballon tourne dans ce scintillement d'or – sa couture blanche bien visible sur le cuir rouge –, se fait lourd, pivote doucement dans l'air calme et clair et tombe vite ; en bas, le sol et l'herbe, la rosée sur la pelouse, le ballon rebondit en touchant le sol, puis rebondit à nouveau, un dernier *bong !* détrempé, là ; là-bas, un chiot sur la pelouse, l'odeur des fleurs de citronnier, une fillette en jeans coupés, ses lèvres rouges arquées par la concentration.

Or, les êtres humains sont par instinct des romanciers, c'est l'une des raisons pour lesquelles des individus qui n'imagineraient jamais inventer l'eau chaude sont convaincus qu'eux aussi ont une histoire à raconter et se sentent obligés d'en faire profiter de parfaits étrangers lors de réunions mondaines. Nous sommes une espèce incorrigiblement curieuse et l'idée que pour connaître quelque chose il suffit d'en savoir toujours plus sur certaines choses fait partie de notre patrimoine immémorial. Sans doute le besoin d'accumuler des faits est-il agrafé à nos gènes. Mais en observant le même ballon monter et descendre, le mathématicien est enclin à *minimiser* les détails dans un mouvement intellectuel inverse à celui du romancier ou du médecin. Se détourner ainsi des diverses circonstances demande une grande discipline. Reprenant les mêmes faits, le mathématicien doit *résister* à l'appel de ces descriptions riches et très sensuelles de la réalité que privilégieraient le romancier ou le médecin, et les repousser sèchement au profit de deux abstractions austères – le *changement de position* et le *changement de temps*. Sous les mains du mathématicien, le monde se contracte, mais il devient plus lumineux.

Dans le cadre du Calcul, un changement de position est un changement qui survient sur l'axe spatial d'un système de coordonnées, mais l'axe spatial lui-même peut servir de support à *tout* changement rendu mesurable par les nombres réels, de sorte que le changement de position fonctionne comme une notion vaste, fabuleusement *générale*, susceptible de venir remplacer le changement de *quelque chose*. Le miracle du Calcul, c'est que le changement de quelque chose et le changement de temps peuvent être coordonnés au moyen de cette abstraction bien plus grande qu'est une *fonction*, un objet purement mathématique, la clé du Calcul, la clé des mathématiques, en fait, et l'un des grands impondérables qui, à l'instar de certaines stars de cinéma, sont à jamais familiers mais à jamais inconnus.

La salle des mathématiciens

Une fonction indique une relation en perspective et elle appartient ainsi à une famille de notions. Relation comme dans *apparenté* ; relation comme dans *connecté*, *correspondant à* ou *causé par*, *uni* ou *attaché* ; relation comme dans *lié* ou *accouplé*, *couplé* ou *conjoint*, *associé* ou *allié*. Relation comme dans *dépendant* et, en fait, relation comme dans *fonction de*, point où le raisonnement se retrouve en train de tourner autour d'un cercle.

Les manuels offrent une version officielle. Une fonction, disent ces mille manuels flamboyants et fragiles, est une règle qui attribue à chaque élément d'un ensemble ***A*** un élément et un seul d'un ensemble ***B***. À gauche, les éléments de ***A***, à droite, les éléments de ***B***. La fonction s'emploie à en *choisir un* dans ***A*** et à l'*attribuer* de manière unique à un autre dans ***B***. Cette définition est en vigueur dans la salle des mathématiciens, où ces derniers se réunissent après la classe, et où il est invariablement quatre heures de l'après-midi, par un gris vendredi avec la pluie qui commence à battre sur les vitres encrassées. L'image d'une fonction ainsi définie fait penser à l'une de ces épouvantables soirées préadolescentes où des garçons maussades sont alignés d'un côté du gymnase, perpétuellement nauséabond, et des filles pomponnées de l'autre, et où un énergique professeur de sciences sociales empoigne l'un des garçons atrocement embarrassé et, après l'avoir traîné par le revers de sa veste sport empesée, le dépose devant une fille heureuse mais corpulente et rouge de confusion : *Gregory, tu danses avec Jessica*. Ce tableau vivant sans prétention porte ses fruits en dépit de lui-même. Les ensembles ***A*** et ***B*** sont représentés par les garçons d'un côté et les filles de l'autre, et la fonction elle-même par la maîtresse dansante du Tsar, mystérieusement transportée jusqu'à la banlieue de Teaneck, dans le New Jersey, et s'employant avec énergie à *choisir* un garçon pour l'*attribuer* à une fille.

Les fonctions du Calcul sont des fonctions mathématiques, naturellement ; elles servent à relier des nombres réels à leurs âmes sœurs, lesquelles sont aussi des nombres réels. La fonction f envoie chaque nombre réel sur son carré. Dans le Calcul, l'action de la fonction est indiquée en mettant celle-ci au travail sur un nombre, 2 par exemple. La notation $f(2)$, qui se lit *f de* 2, représente le résultat de l'*application* de la fonction *au* nombre 2. Puisque f s'occupe d'élever les choses au carré, $f(2) = 4$; cette dernière expression se lit *f de 2 égale* 4, ou *f de 2 vaut* 4, ou même *en* 2, *f vaut* 4. La fonction continue son travail pour associer 3 à 9, la racine carrée de 2 à 2 et –312 à 97 344 (cela parce que $-312 \times -312 = 97\,344$). *Produire*, *dénoter*, *désigner*, *indiquer*, *donner*, *déterminer* ou *décrire*, c'est ce que *fait* la fonction, et ce qu'elle *produit*, *dénote*, *désigne*, *indique*, *donne*, *détermine* ou *décrit* est le résultat de son *application à* un nombre. Le nombre sur lequel elle agit est l'*argument* de la fonction ; le résultat de toute cette action, sa *valeur*.

Laissons f élever les choses au carré. La fonction g *ajoute* à tout nombre le nombre 2, attribuant 3 à 1, 5 à 3, 121 à 119 et plus généralement $x + 2$ à x, de sorte que $g(x) = x + 2$, le système numérique tout entier exécutant, sous son action, un bond saccadé de deux places en avant. Une autre fonction h

élève au carré un nombre donné et ajoute au résultat le nombre 2, faisant ainsi se rejoindre les efforts des deux fonctions précédentes. *Cette* fonction-*ci* envoie 4 sur 18, 5 sur 27 et x sur $x^2 + 2$.

Les fonctions, je l'ai dit, sont des règles ou des règlements, des préceptes ou des principes et elles sont restées jusqu'ici au second plan verbal, leur influence étant dévoilée par leurs résultats. Les règles peuvent aussi être exprimées dans la notation même où les fonctions figurent depuis le début. La fonction f répond à une règle simple : *prendre un nombre et l'élever au carré.* Et quelque limité que soit le langage courant, *ces* mots-*là* font l'affaire. La règle cède gracieusement la place aux symboles : *f de x* égale x^2, avec un accent suffisamment emphatique sur le *de* pour susciter l'image de l'application effective de f à x et du transfert des résultats à x^2. Le résultat de l'application de f à un nombre x, disent les symboles – quel que soit x, quel qu'*il* se trouve être – est ce même nombre porté au carré ; au lieu du langage courant, la règle est maintenant perçue à travers le verre sombre d'une variable mathématique. Le même effet peut être rendu par l'*équation* $y = x^2$. Cette équation fait appel à deux variables x et y entretenant d'insouciantes relations intimes, la valeur de y étant *déterminée* par la valeur de x. Si l'on a $x = 4$, y *doit* être 16. Pour toute valeur de la variable x – tout nombre par lequel on remplace x – l'équation donne obligeamment un nouveau nombre y. C'est là ce que fait une fonction, de sorte que y *est* tout simplement le résultat de l'application de f à x.

Hé, f de x égale x^2 et re-*Hé*, $f(x) = x^2$ ou *Hé, en x, f vaut* x^2 ou même *Hé, je vous parle*, $y = x^2$, les symboles disent tous au bout du compte exactement la même chose.

Voici venir le Glacier

Les mathématiques sont une chose, la logique en est une autre : une discipline de symboles gravés dans la neige. Aux yeux du monde, le logicien, avec ses yeux d'un vert glauque et sa bouche qui ne sourit jamais, apparaît comme un universitaire desséché de plus ; mais pour les mathématiciens au cœur tuméfié, il est le Glacier, et il le restera toujours. L'air se refroidit quand il pénètre dans la salle des mathématiciens. Son message est toujours le même et c'est toujours un message de désapprobation.

Un nombre est donné puis élevé au carré. Le nombre 2 *devient* le nombre 4, le nombre 16 *devient* le nombre 256 et si je souligne le *devenir* c'est pour ranger les fonctions dans la catégorie des choses qui orchestrent la création et participent ainsi au mystère du *démiurge*. Les sceptiques comme les étudiants peuvent se demander ce que tout cela signifie, ou même si cela signifie quoi que soit, leur sentiment d'insatisfaction étant à demi apaisé seulement par la litanie familière provenant de la salle. *Une fonction est une règle qui apparie les éléments d'un ensemble avec les éléments d'un autre.* Lorsque le Glacier, avec un féroce grognement de dérision, rejette ces déclarations comme « totalement absurdes » – les mots mêmes du logicien Andrzej Mostowski –, il met de *son* côté les spectateurs massés au poulailler. Des règles ? Des relations ? Une règle qui *effectue* l'appariement ? *N'importe quoi.* Et peut-être le problème est-il aussi simple que ça : nous pouvons voir ce que *fait* une fonction (attribuer un nombre à un autre) ; nous pouvons voir comment elle est *définie* (par des symboles, par un groupe de mots) ; nous ne pouvons pas voir ce qu'elle *est*.

Cette soif de tangibilité ne date pas d'hier, surtout en mathématiques, et elle exprime une vieille frustration. Les nombres, les droites, les points et même les humbles ensembles des mathématiques modernes aujourd'hui oubliées sont des objets inévitablement *flous* – plus on les regarde, moins on les voit. Il semblerait qu'il en soit de même des fonctions – il *semble* qu'il en soit de même. Mais une fonction est une créature aux multiples identités : elle a beau tenir son moi profond dissimulé sous le manteau de cette histoire de règles, elle n'en possède pas moins une existence dans le monde de l'action où elle est fort occupée à donner des ordres aux nombres. Et avec quel résultat ! Paire par paire, ils arrivent en troupe ces nombres entraînés et dociles, se présentent pour l'inspection et repartent, toujours en troupe, comme une armée de fourmis noires et doubles, une *liste* infinie et changeante : ..., {–2, 4}, {–1, 1}, {0, 0}, {2, 4}, {3, 9}, {4, 16}, ..., pour s'en tenir au cas de la fonction qui élève les nombres au carré. Les fonctions ? Leur moi profond peut bien resté caché timidement dans l'ombre. La notion de liste est là, en plein soleil, et c'est un point de tangibilité, un lieu où les fonctions acquièrent une identité dans le monde réel.

Attendez une minute. Vous parlez d'une liste ?

Non, *moi* je parle au nom du Glacier et c'est *lui* qui parle d'une liste. Elle est claire et froide, cette liste, c'est une chose qu'on peut voir et sentir, donc qui occupe une portion de l'espace béni réservé à l'indubitable. Les fonctions du mathématicien sont obscures, les nombres sont abstraits, les points occupent une position sans espace, et quant aux ensembles, *qui sait* quels secrets ils dissimulent ? Mais une liste – voilà quelque chose qui est *là* et bien *là*.

Eh bien, oui, ce que fait une fonction est plus clair que ce qu'elle est.

Frottant brusquement ses flancs du bout des doigts pour en ôter un bourrelet imaginaire, le Glacier indique un mouvement mental – l'*élimination* d'une couche de graisse intellectuelle, comme pour purger les mathématiciens de leur dernière illusion. Ce qu'une fonction fait *est* ce qu'elle est.

Et dans l'un de ces moments curieux et inexplicables, les habitués entendent soudain une douzaine de voix différentes venues d'une douzaine de disciplines différentes se mêler à la voix du Glacier pour énoncer des *identités étranges* semblables par leur simplicité : le mental *est* le physique, le personnel *est* le politique, l'esprit *est* le cerveau, l'âme *est* le corps, le possible *est* le réel, la fonction *est* la liste.

Après cela, personne ne parle. Personne ne respire, et surtout pas les mathématiciens.

L'adieu aux identités étranges

Le développement d'un concept ressemble aux efforts que fait le sculpteur pour dégager une forme essentielle cachée dans un grand bloc de pierre. Étape par étape, il taille et cisèle jusqu'à ce que le bloc boursouflé finisse par livrer son nu marmoréen ou son archer immobile et comminatoire. La définition que donne le Glacier d'une fonction comme d'un ensemble de paires ordonnées – cette liste, dans *son* langage – est l'œuvre du XXe siècle, et pourtant les fonctions avaient fait leur entrée dans la pensée mathématique trois cents ans auparavant. Leibniz, qui a tout nommé en mathématiques, les a nommées *elles* ; et elles se trouvent, ces fonctions troublées et tourmentées, dans les *Principia*. Ces trois cents ans ont été nécessaires pour tailler, ciseler, et réduire peu à peu l'association entre les fonctions et les règles, entre les fonctions et les diverses formules ou fioritures verbales par lesquelles elles étaient définies. La fonction du Glacier n'est *ni* la règle *ni* la formule, elle n'est *ni* le processus *ni* la procédure. Enfin dégagée de la pierre dans laquelle elle était ensevelie, elle apparaît dans toute sa nudité comme une pure forme d'association, entreprise par les nombres et uniquement par eux, et sans la moindre formule verbale pour les définir ou les souiller. *L'essence d'une relation, ce sont les choses qui sont en liaison.*

C'est une assertion étrange, forte et même obsédante. Je l'ai entendue de la bouche du Glacier dans une centaine de cours différents et je l'ai moi-même répétée dans une centaine d'autres. Mais il faut maintenant dévoiler un secret. Dans la salle des mathématiciens, les mathématiciens écoutent le Glacier jusqu'au bout et ils vont jusqu'à citer ses propos dans leurs cours ; mais une fois qu'il s'en est allé, ne laissant derrière lui qu'un froid hyperboréen, ils en reviennent aux vieilles incantations rassurantes : une fonction est une règle qui attribue à chaque élément d'un ensemble ***A*** un élément et un seul d'un ensemble ***B***.

Ils en reviennent aux vieilles formules familières. Et *moi* aussi.

J'imagine que cette révélation provocante demande une explication, mais je n'ai rien de mieux à offrir que l'observation que le monde n'est pas tendre avec ceux qui se jouent de la mémoire et du désir : au bout du compte, le matérialiste est remis à sa place par les yeux d'un chat ; et si ce n'est pas le genre de choses qui touche le Glacier, c'est le genre de choses qui me touche *moi*. Je préfère voir les fonctions rester chargées de leur mystère. Il y a dans l'idée même de fonction un reste intrinsèque d'énergie ou d'opération humaines sans lesquelles la notion est incomplète et insuffisante. Une liste ou un ensemble de paires ordonnées peuvent exprimer ou représenter l'action d'une fonction ; mais de même que l'âme est *davantage* que la figure ou la silhouette humaine dans laquelle elle se tient cachée, une fonction mathématique est davantage que la liste par laquelle elle se manifeste. La liste appartient à l'univers tangible des choses ; la fonction au monde de l'énergie, de l'action et de l'intention, les fonctions se déployant sur les nombres en réponse à des affinités électives que nous, acteurs humains du drame, sommes loin de pouvoir voir ou même sentir.

Mais assez d'effets de manche : la chose commence à devenir lassante, même pour moi ; cependant, si les mathématiciens présents dans la salle sont gênés par ma défense de leur définition, ils n'en laissent rien paraître, l'un d'eux murmurant même *bravo, Dave* juste après que je me suis libéré du dernier morceau de bravoure.

Le visage des fonctions

Les objets caractéristiques du Calcul ne sont pas les nombres, pas plus que les places, les points, les temps ou les symboles ; pas plus que les coordonnées ou les systèmes de coordonnées. Ce lieu humide, sombre et peuplé de chauves-souris d'où sont sorties les fonctions, c'est là que le Calcul trouve ses outils quintessenciels, ses objets indispensables.

Il n'est pas inutile de rappeler que deux droites de nombres réels sont ensevelies au sein des bras entrecroisés et grands ouverts d'un système de coordonnées cartésiennes. Livrées à elles-mêmes, elles ne font rien de plus que ce que font généralement les droites numériques, à savoir exhiber les nombres réels. Un repère cartésien entendu simplement comme un objet géométrique – une carte mathématique richement ornée – est curieusement inerte ; il représente le temps et il représente l'espace, mais il les représente sans susciter de coordination entre eux et joue donc le rôle d'une arène assez semblable à une pièce de Beckett où il est toujours sur le point de se passer quelque chose.

Une fonction qui envoie des nombres réels sur des nombres réels – une *fonction à valeurs réelles,* comme l'appellent les pros – est au contraire tout en énergie nerveuse : donnez-lui un nombre réel et *vlan !* elle vous renvoie un nombre réel. Jusqu'à présent, les fonctions ont fait une apparition abstraite, un peu comme des éclairs secs qui dansent dans le ciel humide de la nuit. Nous ferions aussi bien de transférer directement cette abondante énergie à un système de coordonnées cartésiennes. Les fonctions à valeurs réelles peuvent également servir à mettre en correspondance l'un avec l'autre les axes d'un repère cartésien et établir ainsi une coordination entre le temps et l'espace. Elles s'écrivent maintenant $f(t)$ et non plus $f(x)$, changement de notation qui indique la constitution d'un lien entre le temps, représenté par t et l'espace, représenté maintenant par $f(t)$.

L'application d'une fonction à un repère cartésien peut être aussi bien vue que précisée par des mots, avec un effet tout à fait enchanteur, comme quand une série d'indications – *suivez la rivière et prenez à gauche sur Old Mill Road* – se traduit par l'apparition d'un paysage spectaculaire et saisissant, les mots impersonnels menant à un monde plein de personnalité, un panorama flamboyant, la haute montagne au printemps. J'en reviens maintenant à une vieille connaissance, la fonction qui prend tout nombre réel et l'élève avec insouciance au carré : $f(t) = t^2$.

D'où vient-elle ? Les nombres réels.

Où va-t-elle ? Les nombres réels positifs.

Des arguments et des valeurs représentatifs peuvent maintenant être disposés tout naturellement sous la forme d'un tableau dont les entrées sont des paires de nombres :

t	$f(t)$
−3	9
−2	4
−1	1
0	0
1	1
2	4
3	9
4	16

$$f(t) = t^2$$

Mais les paires de nombres marquent également les points d'un système de coordonnées cartésiennes, la paire <2, 4> du tableau correspondant au point <2, 4> du plan. Marquons ces points, au moins pour les paires figurant dans le tableau ; ils sont comme des éclats d'étoiles isolées, des bouffées d'explosion, des points fantomatiques et ensorcelants.

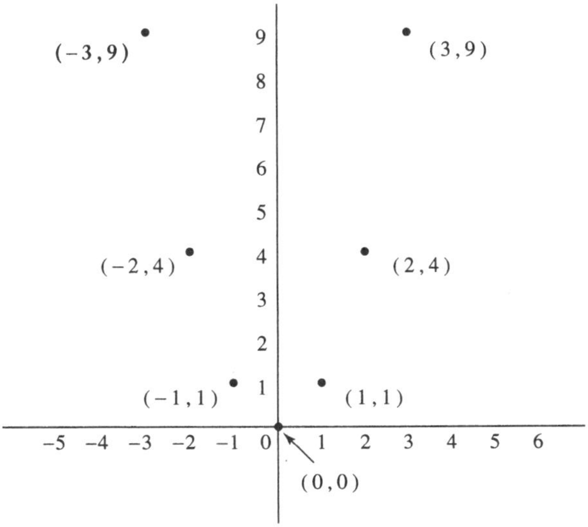

Points correspondant à $f(t) = t^2$

Reliés de manière évidente par une ligne incurvée, ces points se disposent pour révéler

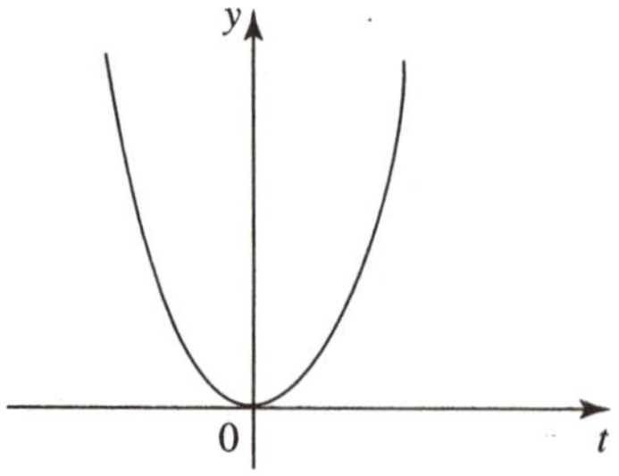

Visage de $f(t) = t^2$

une *courbe*, une forme liée et sensuelle, un objet cohérent, une chose à laquelle les sens peuvent se raccrocher avec gratitude : dans ce cas précis, une gracieuse et plongeante parabole.

Une fonction tissée à l'aide de mots et de symboles, donc une chose impalpable, a maintenant acquis un visage caractéristique. Plus que tout, c'est le visage d'une fonction qui exprime son identité, de même que le télex laconique de la police où le suspect est décrit comme un homme blanc avec une cicatrice se concrétise dans le sinistre croquis qui sort en cliquetant du fax peu de temps après. On pourrait croire un instant que la fonction $f(t) = t^3$, par exemple, est similaire à la fonction $f(t) = t^2$ – car après tout, t^2 ou t^3, quelle différence cela fait-il ?

Une grande différence, en fait, et qui se voit instantanément quand on trace le graphe de $f(t) = t^3$, le visage de celle-ci apparaissant non pas comme une parabole doucement plongeante

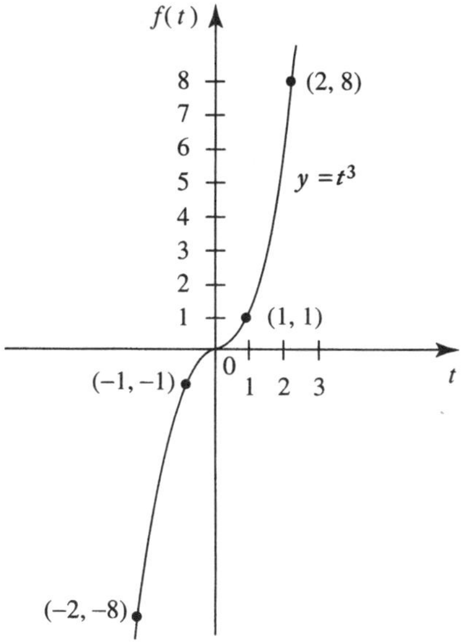

Visage de $f(t) = t^3$

mais comme quelque chose de complètement différent, une courbe d'aspect plutôt chinois qui passe d'un air impénétrable par l'origine pour se diriger vers le sud en venant de points inconnus au nord.

Il y a plus. Une fois la mise au point faite sur ce visage, un nouvel objet apparaît en réponse à la question – *une fonction* ? Qu'est-ce c'*est* ? Les mathématiciens peuvent bien insister sur l'importante distinction qui existe entre une fonction et son visage ; qu'ils ne s'en privent pas. La courbe peut ne pas *être* une fonction, puisque cette dernière – les mathématiciens ont raison sur ce point – est une correspondance entre les nombres produite par une règle ou une régularité. Mais les yeux ne sont pas non plus identiques à l'âme, ce sont des fenêtres ouvertes sur l'âme et qui permettent d'illuminer l'obscurité.

Il en est de même des courbes et des fonctions.

Seulement quoi ? Seulement relier

La voilà inscrite dans la conscience humaine, cette notion de fonction, et c'est donc une idée qui partage les choses entre l'avant et l'après.

Avant, le monde est un monde de choses et d'individus : un vent violent souffle sur la mer déchaînée, la salle à manger est prête pour le dîner, quelques musiciens jouent un air triste, infiniment répété, une douzaine d'hommes robustes aux sourcils broussailleux pénètrent dans la pièce et prennent leur place habituelle, le corpulent archiduc, boitant à la suite d'une violente attaque de goutte, soupire lourdement en s'asseyant à sa place en bout de table. Le bénédicité est dit dans un allemand affreusement guttural. D'énormes plats couverts de tranches de porc, de pièces de venaison sanguinolentes, d'un cuissot de bœuf sont présentés aux hommes qui mangent furieusement en grommelant et en grognant.

Personne ne dit un mot.

Mais *après*, le monde est un monde d'associations et d'affinités, de parentés et de relations : dix mille bougies dansantes se reflètent sur le parquet ciré, la chaude lumière se réfléchissant sur les candélabres d'argent et les tapisseries d'Aubusson flamboyantes. Elle scintille et rayonne, cette lumière dorée et ocrée, rouge et rousse, tandis que des courtisans aux perruques poudrées pénètrent dans la grande salle du palais et déambulent élégamment à travers la foule, s'inclinant bien bas pour parler et écouter, et parler encore. Le cardinal en robe rouge entre avec une grâce majestueuse et digne, un mouchoir parfumé entre le pouce et l'index, contemple la scène de ses yeux aux paupières tombantes et salue de la tête les membres de la cour et les musiciens, ainsi que sa maîtresse aux yeux verts qui se tient près de l'escalier. Des bouffées de musique, des sons caressants sont portés par une brise tiède. Une femme aux cheveux noirs et lustrés lève un éventail pour dissimuler son visage, puis le baisse pour laisser voir ses yeux et le haut bombé de ses joues fardées, son geste multiplié à l'infini dans les miroirs polis, un marquis s'incline légèrement, les pieds tournés vers l'extérieur, et porte doucement à ses lèvres le bout de ses doigts délicatement serrés.

Seulement quoi ? Seulement relier.

CHAPITRE 11

Quelques fonctions célèbres

L'historien arabe al-Ishaqui raconte que le calife al-Mamun, souhaitant récompenser un fidèle serviteur, invita le vieil homme à faire un vœu. Le temps se ramassa en un miroitement puis suspendit un instant son vol tandis que le serviteur considérait ses désirs. Il écarta l'or et l'argent : de simples choses auxquelles il n'attachait aucune valeur. Avec un sourire énigmatique, il demanda enfin qu'un seul grain de blé soit placé sur la première case d'un échiquier, puis *doublé* chaque jour à compter de ce jour jusqu'à ce que la dernière case soit remplie. Assis sur ses coussins de soie pourpre et or, le calife ferma ses yeux aux paupières lourdes : il imagina l'échiquier dont les soixante-quatre cases partageaient sa conscience en zones contrastées d'ombre et de lumière et, d'un geste mental négligent, il le remplit avec le blé de la moisson. *Qu'il en soit ainsi*, aurait-il dit imprudemment.

Imprudemment ? Si l'on pouvait amener un seul mot à révéler ses secrets, on pourrait voir le Calcul tout entier apparaître dans ses multiples significations. L'étrange petite histoire du calife apparaît de temps à autre dans les livres de casse-tête et les pages de jeux des magazines ; et récemment encore, dans la salle de sport où je me rends chaque après-midi, je l'ai entendue à nouveau racontée par une femme aux yeux et aux cheveux noirs qui ressuscitait le calife pour expliquer le mystère des intérêts composés à un jeune homme suspendu à ses lèvres.

Comme l'apprenti sorcier, le calife invoque des forces qu'il ne comprend pas et qu'il ne peut pas contrôler ; mais ce qui donne à *son* histoire sa force particulière, c'est qu'elle évoque une conscience qui est non seulement troublée mais aussi intellectuellement brouillée.

Regardant un coucher de soleil en compagnie de son maître, un chien voit ce que voit son maître, du moins dans la mesure où le chien comme le maître voient la même chose, quelque chose de coloré dans le ciel de l'ouest. C'est la capacité de *nommer* les choses qui confère le pouvoir de diviser subtilement l'expérience. La couleur du ciel au moment précis où le soleil disparaît derrière les collines lointaines ? Pas rouge, certainement pas jaune, pas rouille ni rousse ni roussâtre, pêche peut-être, comme une pêche que l'on a pelée, le fruit meurtri pareil au ciel meurtri, tous deux perdant en quelques minutes à la fois leur couleur et leur vie. Tout cela, le chien ne peut pas le dire et il ne peut donc pas le voir. Et pourtant, comme le calife al-Mamun le découvrit avec consternation, le riche et chatoyant vocabulaire avec lequel nous décrivons l'étincelle dans le ciel nocturne – *ce* vocabulaire-*là* nous manque lorsque nous observons la croissance ou la décrépitude, la vague lente ou le scintillement rapide du temps.

Les mathématiques sont forgées dans les feux du monde réel et la fonction qui donne au Calcul sa vie agitée représente des processus qui dépassent le cercueil clos d'un système de coordonnées – des choses qui se déroulent dans le temps et qui se déroulent dans l'espace. La maturation d'un œuf et l'éducation d'un étudiant de première année sont tous deux des processus ; comme le sont la rotation de la Lune, le battement du cœur humain et le dense mouvement des océans sous l'influence des marées lunaires. Mais toute relation fonctionnelle, il est important de le rappeler, n'est pas une relation entre les nombres. Il existe tout un monde de relations au-delà des mathématiques, un monde où les hommes et les femmes s'apparient, les enfants grandissent, les comptes se règlent, les pères vieillissent et meurent, et où rien de tout cela n'est corrélé avec les nombres réels. Et toute relation entre les nombres n'exprime pas une fonction mathématique intéressante. Entourée quelque part à Las Vegas de femmes aux cheveux bleutés et d'hommes aux yeux durs, une roulette tourne dans la nuit sans âme. Elle produit un chapelet de nombres aléatoires. L'association entre ces nombres et l'instant où ils sont produits décrit un couplage entre des nombres et d'autres nombres, donc une fonction. Mais c'est une association sans structure et par conséquent sans intérêt.

Les fonctions du Calcul représentent, elles *incarnent* les instruments canoniques qui servent au mathématicien à dépeindre le changement. Elles sont apparues jusqu'à présent comme un ensemble. Les mathématiques sont en partie un sujet rhapsodique, empreint d'un sombre mystère ; mais elles sont aussi une discipline semblable à l'anatomie comparée, où il y a une place mathématique pour chaque chose et où chaque chose mathématique a sa place.

L'archipel polynomial

Les fonctions les plus simples sont constantes – Ce sont des fonctions de la forme $f(x) = C$, pour tout x, ce qui signifie que quel que soit le nombre x, la fonction donne consciencieusement et invariablement la même valeur : $f(x) = C$ comme dans $f(x) = 4$ ou $f(x) = 32$ ou $f(x) = \sqrt{2}$ ou $f(x) = \pi$ ou $f(x) =$ à peu près *n'importe quoi* du moment que ce *n'importe quoi* est un nombre réel et le *même* nombre réel pour tout x choisi. Les fonctions constantes dépeignent des droites dans l'espace : ces droites doivent être parallèles à l'axe des x en raison du fait que $f(x) = C$ ne croît pas plus qu'elle ne décroît. Le visage de ces fonctions est régulier et, comme celui d'un acteur de vingt ans, dépourvu de toute personnalité. Jetez donc un coup d'œil à la fonction $f(x) = C$ où C se trouve être 2.

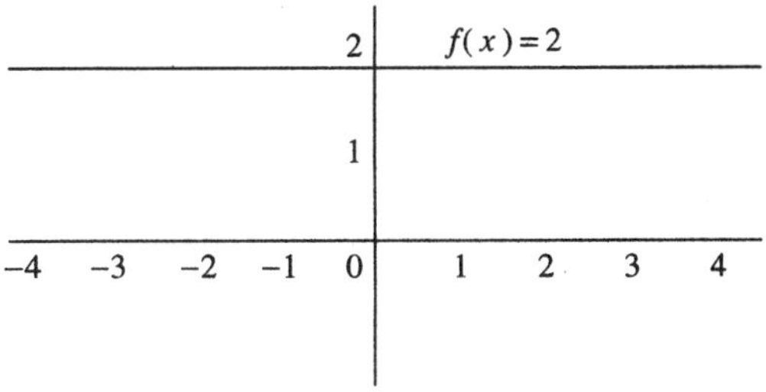

Fonction constante $f(x) = 2$

Traversant le repère cartésien, le graphe de cette fonction se tient éternellement à la même distance de l'axe des x, encore et toujours 2.

Viennent ensuite les fonctions puissance – Ce sont des fonctions de la forme $f(x) = x^a$, où a est un entier positif arbitraire mais fixe et donc spécifique. La fonction $f(x) = x^2$ en est un exemple particulier, qui envoie 2 sur 4, 3 sur 9, 4 sur 16, et ainsi de suite en montant ou en descendant la longue chaîne des nombres ; mais $f(x) = x^3$ est *aussi* une fonction puissance, qui envoie 2 sur 8 et 3 sur 27 ; de même, d'ailleurs, que la fonction $f(x) = x^{666}$, une fonction qui exige qu'un nombre – *n'importe quel* nombre – soit multiplié par lui-même six cent soixante-six fois ; c'est cette fonction que le Diable s'efforcera sans nul doute d'invoquer au jour du Jugement dernier, offrant le spectacle irrésistible du Malin aux prises avec les mathématiques élémentaires.

Les fonctions racine représentent l'inverse des fonctions puissance – Ce sont des fonctions de la forme $f(x) = x^{1/n}$, c'est-à-dire la $n$ième racine de x, un concept qui laisse quelque peu perplexe, ces n racines grouillant apparemment comme des rats ; mais si $n = 2$, la $n$ième racine de x n'est autre que sa bonne vieille racine carrée et si $n = 3$, la $n$ième racine de x est le nombre qui, multiplié par lui-même trois fois, donne x. Prenez $x = 36$. La fonction $f(x) = x^{1/2}$ envoie 36 sur la racine carrée de 36. Un nombre – 36 – se faufile jusqu'à la surface et loin au-dessous de lui un autre nombre, sa racine carrée – 6, en l'occurrence – se faufile derrière lui. Les racines cubiques, les racines quatrièmes et toutes les racines exprimées par les entiers positifs se comportent exactement de la même manière et expriment exactement la même relation.

Les fonctions constantes, puissance et racine appartiennent au vaste archipel des fonctions polynomiales, avec dans le terme *polynomiales* comme un parfum de Polynésie établissant une association verbale charmante mais totalement incongrue entre la nature de ces fonctions et leur nom. Et voici comment fonctionnent ces fonctions. On donne un ensemble de nombres réels en vrac – mettons 5, 9, 32 et 6. Et une unique variable x, un étranger solitaire. Une fonction polynomiale construite avec les nombres 5, 9, 32 et 6 *et* la variable x est toute fonction que l'on peut créer en additionnant ou en multipliant ces nombres et cette variable : $f(x) = 5x^3 + 9x^2 - 32x + 6$, par exemple ; ou encore $f(x) = 32x^3 - 5x^2 + 6x + 9$. Mais $f(x) = 5x^3$ est *aussi* une fonction polynomiale, le résultat entièrement prosaïque de l'opération qui consiste à multiplier x par lui-même trois fois et à multiplier le tout par 5. De même que l'humble fonction linéaire $f(x) = 16x + 10$.

Dans le monde ordinaire de l'arithmétique ordinaire, les nombres rationnels sont représentés comme le quotient de deux entiers. L'opération de division élargit les limites du mathématiquement possible. On *fait* quelque chose aux nombres existants ; une fois la chose faite et le charabia dit, de *nouveaux* nombres apparaissent. Ce qui vaut pour les nombres vaut aussi pour les fonctions, le rapport $f(x)/g(x)$ de deux fonctions polynomiales $f(x)$et $g(x)$ prenant vie comme une *fonction rationnelle* – $h(x)$, pour lui donner un nom et se faire une idée claire du personnage. Soient $f(x) = x^2$ et $g(x) = 5x + 3$. La fonction rationnelle $h(x)$ est la fonction $x^2/(5x + 3)$, avec $f(x)$ en haut et $g(x)$ en bas, exactement comme le veut la définition[1].

1 Et maintenant, une interrogation surprise. Pour $x = 3$, $h(x)$ vaut – quoi ? Pas de panique. Voici comment faire. La fonction $h(x)$ est égale à $x^2/(5x + 3)$, d'accord ? Commencez donc par le haut, c'est-à-dire x^2. Si x vaut 3, x^2 doit valoir 9. Passez maintenant au bas, à savoir $5x + 3$. Si x vaut 3, $5x + 3$ doit valoir 18. Et $x^2/(5x + 3)$ doit valoir 9/18, ou 1/2.

Si les fonctions polynomiales forment un archipel, les fonctions algébriques en constituent un autre, plus vaste, plus majestueux, qui comprend *toute* fonction construite à partir des fonctions polynomiales au moyen des opérations algébriques ordinaires. Pour former les fonctions algébriques, on peut ajouter des fonctions polynomiales les unes aux autres, les soustraire les unes des autres, en extraire la racine, et diviser ou multiplier toute fonction polynomiale donnée par toute autre. Les fonctions rationnelles appartiennent à la classe des fonctions algébriques. C'est aussi le cas de la fonction $g(x) = (x^2 + 9)^{1/2}$, une nouvelle venue bourrue construite à partir de la fonction polynomiale $f(x) = x^2 + 9$. Pour chaque nombre x, on commence par définir la valeur de $f(x)$ avant d'extraire du résultat sa racine carrée. Pour $x = 4$, $f(x)$ vaut 25 et $g(x)$ vaut 5.

On peut voir intervenir dans le destin de ces fonctions particulières les opérations anciennes de l'arithmétique, comme des démons familiers au travail dans un nouvel environnement. Les mathématiques commencent par les entiers naturels simples et impénétrables. Tout à la fois jouets et atomes de la vie mentale, ces nombres peuvent être modifiés et combinés au moyen de quatre opérations essentielles : l'addition, la soustraction, la multiplication et la division. Dans l'archipel polynomial, les fonctions font surface. Mais les opérations simples et élémentaires demeurent et les fonctions polynomiales gardent dans leur nature même le souvenir durable des opérations et des objets mathématiques les plus fondamentaux.

Les atolls transcendants

Les fonctions polynomiales constituent un archipel, et comme les îles d'un archipel elles se tiennent proches l'une de l'autre dans les eaux bleu pâle éclatantes mais peu profondes de l'océan. Les *fonctions transcendantes*, par contraste, ne sont *pas* algébriques ; elles dépassent – elles *transcendent* – les opérations algébriques responsables de la construction des fonctions polynomiales. Comme des atolls isolés et volcaniques, elles se dressent en haute mer, là où l'eau est sombre et où un objet lâché peut mettre des années pour atteindre les fonds sableux.

Pour commencer, il y a les fonctions exponentielles – $f(x) = a^x$. Les fonctions puissance d'antan élèvent une variable à une puissance donnée, comme dans x^2 ou x^{34}. Avec les fonctions exponentielles, c'est le contraire. Le nombre donné est en bas ; la *variable* est en haut dans le cockpit, comme dans 2^x. Ce qui fait une énorme différence. Les fonctions puissance sont polynomiales. Les fonctions exponentielles ne le sont pas, leur spécialité étant le développement à grande échelle. Prenez $a = 2$. Alors 2^5 vaut 32, 2^{10} vaut 1 024 et 2^{20} vaut 1 048 576 ; à 2^{40}, le résultat est trop grand pour être commodément calculé. Pourtant, les exposants aux commandes du cockpit ne font que doubler à chaque fois.

Les exponentielles constituent une famille de fonctions, chaque choix de a, le *paramètre*, donnant naissance à un membre particulier de cette famille. (Utiliser l'expression *famille de fonctions à un paramètre* est considéré comme une marque de sophistication mathématique). La fonction 2^x est exponentielle, comme l'est 3^x. Les diverses fonctions exponentielles sont semblables par la forme et par l'esprit *quel que soit* le nombre a.

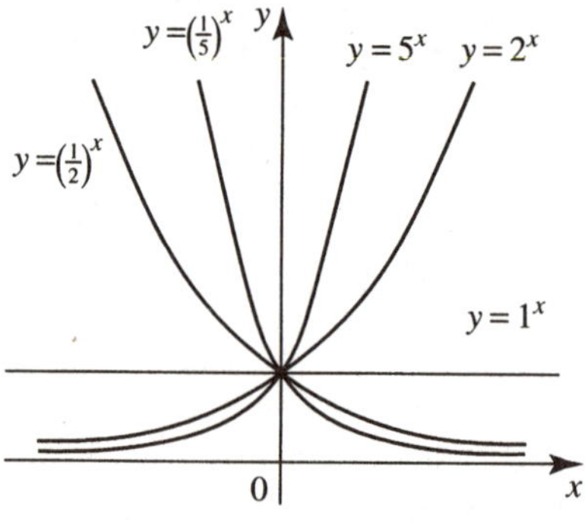

Famille de fonctions exponentielles

Elles se rejoignent à 1 quand $x = 0$ car tout nombre élevé à la puissance 0 vaut 1. Elles démarrent toutes lentement. Elles se développent toutes à un train d'enfer. Et, pourtant, comme les membres d'une famille, elles sont toutes différentes. Ce qui laisse à penser qu'il y a dans la notion de fonction une souplesse insoupçonnée, une capacité finement maîtrisée à varier par degrés.

Comme les membres d'une famille, les fonctions exponentielles sont *là*, aussi diverses que les nombres, et apparemment unifiées par leur ardeur à grandir. Ma façon joviale de les présenter ne sert qu'à leur taper sur l'épaule, qu'elles ont rembourrée ; on ne doit pas la confondre avec une définition. Il est logique de parler de 2^x quand x est un entier positif. On a alors 2^1, 2^2, 2^3, 2^4, et ainsi de suite en remontant la hiérarchie ; mais que penser de 2^π ? Le nombre 2 multiplié par lui-même π fois ? Quoi qu'en disent les mathématiciens, voilà un chemin qui mène à la folie. Le Calcul fournit *bel et bien* une définition lumineuse de la fonction exponentielle ; elle révèle *comment* on peut élever un nombre réel à un nombre réel, mais elle arrive tard dans la journée alors que les fonctions exponentielles ont fait leur apparition tôt le matin. À cet égard, le Calcul renferme indubitablement comme un soupçon d'incohérence.

Ensuite viennent les fonctions logarithme $f(x) = \log_a x$. Le paramètre a est à nouveau un nombre fixe, la *base* du logarithme, et la fonction désigne le nombre requis pour élever la base de cette fonction à son argument. Par exemple, $\log_{10} (100)$ vaut 2 – ceci parce que $10^2 = 100$. Les fonctions logarithme croissent lentement et, comme les fonctions exponentielles, elles se ressemblent les unes les autres, rencontrant l'axe des x à 1 parce que a^0 vaut toujours 1 puis croissant toutes qualitativement de la même manière douloureuse.

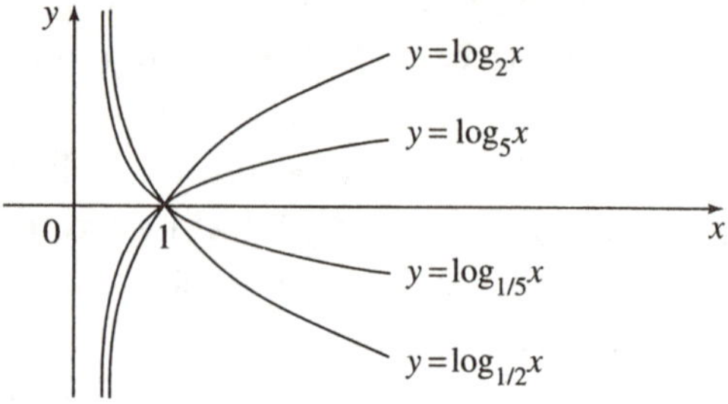

Famille de fonctions logarithme

La relation entre les fonctions exponentielles et les fonctions logarithme est celle d'une chatoyante *inversion*, un schéma courant en mathématiques, comme quand la soustraction défait ce qu'accomplit l'addition et un schéma qui, telle une chronique, annonce le théorème fondamental du Calcul. L'argument de la fonction exponentielle est la valeur de la fonction logarithme. Prenez ainsi $y = a^x$. Il s'agit d'une fonction exponentielle. Un nombre a est porté à un nombre réel x.

Version.

Mais attendez : $x = \mathbf{log}_a y$. Il s'agit là d'une fonction logarithme. Ce nombre réel x est la valeur de la fonction logarithme à y.

Inversion.

Pour $a = 2$ et $x = 5$, $y = a^x = 32$. Et $5 = \mathbf{log}_2 32$.

Version et ***inversion.***

Les logarithmes enseignés à l'école (les *logarithmes décimaux*) ramènent tout à la base 10. En informatique, où les bits binaires sont basiques, la base est 2 ; mais en mathématiques, la base de toutes les bases est le nombre transcendant $e = 2,71828...$, un nombre empreint d'une étrange dignité sicilienne. La définition la plus naturelle de la fonction logarithme, la plus *mathématique*, conduit à la définition la plus naturelle de la fonction exponentielle, qui conduit à son tour au nombre e. Le mouvement intellectuel est celui d'une vague écumeuse qui avance pour définir la fonction logarithme, se retire pour révéler la fonction exponentielle et dévoile dans ce mouvement de va-et-vient le nombre *e*, le joyau noir du Calcul. Une fois dévoilé, *e* permet d'unifier, d'*amalgamer* toutes les autres fonctions exponentielles. La fonction $f(x) = e^x$ est elle-même une fonction exponentielle qui porte le nombre *e* à la puissance *x*. Mais les lois des logarithmes permettent à *toute* fonction exponentielle a^x d'être réécrite à l'aide de cette fonction exponentielle naturelle. Réécrite comment ? De la façon la plus simple qui soit. Un nombre qui sert de base logarithme a le pouvoir de troubler l'esprit des hommes : il peut usurper l'identité de tout autre nombre positif *a*. Pour cela, la base est élevée au logarithme du nombre : $a = e^{\ln(a)}$, pour exprimer la chose dans les symboles suaves du mathématicien. Alors a^x est égal à $(e^{\ln(a)})^x$ ou, ce qui revient au même, $e^{x\ln(a)}$; mais ce qui est extraordinaire, c'est que a^x a disparu, sa voix exponentielle étant entièrement récupérée par $e^{x\ln(a)}$.

Cet acte d'unification symbolique se transcende-t-il pour se donner des airs et s'affirmer ? Il semble suggérer que sous les divers processus exponentiels, un processus exponentiel primordial se tient tapi. J'ignore si c'est le cas. Il est bon de faire observer, cependant, que ce sont les mathématiques qui rendent cette question possible. Comme ces impérieux exposants qui élèvent les nombres à des hauteurs stratosphériques, un petit investissement dans le symbolisme rapporte de gros bénéfices intellectuels, si bien qu'au bout du compte l'étude des fonctions exponentielles est en soi une forme d'exponentiation.

Pour finir, il y a les fonctions trigonométriques – **sinus** (*x*) et **cosinus** (*x*), l'infortunée tangente étant brusquement définie comme le quotient des fonctions **sinus** et **cosinus.** Dans la trigonométrie d'heureuse mémoire, la définition des fonctions trigonométriques faisait intervenir les côtés et les angles d'un triangle rectangle, les côtés opposé et adjacent de ce triangle montant maussadement l'un sur l'autre ou couvrant avec morosité une hypoténuse vagabonde. La définition remonte à la nage depuis le tréfonds de la mémoire, à demi morte et cherchant désespérément à reprendre son souffle. Étant donné un angle θ – puisque le grec, bizarrement, est la langue des angles –, le **sinus** de θ est défini comme le rapport du côté opposé à θ à l'hypoténuse du triangle ; son **cosinus**, comme le rapport du côté adjacent à θ à son hypoténuse.

$$\textbf{Sinus}\ \theta = \frac{\text{opposé}}{\text{hypothénuse}}$$

$$\textbf{Cosinus}\ \theta = \frac{\text{adjacent}}{\text{hypothénuse}}$$

$$\textbf{Tangente}\ \theta = \frac{\text{opposé}}{\text{adjacent}}$$

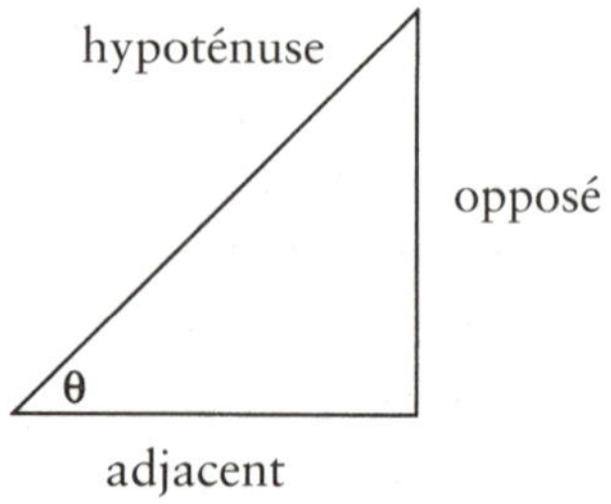

Trigonométrie d'heureuse mémoire

Dans le Calcul, les degrés disparaissent ; la notion d'angle est subordonnée à celle de nombre réel. Subordonnée comment ? Subordonnée ainsi : la circonférence de tout cercle est donnée par la formule **C** = 2π***r***, où ***r*** est le rayon du cercle, une flèche allant de son centre à son périmètre, et π un nombre réel, une constante mystérieuse et omniprésente. Prenez ***r*** = 1, et **C** donne 2π. Mais 2π est un nombre réel, transcendant comme *e* mais réel tout de même, donc disposé à se laisser capturer par une fonction.

Un triangle rectangle est maintenant enfermé dans le cercle unitaire, les jambes tendues pour toucher le périmètre de ce cercle.

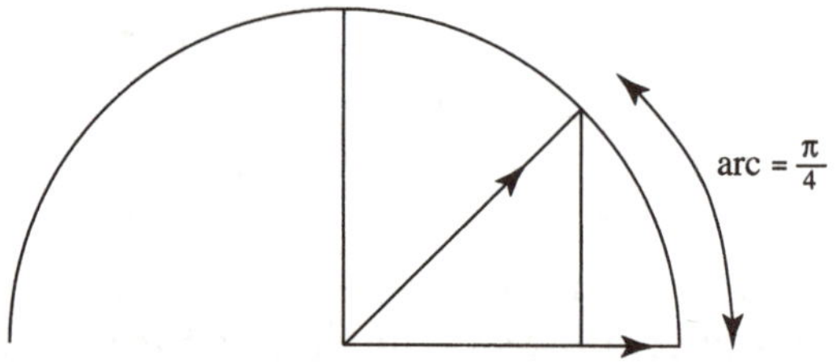

Triangle inscrit dans le cercle unitaire

Un angle est *défini* comme la longueur de l'arc que délimitent ces jambes pleines de vie. Les arcs sont exprimés par des nombres réels – des fractions de 2π, en fait. C'est aussi le cas des angles, les arcs servant à *représenter* les angles, et vice versa. La vieille langue disparue des degrés se traduit facilement dans la nouvelle langue des nombres réels. Un angle de 45 degrés sous-tend un arc qui couvre un huitième de la circonférence du cercle. Un huitième de 2π est 2π/8 ou π/4. Quarante-cinq degrés correspondent donc au nombre π/4. Un angle de 180 degrés correspond à π et un angle de 360 degrés, une tranquille flânerie tout autour du cercle unitaire, à 2π.

On voit maintenant les fonctions **sinus** et **cosinus** bondir hors de leur chrysalide pour prendre une nouvelle identité en tant que fonctions trigonométriques circulaires. Les angles d'antan sont représentés par des arcs ou des longueurs d'arcs. Comme des cocons desséchés, les triangles rectangles où étaient emprisonnées les fonctions trigonométriques peuvent maintenant disparaître avec leurs degrés en ne laissant derrière eux que leurs jambes tendues. L'une d'elles est fixée en place, l'autre tourne autour du cercle unitaire en traçant un point mobile dont les coordonnées sont <x, y>. Le **sinus** d'un angle donné est défini comme le rapport de y à r, son **cosinus** comme le rapport de x à r.

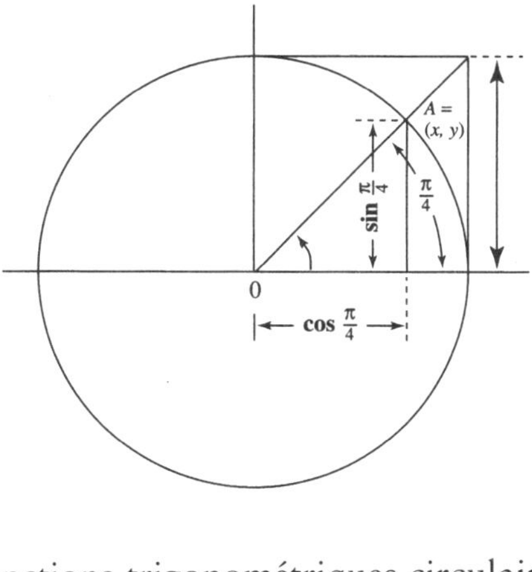

Fonctions trigonométriques circulaires

Et, chose remarquable, quand ce triangle rectangle à demi mort est autorisé à réintégrer ne serait-ce qu'un instant sa forme vivante, *cette* définition coïncide parfaitement avec celle donnée il y a bien longtemps. La trigonométrie d'heureuse mémoire définissait-elle le **sinus** d'un angle comme le rapport du côté opposé du triangle à son hypoténuse ? Oui. Mais c'est aussi le cas de la définition qu'on vient de donner, car y est la hauteur du côté opposé du triangle et r la longueur de son hypoténuse. En mathématiques, contrairement à ce qui se passe dans la vie, rien n'est jamais perdu à jamais ni abandonné pour toujours.

Les fonctions trigonométriques envoient des nombres réels sur des nombres réels et appartiennent ainsi à la grande et noble famille des fonctions à valeurs réelles. Elles font leur apparition par le biais d'une définition encombrante qui mêle la mémoire (ces triangles rectangles) et le désir (le besoin d'incorporer toutes les fonctions dans la classe des fonctions à valeurs réelles) ; mais leur importance réside moins dans la façon dont elles sont définies que dans ce qu'elles sont. Après quelques incidents de parcours, les fonctions polynomiales s'assagissent et adoptent un comportement dans lequel les choses deviennent tout simplement plus grandes ou plus petites. La fonction $f(x) = x^2$ en offre un exemple. Ce n'est que lorsque les valeurs de x s'approchent de 0 que son graphe plonge vers le bas et change de forme ; après cela, il s'élève solennellement comme un ballon gonflé à l'hélium.

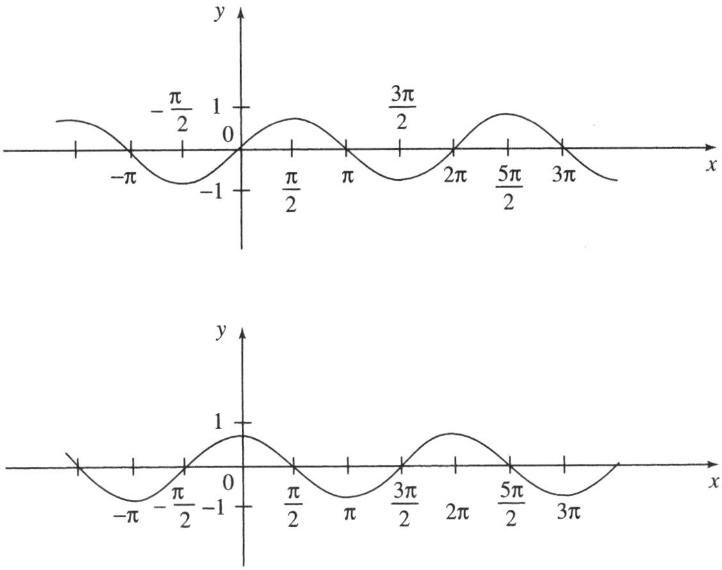

Visage des fonctions ***sinus*** et ***cosinus***

Les fonctions exponentielles personnifient l'énergie démente de la croissance, alors que les fonctions trigonométriques, *elles*, présentent un visage *périodique* tout à fait charmant qui reproduit le même comportement encore, et encore, et encore. Dans la nature, les phénomènes périodiques vont des cycles menstruels aux cycles lunaires, et les fonctions trigonométriques incarnent par leur régularité un rythme fondamental de l'univers. Elles sont rattachées entre elles par un lien intérieur invisible qui se manifeste dans diverses identités trigonométriques, des lieux étranges où ces fonctions semblent échanger leur identité par un mouvement fluide ou se résoudre au moyen d'opérations arithmétiques simples pour donner un nombre inattendu. Pour tout nombre réel x, par exemple, le carré de son **sinus** ajouté au carré de son **cosinus** donne invariablement 1 : $\mathbf{sin}^2 x + \mathbf{cos}^2 x = 1$. Comme les fonctions exponentielles qui, pour finir, sont toutes subordonnées à une fonction unique, les fonctions trigonométriques cachent, sous une apparence désordonnée et confuse, une certaine forme d'unité.

Les fonctions constantes, le vaste archipel des fonctions polynomiales et au-delà l'archipel plus vaste des fonctions algébriques et, bien au-delà encore, séparées des fonctions polynomiales par la dorsale médio-atlantique, les fonctions transcendantes que l'on vient de décrire : voilà les fonctions *élémentaires* du Calcul.

Un catalogue cosmique

Et c'est ainsi que les fonctions élémentaires doivent être conservées en mémoire, comme un mandala mathématique, une collection de visages distincts, chaque fonction se taillant dans le vide une forme caractéristique et descriptive, une manière de décrire et par conséquent une manière d'être.

Le mandala est ce qui se voit ; les fonctions qui servent généralement à le représenter sont les voix analytiques impérieuses qui le forcent à exister. Comme tout ce qui se voit et donc se retient, les visages du mandala sont évanescents. Ce sont les fonctions qui gardent le secret de leur identité. Si souvent que le mandala soit effacé et le sable de sa création balayé dans l'oubli, les fonctions elles-mêmes demeurent et le mathématicien, comme le moine, conserve la faculté de le recréer.

Les fonctions élémentaires représentent un élargissement de la capacité humaine à remarquer les nuances des choses. On aurait pu offrir au calife un système de classification assez fin pour s'adapter aux données de son expérience. La conscience brouillée par son incapacité de discernement, il aurait pu profiter de l'observation qu'une simple fonction *exponentielle* permet souvent de décrire les processus naturels – $f(t) = 2^t$.[1] C'est *cette* fonction qui décrit ce qui se passe sur l'échiquier ployant sous le poids du blé. Tout d'abord, 2^0 vaut 1. Le premier jour, il y a un grain de blé sur l'échiquier.

1 Le temps nous est maintenant compté : x est devenu t.

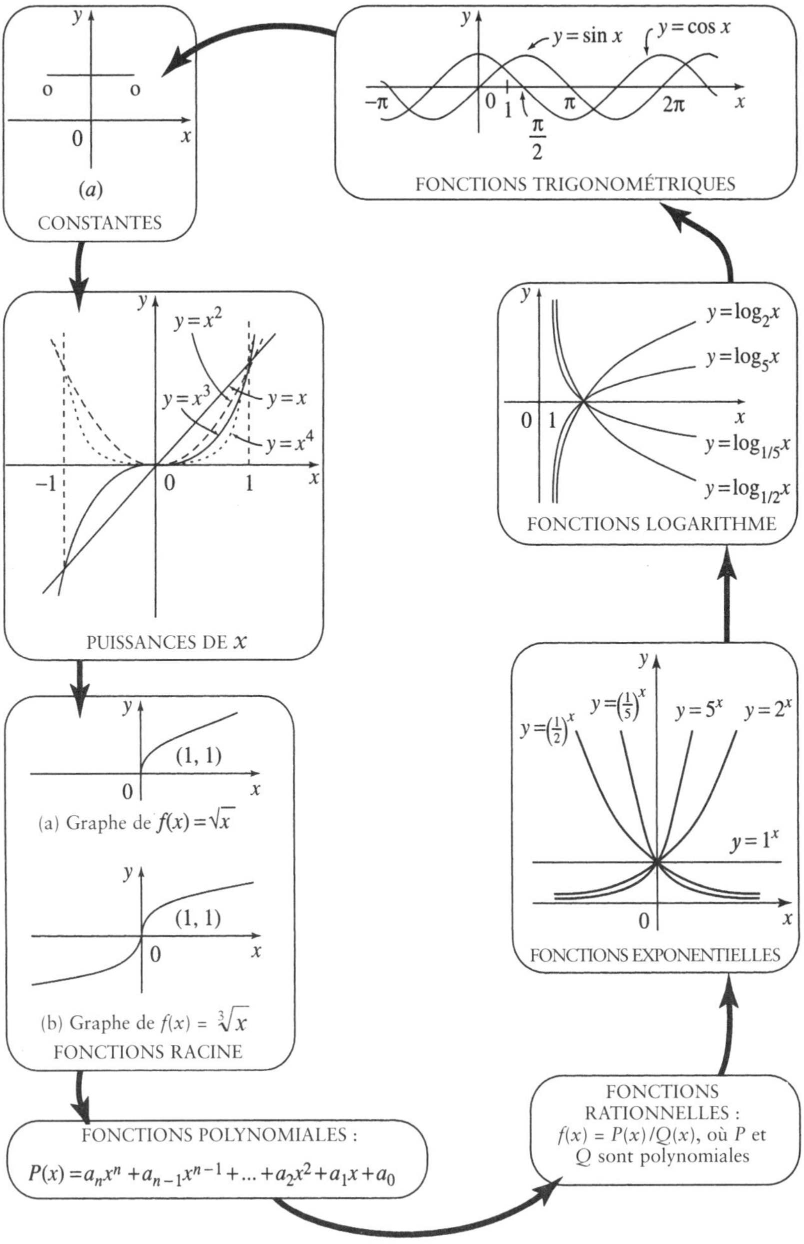

Mandala des fonctions élémentaires

Ensuite, 2^1 vaut 2. Fructifiant en accord avec les ordres du calife, les grains ont doublé. Puis, 2^2 vaut 4, les grains ont à nouveau doublé, et ainsi de suite jusqu'au moment où l'échiquier se casse, le jeu prend fin et un vent de désolation balaie le royaume. Forcé de se débrouiller seul, le calife ne peut qu'essayer de deviner, incorrectement, la nature de la croissance. *La fonction* $f(t) = 2^t$*, elle, décrit précisément le processus.* À nouveau forcé de se débrouiller seul, le calife ne peut qu'estimer, incorrectement, le nombre de grains qu'il faudra au soixante-quatrième jour. *La fonction, elle, donne précisément le nombre* 2^{63}.

Vues sous un angle, comme elles le sont sans doute le plus souvent, les fonctions élémentaires comprennent une collection décourageante de formules bizarres et de règles repoussantes. Mais vues sous un autre angle, comme des fonctions du temps vers l'espace, elles forment un catalogue de processus réels et éventuels, un petit livre qui décrit méticuleusement la façon dont les choses pourraient se passer. Voilà une idée remarquable – un livre de processus, une sorte de *catalogue cosmique*. Le mandala mathématique représente la façon dont les fonctions sont dessinées sous forme de graphes ou de figures éphémères ; le catalogue représente leur nature intérieure, leur identité analytique. Les fonctions élémentaires incarnent la première grande classification mathématique du monde naturel à dépasser le cadre du comptage ou de la géométrie euclidienne et elles constituent ainsi un audacieux élargissement de notre capacité humaine à diviser subtilement la multiplicité de l'expérience.

Suffisent-elles, ces fonctions élémentaires ? Tout ce qui est descriptible peut-il l'être en termes élémentaires ? Ou bien existe-il des processus que les fonctions élémentaires ne peuvent décrire, comme il existe des coloris que la vingtaine de noms de couleurs que comprend la langue ne peut dépeindre ? *Ah !* Qu'il me soit permis de pousser un soupir. Elles ne suffisent pas. Le monde contient plus que des processus élémentaires.

Le Calcul enseigne aussi cela.

Flânant à l'infini

Le feu de la créativité mathématique : qui sait pourquoi il brûle ou à quel endroit ? Cinquante ans après que Newton et Leibniz eurent trouvé le chemin qui menait au Calcul, le centre de la pensée mathématique passa aux mathématiciens de langue française, et c'est dans la vaste académie de leur génie que le Calcul devint non seulement le principal instrument du développement de la physique mathématique, mais aussi la voie vers l'*analyse* elle-même, une discipline dans laquelle le mathématicien se penche sur l'infini. Le grand ouvrage de Leonhard Euler, *Introductio in analysin infinitorum*, est l'un des relais de poste de la civilisation, un lieu où on laisse reposer les grands chevaux fatigués portant les nouvelles venues de loin et où on les remplace par des chevaux frais.

Né à Bâle en 1707, Euler fit montre durant toute sa vie d'un sens du sublime intellectuel tranchant quelque peu avec sa flegmatique citoyenneté suisse. Ce fut un homme du XVIIIe siècle, la plus grand personnalité mathématique de son temps. Les récits qui retracent ses jeunes années – il sortit diplômé de l'université de Bâle à l'âge de quinze ans – indiquent une intelligence qui, comme le muguet, fait effet sans effort et pousse les simples mortels à la taxer de superficialité.

Fils d'un pasteur, donc héritier de l'austère tradition calviniste suisse, Euler tomba à un âge précoce sous le charme de la famille Bernoulli, un clan étendu (un père, divers frères) marqué par le caractère timidement récessif du génie mathématique, tandis qu'eux tombaient sous le sien, prenaient conscience de sa brillante intelligence et exhortaient son père à revenir sur sa décision irréfléchie de le voir se consacrer à la théologie.

En 1727, Euler accepta un poste à l'académie de Saint-Pétersbourg, sans doute attiré par la chaude clarté de libéralisme répandue rétroactivement par la cour de Catherine Ire dans des pays aussi lointains que la Suisse. Il est assez irrésistible d'imaginer Euler vivant parmi des Russes violents et impies dans un Saint-Pétersbourg enneigé, sa présence à la cour lui valant invariablement des moments de pure terreur dans la mesure où les primitifs au pouvoir, *après* la mort de Catherine Ire, faisaient preuve d'un goût prononcé pour les exécutions arbitraires et les actes de cruauté barbare, et, durant tout ce temps, tapant des pieds dans la neige fraîche ou s'occupant de son immense famille – il était père de treize enfants –, tandis que les articles, les monographies et les livres s'accumulaient en piles, une idée le saisissant dans l'après-midi comme le chatouillement qui annonce l'éternuement, arrivant à maturation au dîner et l'article lui-même (donc l'éternuement) rédigé et terminé peu après.

Plus que tout, c'est l'extraordinaire *prodigalité* mathématique d'Euler qui en fait un homme du XVIIIe siècle. Il était prêt à diriger gaiement son intelligence vers tout ce qui l'intéressait : casse-tête, petits problèmes, techniques de calcul, curieux petits théorèmes, problèmes complexes, recherches de toutes sortes. Doté d'un don fantastique pour les formules, il voyait dans les symboles tout un monde secret ; il entretenait une vaste correspondance ; il s'amusait de bizarreries mathématiques, son intelligence fonctionnant dans cet univers étrangement harmonieux qui dans l'histoire des mathématiques n'est habité que par Euler, et dans celle de la musique seulement par Mozart. C'est Euler qui vit et comprit que les fonctions exponentielles et trigonométriques étaient liées, et chacune d'elles définissable en faisant appel à l'autre. Et c'est lui qui découvrit la formule la plus belle de toutes les mathématiques : $e^{i\pi} + 1 = 0$, expression mystérieuse et ineffable qui relie les uns aux autres les cinq nombres les plus importants de l'univers.

En 1740, Euler accepta l'invitation de Frédéric le Grand d'entrer à l'académie de Berlin. À la cour, il se trouva inexplicablement en butte aux railleries de Voltaire. Il était incapable de briller en société. Il semble qu'il se fût mis à bégayer. Il perdit l'indulgence de son mécène, épisode qui indique que même les hommes les plus généreux peuvent à l'occasion se comporter comme des idiots. En 1766, il repartit en Russie, où Catherine la Grande occupait désormais le trône. Il y fut reçu avec gentillesse.

Devenu aveugle, Euler passa les dix-sept dernières années de son existence dans le noir sans que cela mît un terme à ses recherches mathématiques ; dès lors, c'est mentalement qu'il exécuta les activités de calcul qui l'avaient rendu célèbre.

Il est assis là, près du feu, quelque part à Saint-Pétersbourg, vieillard aux mains veinés, les épaules couvertes d'un châle, rêvant dans le noir, tandis qu'autour de lui se prépare l'hiver russe et que s'approche l'obscurité suprême.

CHAPITRE 12

Une sorte de vitesse

La vitesse est l'une des deux grandes notions du Calcul. L'autre est l'aire. Elles paraissent étrangement déconnectées l'une de l'autre et l'insistance du mathématicien à les rapprocher fait tout d'abord penser à l'un de ces tableaux aujourd'hui stéréotypés où une guitare amaigrie est incongrûment juxtaposée à une paire de lorgnons. Les apparences sont trompeuses. La vitesse et l'aire sont comme deux bandes concentriques d'or blanc et jaune étroitement entrelacées. Cette liaison conceptuelle, le théorème fondamental du Calcul la révèle ; mais la révélation repose sur une réorganisation d'idées familières – elle l'*exige*. Cette réorganisation achevée, la vitesse et l'aire acquièrent une identité ou un aspect nouveaux, la vitesse comme la *dérivée* d'une fonction et l'aire comme son *intégrale*. Ce sont des termes techniques dont la définition est remise à plus tard. Et, pourtant, la syntaxe suggère, comme elle le fait souvent, quelque chose de frappant dans les choses à venir, l'expression *dérivée d'une fonction* laissant entendre, quoi qu'elle puisse signifier, une subordination de la vitesse à l'idée de fonction. Le système de concepts déjà en place est d'une exigence implacable.

Avançons

Quelles que soient ses caractéristiques par ailleurs, la vitesse est une chose qu'un corps humain vivant ressent directement, comme lorsque monté sur cette Harley Davidson vrombissante, celle-là même dont ma famille m'assure dans la réalité que je ne l'achèterai qu'en lui passant sur le corps, je file sur une route désertique, les pneus hurlant sur le bitume, le visage rougi par le vent.

À quelle vitesse ?

La question interrompt brusquement mes rêveries, car si je peux jeter un coup d'œil au compteur et y lire certains nombres, disons cent vingt ou cent trente, les mots emportés par le vent me fouettant le visage au passage, je réalise, alors même que je parle, que, pour familiers qu'ils soient, ni les mots ni les nombres qu'ils représentent ne signifient grand-chose pour moi. Cent vingt ou cent trente *quoi* ? Kilomètres *par* heure ? Mais *comment* faites-vous, me demanda un jour un mémorable étudiant nommé Inglefinger, pour faire entrer ces heures *dans* ces kilomètres ? Et d'ailleurs que signifie-t-il de dire que ma vitesse est de cent trente kilomètres *par* heure si je ne conduis pas *depuis* une heure ?

Au bout de la question *à quelle vitesse ?*, un nombre miroite dans la brume de chaleur. L'analyse de la vitesse passe par la spécification de ce nombre et elle correspond ainsi au moment où un vent frais venu de la montagne disperse la brume et fait se détacher nettement les objets dans la lumière du désert. Or, aucune vitesse positive que ce soit n'est associée à un corps qui, tel un beau-frère dépravé et avachi sur le canapé, est perpétuellement au repos. Un objet en mouvement est un objet qui change de *position*. Il était *là-bas*, à Winnemuca, disons. Maintenant il est *ici*, à Barstow. Le changement de position est à son tour incohérent sans un changement corrélatif de temps. La grammaire est parlante : il *était* là-bas, ce corps, et maintenant il *est* ici.

Je descends la route, en mouvement, à pleins gaz. Je vais quelque part. Le temps passe. Le Calcul résulte de l'adjuration selon laquelle le changement de position doit être *coordonné* avec le changement de temps. Lorsqu'on l'entend dans sa pleine généralité, c'est là une hypothèse remarquable et d'une audace folle qui investit beaucoup, et de manière bien précaire, dans la notion de coordination. C'est une chose de dire, comme n'importe quel métaphysicien le pourrait – comme je viens de le *faire* – que le changement de position a lieu *dans* le temps. Cela en est tout à fait une autre de dire que là où se trouve un corps *dépend* de quand il s'y trouve, la coordination entre le *où* et le *quand* réalisée au moyen de la notion mathématique de fonction. *Voilà* une affirmation rayonnante du Calcul, une prétention qu'il fait valoir sur le monde.

Je continue à aller quelque part et je continue à aller grand train. Mais maintenant la route aussi droite que la trajectoire d'une balle sur le sol du désert, les montagnes bleutées au loin, et même le réservoir d'essence de la Harley en forme de larme iridescente qui scintille dans le soleil, se trouvent être, par le rapprochement avec un repère cartésien, la moitié d'un fantastique diorama : la route mise en correspondance avec l'un des axes du repère, l'œil criard et clignotant de l'origine servant à définir une direction sur cet axe, moi-même sur cette moto cruellement singé par un point et la flèche mobile du temps reflétée par l'autre axe du système, une droite impitoyable. Si le motard tapait du pied sur le sol chaud et poussiéreux du désert en disant que *ceci* est réel, le mathématicien se retirerait dans l'ombre fraîche du repère cartésien où le désert trouve son image desséchée et répliquerait avec un sourire retors que non, *ceci* est réel, un litige d'autant plus pénible que motard et mathématicien semblent partager des quartiers exigus dans le même corps.

Mais, d'un certain côté au moins, le système de coordonnées est plus réel que réel : c'est *là* que la coordination entre l'espace et le temps, une caractéristique inéluctable donc indicible de la vie courante, se trouve suffisamment affinée pour sembler être un objet intellectuel à part entière. Un objet intellectuel ? Pas n'importe quel objet intellectuel, naturellement, mais un objet intellectuel qui prend la forme d'une fonction, la forme, en fait, de la fonction de *position* $P(t)$ – la position de quelque chose *au* temps t. Ses arguments sont les différents *temps* et ses valeurs les différentes *positions*. Dire que $P(1) = 3$ revient à dire qu'une unité de temps a été engloutie et qu'elle a disparu à jamais. J'ai atteint le kilomètre 3 sur la route.

Mais la fonction de position fait plus que contenir le compte rendu brut de mes allées et venues : elle sert à *concentrer* merveilleusement l'expérience. L'essence même d'un changement de lieu, c'est que quelque chose était là et que maintenant il est ici. Cette essence, la fonction de position la révèle puis l'exprime. À chaque changement d'argument, *elle* renvoie un changement de lieu. Le quelque chose dont vous disiez qu'il était là alors ? Le *alors* de cette affirmation est exprimé par t, et le *où* par $P(t)$. Il est ici cinq heures plus tard, dites-vous maintenant ? Le *cinq heures plus tard* est exprimé par $t + 5$, et le *ici* par $P(t + 5)$. Le quelque chose qui dans la vie réelle est occupé à faire son chemin n'a conservé dans la fonction de position que son sourire radieux. Par le mystère de la notation fonctionnelle, le sujet de la vitesse – moi, en l'occurrence – a été avalé au profit de son essence. La dure route au milieu du désert, la moto pétaradante et le compteur de vitesse inutile se révèlent en un éclair être les aspects éphémères d'une réalité mathématique plus profonde.

Bouge comme ça, ou sinon...

Les éléments du Calcul jusqu'ici en place – les nombres réels, la notion de repère cartésien, l'idée même de fonction, la fonction de position – représentent le résultat d'une série de *gestes* fluides et brillants et, comme toute chose faite à l'esbroufe, ils restent vulnérables au soupçon corrosif que, derrière ce numéro grandiose et facile, il n'y a guère de substance. Il se pourrait tout à fait, par exemple, que la fonction qui permet de relier le temps et l'espace, *quelle qu'elle soit*, s'avère vide d'information ou incohérente ou encore difficile à définir ou à contester. Les astrologues, après tout, font état d'un rapport entre les planètes dans leurs maisons ou leurs huttes et les diverses entreprises humaines – l'amour, les affaires, les problèmes dentaires. Et qui pourrait les prendre en défaut ? Un rapport ? Laissez le lien indéterminé et l'affirmation ne peut être ni ignorée ni réfutée. Les fonctions que le mathématicien invoque, il doit également les décrire. C'est une question d'honneur.

La plus lumineuse et la plus accessible de ces descriptions découle d'une méditation entreprise pour la première fois par Galileo Galilei, dit Galilée. Nous voici au XVIIe siècle. Disparus les nuages bas et menaçants d'une Angleterre torturée par les intempéries. L'Allemagne et la France s'étendent au nord. Nous sommes là où les citronniers fleurissent et où le soleil décrit une ligne haut dans le ciel. L'un des plaisirs de l'Italie est que presque rien de ce qui importe à l'homme n'y est pareil qu'ailleurs, ni la langue, ni la loi, ni les traditions, ni les gens, ni la cuisine, ni les mœurs, ni la musique ; pas plus que la couleur du ciel, la forme des arbres ou la manière dont les femmes lèvent ou baissent les yeux, et si je mentionne tout cela ce n'est que pour habiller le décor d'une mosaïque de détails familiers.

Imaginez maintenant une superbe tour au parapet incrusté de pierres précieuses, les collines rêveuses de Pérouse dans le lointain, des nuages pareils à de la dentelle dans le ciel. Sur cette tour, un dandy italien vêtu de soieries bouffantes aux poignets et aux cuisses manipule une lourde et luxueuse pierre précieuse rose et rousse, un rubis ou un grenat fabuleux, quelque chose d'enivrant et d'irisé. Il laisse un avant-bras élégant pendre au-dessus du parapet, le rubis dans sa paume retournée, puis lentement et avec une grande et sensuelle délibération fait pivoter son poignet de sorte que la pierre précieuse, ses facettes taillées réfléchissant la lumière dorée de Toscane, glisse de sa paume satinée et s'abîme dans le vide en jetant des éclats de feu coloré.

Après quelques secondes, quelle distance a-t-elle parcourue ? Après quelques secondes – *temps*. Quelle distance a-t-elle parcourue – *espace*.

Retour abrupte à la réalité. La question donne à penser (Quelle distance *a*-t-elle *effectivement* parcourue ?) et elle se pose naturellement ; contrairement à certaines questions du Talmud (*Nou, Rabbin, la main gauche pourrait-elle offrir un cadeau à la main droite ?*), elle semble faire corps avec d'autres questions suscitées par la simple curiosité : à quelle distance *sont* les étoiles ? et pourquoi l'eau *détermine*-t-elle son niveau propre ? et pourquoi l'homme *est*-il né pour souffrir et puis mourir ?

Pourtant cette question toute simple tend à entraîner une réponse familière mais embarrassée que j'offre spontanément au nom de tous ceux que les mathématiques n'ont jamais franchement exaltés : *qui sait ?*

Le fond de l'affaire, comme le découvrit Galilée, est fantastique. Les objets en chute libre obéissent à une relation entre le temps et l'espace et *uniquement* entre le temps et l'espace. Si le grand moteur du changement qui gouverne le monde répond dans ce cas précis au temps et à rien d'autre, cela signifie – *n'est-ce pas ?* – que les objets qui tombent en Italie et ceux qui tombent dans le quartier hispanique de Harlem tombent de la même manière, d'un mouvement défini par le vecteur temporel universel dans lequel toute action se déroule. C'est une conclusion remarquable, l'aveu d'une universalité en opposition éclatante avec notre sentiment que beaucoup de choses, et surtout celles qui importent le plus, sont relatives.

La distance parcourue par un objet en chute libre dans l'air est proportionnelle au carré du temps écoulé. Ainsi le veut la loi de la chute des corps énoncée par Galilée : $D = ct^2$, où c est un paramètre et où t désigne naturellement le temps. Le prosaïsme de cette description contraste quelque peu avec le mystère moite qu'elle révèle. Au moyen d'opérations purement mathématiques sur des objets purement mathématiques – il s'agit de *nombres*, après tout – le mathématicien est capable de dire que, *dans la réalité*, telle ou telle chose surviendra. L'expérience indique que c vaut 16, donc que $D = 16t^2$. Les unités de mesure, je l'imagine, sont données en secondes et en pieds. Quand aucun temps ne s'est écoulé, t vaut 0 et D vaut également 0. Au bout d'une seconde, D vaut 16. La pierre est tombée de seize pieds. Après deux secondes, D vaut 64. Soixante-quatre pieds ont été consommés dans le changement, la pierre précieuse, quoi qu'elle ait pu faire dans une autre vie, chutant maintenant conformément à la loi de Galilée. Les associations avec la loi et le système juridique ont ici une sorte d'à-propos troublant, ne serait-ce que pour suggérer que la discipline de la description est en soi une source de protection contre l'anarchie.

Dans les mathématiques comme dans la vie, la distance est un nombre immanquablement positif ; il est impossible que le chemin accompli puisse se recourber pour être inférieur à zéro. Aussi la distance est-elle congénitalement incapable d'indiquer la direction. C'est un nombre qui exprime l'*étendue* couverte par quelque chose, mais non *où* ce quelque chose s'en est allé. La fonction de position inscrite dans un repère cartésien, par contraste, marque aussi bien la direction que la position et arbore une bisexualité provocante. Pour tenir compte de la position, la loi de la chute des corps de Galilée devient $P(t) = -16t^2$. Mais la fonction doit être entendue aussi bien que lue : *Prenez le temps*, ordonne une voix de stentor spectrale, *élevez-le au carré, multipliez-le par ce nombre c. Cela vous donne, soldat, l'endroit où se trouve un objet dans un repère cartésien.*

Le signe moins dans $-16t^2$ indique que la chose qui tombe, quelle qu'elle soit, tombe *vers le bas* et se dirige donc vers les profondeurs. Au bout d'une seconde, elle se trouve à –16 pieds quelque part en dessous de l'origine, ce qui constitue *si* l'on prend pour origine la surface du sol un exploit remarquable laissant supposer qu'un objet en chute libre se creuse un tunnel jusqu'en Enfer. C'est pourquoi l'équation qui exprime $P(t)$ comprend un terme indiquant la *hauteur* de l'objet au moment où on le lâche : $P(t) = -16t^2 +$ **Hauteur**, ou $P(t) = -16t^2 + \boldsymbol{H}$. Si $\boldsymbol{H}$ vaut 100, l'objet commence sa chute à cent pieds *au-dessus* de l'origine sur l'axe des y ; au bout d'une seconde, $P(1)$ vaut quatre-vingt-quatre pieds. Ce qui est la position atteinte par l'objet.

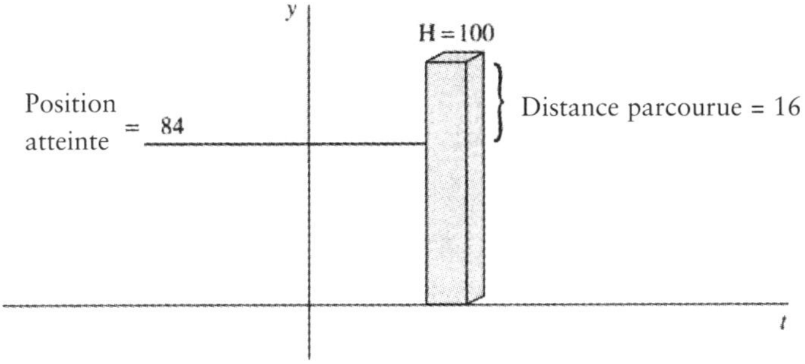

La tour de Galilée

Comme on pouvait s'y attendre, la fonction de position s'intéresse à la position d'un point en mouvement ; j'ai exprimé au départ la loi de Galilée au moyen de la distance que parcourt ce point. Cette différence de formulation ne marque aucune distinction fondamentale. À partir de la fonction de position, on peut retrouver la distance couverte par un objet comme étant sa *différence* de position à deux instants donnés. Si cette différence est négative, le mathématicien retrouve un nombre positif en ordonnant que soit supprimé le signe offensant. C'est ce qu'on appelle la valeur *absolue* du nombre, cas intéressant de terminologie mathématique se mêlant de politique. Ainsi, $P(1) - P(0)$ est égal à 84 – 100, ou –16 pieds. L'ordre du mathématicien est appliqué et la grandeur derrière –16 pieds libérée pour donner seize pieds. Cet ordre reste en vigueur dans ce qui suit, si bien que les différences de position, donc les distances, demeurent positives.

Écoutez

En bruit de fond, venant de très loin, se fait entendre le tic-tac solennel d'une horloge, le battement mesuré de son grand balancier, régulier et infiniment apaisant. Surgissant du néant comme le font en réalité toutes les horloges, venant donc d'un point commodément assimilé au 0, la grande horloge sonne les nombres : le 1 signifiant qu'une seconde est passée (ou une heure ou un an), le 2 que deux secondes sont passées, le 3 que trois secondes sont passées, ces sons se déposant dans le cœur humain tourmenté et battant au même rythme que lui.

Et suspendu là devant l'esprit, tel un bras du grand dieu Vishnou, se tient le symbole $P(t)$.

Que tout ce que vous croyez savoir des fonctions et des formules soit éliminé et oublié.

Alors que l'horloge sonne les secondes, la variable t subit une métamorphose, comme une transmigration de l'âme quand ses bras croisés se dissolvent puis se reforment pour désigner les nombres : 0, 1, 2, 3, ..., l'aisance gracieuse avec laquelle un symbole cède la place à l'autre étant le signe secret mais intelligible de l'unité qui sous-tend les apparences superficiellement diverses du monde.

À mesure que les nombres se forment puis s'évanouissent silencieusement dans le vide, le symbole $P(t)$ se modifie : $P(0)$, $P(1)$, $P(2)$, $P(3)$, ..., le changement de fonction est ressenti maintenant comme une pulsation muette de sorte que ce que vous voyez vous l'éprouvez aussi, les rythmes du changement pénétrant le tissu même de la sensation.

Une seconde s'est écoulée ; $P(0)$ cède la place à $P(1)$.

Et ici, depuis votre point de vue en haut d'une colline arrondie et bombée, vous voyez ce rubis rouge tomber du haut de sa tour, silencieux dans le soleil, tandis que $P(1)$ dévoile sa valeur mystérieuse, $P(1) = -16t^2 + H$, les symboles ne fonctionnant plus comme les fades détritus du mathématicien mais comme les signes impérieux et imposants qui contrôlent à partir de quelque point inaccessible l'organisation même du monde, et que $-16(1)^2 + H$ vous dit du murmure chaud et pressant de la révélation que, durant cette seconde périssable, la pierre est passée de cent à quatre-vingt-quatre pieds. Durant la seconde suivante, elle aura glissé plus bas encore, et $P(2)$, aussi solennel que le soleil quand il apparaît, signifie que, au cours de cette seconde, la pierre est descendue de quatre-vingt-quatre à trente-six pieds, la fonction prenant une nouvelle incarnation, celle d'un grand moteur du changement, d'un maître du monde de la chute, la pierre et les symboles coordonnés on ne sait trop comment, disposés dans un alignement insondable, de sorte que la scène qui se déroule dans l'air qui danse – la tour incrustée de pierres précieuses, le ciel de Toscane, le dandy italien et ce joyau qui tombe, lourd et irisé –, tout cela est placé sous le contrôle d'un ensemble de symboles, d'incantations murmurées.

Les secondes périssables périssent ; les symboles demeurent à jamais.

Et autre chose

La loi de Galilée exerce sa domination sur la Terre ; son autorité s'étend dans le passé et dans le futur. Et elle s'étend jusqu'au bout. Quel que soit le temps, qu'il soit mesuré en heures, en minutes, en secondes, en picosecondes, en fragments de picosecondes ou ainsi de suite jusqu'au point où les différences entre un instant et un autre deviennent, tel le cri de la chauve-souris, imperceptibles pour l'observateur humain, la distance parcourue par un objet en chute reste proportionnelle au carré du temps écoulé.

Au *carré* du temps écoulé, et non à quelque autre fonction. La fonction $P(t)$ est un simple polynôme, le résultat d'une visite conjugale entre la fonction puissance t^2 et une aimable constante. Elle n'en est pas moins un objet capable d'établir une relation *spécifique* entre le temps et l'espace, donc d'imposer une discipline numérique stricte à des concepts restés jusqu'à présent assez généraux. C'est cette spécificité enviable qui fait des mathématiques autre chose qu'une forme de magie. Un objet qui tombe pendant trois secondes aura parcouru précisément cent quarante-quatre pieds. La relation entre le temps et l'espace n'a *rien* de rudimentaire. Dans le monde réel, les horloges peuvent se dérégler d'une fraction de seconde et une erreur infime se glisser dans la mesure des distances, mais la relation *conceptuelle* entre le temps et l'espace qu'affirme la loi de Galilée est parfaite ; elle est complète ; elle est irréfutable. Le monde du malheur et de la mesure peut continuer à exister dans son état lascif ordinaire où rien n'est jamais ce qu'il devrait être ; la domination de la loi s'étend sur un royaume où les relations sont purgées de leurs impuretés dans un feu salvateur. La loi marque un idéal. Le monde réel a tout intérêt à se reprendre s'il veut pouvoir se mesurer à cela.

Voilà une première preuve en faveur de l'affirmation audacieuse du mathématicien selon laquelle *son* système de classification, ce système qui pour l'instant ne comporte en tout et pour tout que les fonctions élémentaires, cet outil maigre, couvert de ridicule et inconsistant, méprisé par des générations d'étudiants parce qu'il est *incroyablement* ennuyeux, cet instrument simple et prosaïque, donc, *est effectivement* adapté à la description d'un aspect de l'expérience.

Encore une question, la dernière pour l'instant. Pourquoi donc, pourrait se demander le lecteur, les objets en chute choisissent-ils d'obéir à *cette* loi et non à une autre ?

Pourquoi, en effet ?

Le maître du monde réel

La loi de Galilée est un accomplissement dans le domaine de la physique, une façon de subordonner les aspects de l'expérience au formalisme mathématique ; si elle n'était pas connue, les objets continueraient à tomber et à tomber exactement de la même manière, mais une fois la loi entrée dans la conscience, le monde des objets en chute paraît obéir à un tyran symbolique. *Tombe comme ça ou sinon...* Mais le sujet qui nous intéresse ici est la vitesse. La loi de Galilée entraîne, elle révèle un lien entre la distance et le temps. Les fonctions sont entrées dans le débat comme une manière de représenter des notions corrélatives à la vitesse – le changement de position et le changement de temps. La vitesse en tant que concept a vu l'une des facettes de son identité fermement définie. Il s'agit d'un nombre. Mais la vitesse en tant que telle n'a pas été précisée.

Et pourtant, comme des néons colorés qui sillonnent à toute allure un panneau illuminé, ces considérations étendues et variées finissent par se rejoindre pour former une image. Dans le cours naturel des choses, la vitesse d'un objet reflète la *distance* couverte par cet objet en fonction du *temps* mis pour la couvrir. D'où cette formule banale mais non moins brillante : ***Vitesse = Distance/Temps*** ou encore ***V = D/T*** pour adopter une notation plus concise. La distance est une notion déjà figée dans le formol du formalisme : *la distance est une différence de position*, aphorisme qui régit les relations sociales aussi bien que mathématiques. Ce qui nous amène à décrire la vitesse en des termes entièrement familiers :

$$\text{VITESSE} = \frac{P(t_2) - P(t_1)}{t_2 - t_1} .$$

Les indices sont des sortes de comptables qui gardent chaque temps distinct l'un de l'autre ; t_2 peut se lire comme *le deuxième temps* et t_1 comme *le premier*. On suppose que $P(t_2) - P(t_1)$ est positif.

Mais $P(t_2)$ et $P(t_1)$ correspondant d'après la loi de Galilée à $-16t_2^2 + 100$ et $-16t_1^2 + 100$ respectivement, la formule ci-dessus s'ouvre à nouveau comme une fleur pour donner :

$$\text{VITESSE} = \frac{P(t_2) - P(t_1)}{t_2 - t_1} = \frac{(-16t_2^2 + 100) - (-16t_1^2 + 100)}{t_2 - t_1} .$$

La formule a-t-elle une illustration concrète, une application en rapport avec un exemple physique ? Eh bien oui. Pour que la vitesse puisse s'accumuler, le temps doit passer. Soit donc $t_2 = 1$ et $t_1 = 0$. La question que je n'ai cessé de glisser à la moindre occasion d'une plume gracieuse et fleurie – Hé ! mon pote, à quelle *vitesse* tombe ce rubis rouge et roux ? – admet maintenant une réponse précise, une réponse numérique. Ce rubis tombe à une vitesse de seize pieds par seconde.

Attendez, ne partez pas. Voici comment lire les symboles, comment trouver la réponse.

La distance parcourue est la différence entre les positions, donc entre $P(t_2)$ et $P(t_1)$.

$P(t_2)$ est égal à $-16t_2^2 + 100$ car c'est ainsi que la fonction de position a été *définie* par Galilée.

Jusqu'ici, ça va ? Arrêtez-moi si vous ne comprenez pas.

Mais le temps à t_2 vaut 1. Imaginez une grande horloge réglée pour battre les secondes. À t_2 elle n'a battu qu'une seule fois.

Donc $-16t_2^2 + 100$ vaut 84 pieds : $-16 \times 1^2 + 100$. Voilà la *position* de la pierre au bout d'une seconde.

Vous voyez, tout cela est vraiment très simple.

Mais à $t_1 = 0$, la pierre n'est pas tombée du tout. Elle est là, nichée dans la paume du dandy. La grande horloge ne s'est pas encore mise au travail.

Donc $-16t_1^2 + 100$ est égal à $-16 \times 0^2 + 100$, c'est-à-dire 100 pieds, la position de la pierre avant qu'on la lâche.

Je vous en prie, laissez-moi finir, s'il vous plaît.

La distance parcourue par la pierre est la différence entre ses positions : 84 – 100, c'est-à-dire –16, mais à cause de cette histoire de positivité de la distance, je vais effacer le signe moins.

Bien sûr que je peux. Vous pouvez me faire confiance. Je suis mathématicien.

Donc la pierre a parcouru une distance de seize pieds et elle l'a fait en une seconde. Sa vitesse est –

Je sais que vous devez partir. J'ai presque fini.

Sa vitesse durant la première seconde de sa chute est de seize pieds par seconde.

Voyez-vous, les symboles disent exactement ce qu'ils sont censés dire.

Malgré tout, l'exposé doit maintenant s'en retourner à ses infirmités initiales. Infirmités ? Il y a le problème d'Inglefinger, voir comment faire entrer le temps dans la distance comme avec un chausse-pied. Je ferais aussi bien de l'avouer : cette question était une pure diversion rhétorique. Il est impossible de faire entrer le temps dans la distance ou dans quoi que ce soit d'autre, avec ou sans chausse-pied. La division est une notion qui s'applique aux nombres et uniquement à eux. Quand on dit qu'une pierre tombe à la vitesse de seize pieds par seconde, le rapport se tient entre les *nombres* 16 et 1 ; les unités ne sont là que pour le voyage.

Néanmoins, la notion de vitesse qui se dégage de ces considérations semble encore étrangement déséquilibrée, car elle dépend de l'instant où les choses commencent et de celui où elles finissent. Il y a dans cet appel aux extrémités temporelles de l'action quelque chose d'artificiel, de forcé peut-être. Dans le développement du Calcul, cette observation insouciante marque le moment où un sentiment d'anxiété intellectuelle se fait jour, où une profonde inspiration est prise.

Le serviteur du monde réel

Galilée naquit en 1564 et mourut en 1642, six ans avant Descartes. Il figure aujourd'hui parmi les immortels – parmi les hommes qui ont fait la physique moderne. Mais à sa mort, il ne retrouva dans l'au-delà que Copernic et Kepler, Descartes étant toujours en train de se geler le postérieur à Stockholm et Newton occupé à naître, tandis que le reste des immortels attendaient patiemment leur tour près de la roue cosmique.

C'est dans son *Dialogue sur les deux principaux systèmes du monde* écrit en 1632 que Galilée améliora et transmit à un monde qui n'y croyait qu'à moitié la doctrine copernicienne voulant que la Terre tournât autour du Soleil. Pour sa peine, il fut dénoncé par l'Inquisition et, dans un moment devenu mythique, contraint à se rétracter à genoux. Alors qu'il se relevait, humilié par toute la scène et sans doute effrayé, on l'entendit murmurer *Eppur', si muove ! – Et pour-*

tant, elle se meut! Ainsi prit-il à jamais le parti de l'objectivité contre la superstition.

Pour toute sa grandeur de physicien, les capacités mathématiques de Galilée furent incomplètes, son intuition souvent trompeuse, et cela malgré sa conviction que « le grand livre de la nature s'écrit en symbole mathématiques ». Il fut un technicien médiocre, à l'imagination puissante, mais indisciplinée. Fasciné par l'infini, Galilée imagina qu'une forme nouvelle d'infini existait entre les nombres finis et infinis. Il se trompait. Il comprit parfaitement que les nombres pairs 2, 4, 6, 8, ... et les entiers naturels 1, 2, 3, 4, ... pouvaient être mis en correspondance – un entier naturel pour chaque nombre pair – et vit ainsi clairement que les *parties* infinies d'une collection infinie peuvent être aussi nombreuses que la collection elle-même. Il ne s'agit pas là d'un paradoxe mais d'une propriété des collections infinies. Galilée ne pouvait pas imaginer que les grandeurs infinies pussent différer par la taille, comme elles le font effectivement, les nombres réels formant un ensemble fondamentalement *plus grand* que les entiers naturels ou même que les nombres rationnels. Cette idée allait nécessiter pour son expression le génie mathématique de Georg Cantor, Galilée ayant complètement raté l'ouverture en bas du mur qui mène à la théorie moderne des ensembles. Le bricolage mathématique de Galilée a quelque chose d'émouvant. Assez doué pour sentir, il resta incapable de voir et, contrairement à Descartes, son contemporain, passa dans l'histoire des mathématiques comme un personnage en marge. Comme Einstein, il parvint à tirer des conclusions physiques fondamentales *sans* l'aide du génie mathématique.

C'est le Galilée âgé, le Galilée de la confrontation avec l'Inquisition, qui importe le plus. L'idée que l'univers possède un caractère intrinsèque, distinct et objectif est connu en philosophie sous le nom de *réalisme*, et dans la vie courante sous celui de sens commun. C'est une idée qui, en ce début de XXIe siècle, se trouve en butte à la critique. Les critiques littéraires voient les textes s'évanouir derrière les textes, le monde objectif disparaître dans un tourbillon de mots. Les philosophes de la science ? Ils s'occupent en attirant l'attention sur le pur conventionnalisme de la pensée scientifique et en accumulant un paradigme après l'autre. Le passage d'un paradigme à l'autre ne reflète pas le *progrès* mais uniquement les lèvres fardées de la mode. Les philosophes analytiques se jettent mutuellement à la tête des formes sensationnelles et répugnantes d'*irréalisme*, le monde étant de leur point de vue animé d'une existence vacillante et peu concluante, et tout autant *fait* que découvert, tout autant *fabriqué* que trouvé.

Et pourtant *il* est là, Galilée, le doux serviteur du monde réel, il se traîne patiemment d'heure en heure, de jour en jour, d'année en année, en continuant à soutenir à sa manière lente, têtue et provocante que quoi que l'autorité affirme et quoi que la mode dicte, *il* est là, il existe, l'univers – le monde lui-même, la chose imposante que nous sommes appelés à connaître –, objectivement distinct, indifférent à l'intervention humaine.

CHAPITRE 13

Vitesse, étrange vitesse

Alors que commence le Calcul, le mathématicien se tient à l'intérieur d'un repère cartésien, un bâton contre les serpents à la main, la tête tournée à quatre-vingt-dix degrés pour contempler Râ, l'Immuable au nez busqué, tandis que *nous*, à l'extérieur de la frise, ressentons un gargouillement d'impatience : *Ne restez pas planté là, mon vieux, faites quelque chose.*

Faire quelque chose ? *Faire quoi* ? C'est un mathématicien. Qu'il *fasse* quelque chose de mathématique. Il a déjà fait de la position une fonction du temps, insufflant par là même un soupçon de vie dans l'austère formalité de la frise. En invoquant à présent la vitesse, il fait quelque chose de plus. Les fonctions peuvent briller d'une lueur vacillante dans le ciel inflexible, mais demandez à quelle vitesse se déplacent les choses et le repère cartésien dans toute sa magnificence inaltérable subit une transformation spectaculaire. Immédiatement, le bruit grossier, vulgaire mais follement *vivant* d'un pot d'échappement de moto se fait entendre. *Regardez-moi cette bécane démarrer !*

L'idée que la vitesse doit être définie comme un quotient instille dans le Calcul une notion familière – *quotient* comme dans comparaison d'une chose avec une autre (la distance et le temps), quotient comme dans division d'un nombre par un autre (la différence de position par la différence de temps). Mais quelle que soit la manière dont on la définit, la notion qui en résulte est trop malcommode pour être directement utile au Calcul. Les soldats romains au cou épais qui parcouraient la voie Appienne se vantaient sans doute de couvrir trente kilomètres par jour lors de leurs marches forcées. Je vais plus vite qu'eux, mais ce qu'ils voulaient dire alors est ce que je veux dire quand je rapporte à mon beau-père : *Tu sais, Bob, sur l'autoroute je suis resté à cent dix tout le temps*. Ce que nous avons en tête, ces légionnaires et moi, c'est une notion qui fait intervenir *deux* temps distincts (*quand* j'ai commencé et *quand* j'ai fini) donc *deux* positions distinctes (*où* j'ai commencé et *où* j'ai fini), et c'est par conséquent une notion qui représente une sorte de *moyenne*. Quand je déclare que j'ai fait du cent dix sur l'autoroute, je ne fonde mon affirmation que sur la distance que j'ai parcourue *en* une heure, ce qui laisse indéterminée la question de savoir quelle était ma vitesse à tout instant donné.

Cette dernière remarque fait se tortiller le ver du doute. Je pourrais avoir couvert cent dix kilomètres en l'espace d'une heure en faisant un cent trente interdit pendant la première demi-heure et un quatre-vingt-dix parfaitement licite pendant la demi-heure suivante[1] ; et tant qu'on y est, je *pourrais* avoir couvert ces cent dix kilomètres en allant à six cent soixante kilomètres à l'heure pendant dix minutes (dans un hélicoptère à réaction, disons) et en restant placidement au repos pendant les cinquante minutes suivantes, l'hélico stationné sur le bas-côté, ses rotors tournant lentement. Malgré cette pointe de dix minutes, le vol en hélicoptère donne la *même* vitesse moyenne que mes coupables agissements sur l'autoroute, ces deux modes de déplacement très différents se ramenant à une vélocité commune.

Et inutile de le dire, une notion dans laquelle la vitesse d'un objet n'est pas répartie entre chacun des instants durant lesquels cet objet se déplace *a* quelque chose d'étrange, voire de troublant. Le policier aux yeux pâles qui vient de m'arrêter pour excès de vitesse et se tient maintenant près de moi, son ceinturon en cuir craquant dans l'air automnal, *lui*, reste curieusement imperturbable quand je lui affirme que les cent trente kilomètres à l'heure indiqués sur son compteur ne sont

•

1 Aux États-Unis, la vitesse sur autoroute est généralement limitée à 90 km/h (NdT).

qu'une anomalie, une pointe impétueuse, tandis que ma vitesse *moyenne* prévue, quand on prend en compte les ralentissements, ne devrait être que de quatre-vingt-dix, une allure des plus raisonnables et des plus posées. Arborant un air de mépris amusé, il me regarde m'embrouiller dans mes explications puis me taire.

– Ça ne m'intéresse pas de savoir quelle distance vous pensiez couvrir en une heure, monsieur, dit-il en retournant mon permis de conduire et en fronçant les sourcils lorsqu'il s'aperçoit qu'au mépris des instructions clairement visibles au bas de la chose, je l'ai plastifiée. Quand je vous ai arrêté vous étiez à cent trente.

– Ne discute pas avec lui, me siffle ma compagne de délinquance, une injonction reprise par les générations de mathématiciens qui, je le suppose, ont suivi la scène avec un méchant plaisir.

L'insistance du policier à ramener notre petit désaccord au moment particulier – *à l'instant précis* – où il a enregistré ma vitesse est un brusque rappel assené par le monde réel que la vitesse moyenne d'un objet est bien souvent une notion trop grossière pour permettre de gérer les imprévus quotidiens, même quand il s'agit d'une activité aussi résolument littérale que l'application de la loi. À l'affirmation du policier fait écho cette grande chorale compétente qui reprend à l'unisson le refrain de la vitesse, notre pilote d'avion nous faisant remarquer que comme *nous profitons d'un petit vent arrière, nous faisons un petit peu plus de neuf cent soixante kilomètres à l'heure*, ce qui signifie bien sûr que tandis que nous survolons le Kansas et ses champs en damier inondés des premières lueurs du jour, la ville de Grain Ball City réduite à un simple point dédaigneux et dérisoire, notre vitesse, *à cet instant même*, est d'un peu plus de neuf cent soixante kilomètres à l'heure, la même voix annonçant sur un circuit du Grand Prix, avec le même aplomb exaspérant, qu'*en prenant ce dernier virage*, à quelques minutes seulement d'un rendez-vous avec une baignoire bourrée de belles blondes, un pilote appelé Mrcs ou Snrxs – puisque ces gens suppriment pour une raison mystérieuse les voyelles de leur nom – a *atteint les quatre cent cinquante kilomètres à l'heure*, l'impression de vitesse rendue frappante et même indélébile du fait que pour Mrcs ou Snrxs ce dernier virage s'est terminé brusquement dans le mur, et que Mrcs ou Snrxs est en train de sortir d'un pas chancelant de sa voiture fracassée en tapotant mollement sa combinaison en flammes, le fin mot de l'histoire étant qu'au moment où il a heurté le mur ce demeuré allait à quatre cent cinquante. *À ce moment-là exactement.*

L'appariement précis de la vitesse et du temps donne la *vélocité instantanée* d'un objet, et c'est ainsi qu'une notion entièrement nouvelle reçoit le premier souffle de vie. Quelles que soient ses racines dans le monde réel, la vélocité instantanée ne provient pas uniquement du désir quotidien de comprimer la vitesse pour qu'elle se pose sur un point. Elle est la conséquence des notions déjà en place et des choix intellectuels déjà faits. *Le temps et l'espace, le changement et la position, la distance et la vitesse*, ce sont là des idées qui sont liées et s'inscrivent dans une grande roue. Ce sont des notions qui expriment des relations entre les nombres réels. Mais pour être approuvées par le Calcul, ces relations doivent pouvoir s'exprimer au moyen d'une fonction, instrument intellectuel qui plane sur le monde mathématique. Une notion qui n'admet pas l'expression en ces termes cesse d'exister. Puisque la vitesse se trouve accrochée à la grande roue, son expression dans le Calcul est pressentie d'emblée comme une fonction : *à chaque instant doit être attribuée une certaine vitesse.*

Leibniz et Newton comprenaient l'un comme l'autre la subordination de la vitesse, ils comprenaient qu'elle devait s'exprimer dans le cadre de notions étroitement liées, mais lorsque qu'il évoque la vitesse Newton est souvent difficile à suivre, non pas que ses pensées soient insuffisamment claires – il s'agit de Newton, après tout – mais insuffisamment organisées : il introduit les fluentes et les fluxions, il parle de suites et de limites, il donne l'impression d'en avoir vu plus qu'il ne peut révéler et il finit le plus souvent par régler les questions de physique grâce à son extraordinaire intuition. C'est avec Leibniz que l'on peut sentir venir la lumière, que l'on peut voir un concept prendre vie.

Leibniz médite dans sa chambre la nuit

Assis dans son bureau à Hanovre, une pièce aux murs marron rendue étouffante par un élégant et très efficace poêle en porcelaine, il a dû *commencer* par se dire, en énumérant les points évidents, tout en calant son postérieur rembourré sur sa chaise en bois très ornée, des feuilles de papier vélin étalées sur son bureau recouvert de cuir, que la vitesse impliquait un changement de lieu et un changement de temps – et ici Leibniz décrit de sa main droite charnue un arc de cercle de gauche à droite devant son visage, la paume tournée vers lui, son avant-bras pivotant sur son coude, comme pour se rappeler que, de même qu'elle a de la chair et du sang, une chose tangible dans le monde réel *a* une vitesse.

Il est minuit largement passé et le calme profond de la ville de province s'infiltre dans le bureau sépia. Une horloge sonne le quart. Une impression de plénitude intellectuelle envahit Leibniz, le tranquille sentiment de l'immensité de son propre intellect. Cet arc qu'il dessinait de la main, il le réduit de façon à ne plus couvrir devant son visage que la moitié de la distance.

Il se laisse aller en arrière sur sa chaise et tient au garde-à-vous devant lui, comme deux courtisans affolés, ces deux abstractions : le changement de lieu et le changement de temps. Les sons de l'horloge lointaine sont routiniers et rassurants, un partage régulier du continuum temporel, un point succédant à l'autre. Sa main est ferme, ses doigts relâchés. Dans des moments comme celui-ci, Leibniz a tendance à se parler à lui-même. *Quelle* est la vitesse, demande-t-il, *à cet instant même* ? Ses pensées se déplacent lentement à travers le vaste champ de ses facultés intellectuelles. Il prend conscience, il a *toujours* eu conscience, de la discordance entre la vitesse, le temps et la distance. Derrière leur apparente contradiction, il entrevoit un système qui permettrait de les réconcilier.

Le tic-tac rythmique et régulier de l'horloge incite Leibniz à imaginer les sons suspendus dans l'espace : il lui semble voir ce qu'il entend, chaque tic-tac léger éclatant devant ses yeux comme une petite explosion multicolore. Il se concentre sur l'une d'elles dont le son (ou la vision) marque l'instant où elle apparaît puis disparaît, et avec le pouce et l'index de sa main gauche il mesure la distance entre le son déjà disparu et celui qui va venir. Il garde un instant cette étrange position, sa main droite décrivant un gracieux arc de cercle tandis que les doigts de sa main gauche, qui mesurent le temps, se rapprochent l'un de l'autre.

Quelle que soit la distance – articule-t-il à demi, pensant presque en images –, c'est bien d'une *certaine* distance que ma main s'est déplacée, quel que soit le temps, c'est bien un *certain* temps que mes doigts ont mesuré. Leibniz examine attentivement sa main gauche, couverte d'un viril réseau de veines du haut du poignet jusqu'aux doigts, qui repose sur le bord du bureau. *Aber sicher*. C'est certain. Mais si la distance entre les temps devenait plus petite ?

Petite à quel point ? se demande-t-il

L'horloge carillonne, et à cet instant Leibniz tapote de son pouce le dessus du bureau. *C'est maintenant*, dit-il.

Avec une grande délicatesse, il fait s'approcher son index de son pouce. *Très petite*. Il peut sentir, sur sa peau et dans sa chair, l'espace contracté entre ses doigts. *Infiniment petite*.

Il reste ainsi un moment dans un silence lourd de possibilités.

Ce qui veut dire ? La distance entre les temps est infiniment petite. *Oui*, *infiniment* petite, mais pourtant elle n'est pas rien cette distance. Et si elle n'est pas rien, *elle doit être représentée par un nombre*. Pas un vrai nombre, pense-t-il, réglant ses pensées pour les accorder avec sa propre audace, mais une fiction utile, un objet imaginaire. Et qui doit être *plus petit* que tout autre nombre.

Est-ce 0, alors ? Non, cela ferait de toute chose une aberration, la division par zéro étant une invitation vers le trou noir du non-sens. *Plus petit que tout autre nombre mais plus grand que zéro*. Intéressant. Un nombre infiniment petit mesurant une distance infiniment petite dans le temps.

Leibniz allonge ses jambes sous le bureau. *Des nombres infiniment petits ?* Ses paupières se font lourdes. Il est tard. Il fut un temps où il restait assis comme ça toute la nuit. *Et pourquoi pas, après tout ?* Il lève la tête comme pour s'adresser à un public – il maintient des contacts avec plus de deux cents correspondants à travers l'Europe et, la nuit, il imagine qu'il s'entretient avec eux. À un bout des choses, les entiers naturels 1, 2, 3, 4, 5, ... forment une progression infiniment grande. *Pourquoi pas une compression des nombres si intense qu'elle soit l'inverse de l'infiniment grand ?* C'est un bien grand pas à franchir, mais, au-delà, il peut voir se déployer le reste du Calcul ; dans des situations de ce genre, Leibniz, en passant automatiquement de l'allemand au français, pense qu'*il n'y a que le premier pas qui coûte.*

Il lève à nouveau la main, dessine un arc de cercle de droite à gauche puis de gauche à droite et immobilise sa main à mi-parcours.

Prenant son lourd porte-plume en or et lissant de sa manchette en lin la feuille de papier vélin gris, il trace le symbole *t*. Cela représente l'instant *présent*, se déclare-t-il emphatiquement à lui-même. Puis il écrit les symboles *dt*. Maintenant mettons que *dt* – oui, mettons que *cela* soit la différence infinitésimale entre l'instant présent et le prochain.

Avec l'habitude de l'homme accoutumé aux abstractions, il laisse s'évanouir les doux tons bruns de son bureau – la belle table de travail en noyer avec ses riches incrustations d'ivoire, les murs et leurs tentures ponctués de portraits compassés de ses mécènes, le poêle en porcelaine jaune et blanc – et imagine à la place que s'étirent devant lui les axes d'un système de coordonnées dont l'origine, réalise-t-il avec un doux sourire, est alignée précisément avec son grand nez.

Il trempe la plume dans un encrier en cristal, et il écrit sur le papier vélin les symboles *dy*, la plume émettant un léger crissement. *Donc*, se dit-il sévèrement à lui-même, si *dt* est une différence de temps infinitésimale, je dois dire que *dy* est une différence de position infinitésimale – la distance que ma main a parcourue durant un laps de temps infinitésimal. Leibniz fait décrire à sa main son arc de cercle désormais familier et imagine que celui-ci représente les changements survenus sur l'axe des *y* du système de coordonnées, mais maintenant il s'efforce de retenir son mouvement ; ce faisant, il remarque que ses doigts sont agités d'un léger tremblement.

Homme robuste et corpulent, il reste assis là, dans cette pièce marron, à contempler un système de coordonnées jusqu'à ce que celui-ci disparaisse pour se fondre dans le chaud sépia de la pièce, de longues ombres illuminées par une unique bougie.

Alors Leibniz écrit sur le papier vélin les symboles *dy/dt*. Il a toujours cru au pouvoir des symboles. « Un bon symbolisme est l'un des plus grands soutiens de l'esprit humain », dit-il d'une voix forte, se citant lui-même, s'adressant à sa congrégation de correspondants européens. Il fixe son attention sur les symboles *dt/dy*, les laissant se former et se reformer, les lettres se séparer les unes des autres, s'allonger et s'étirer. Puis il souligne les symboles d'un épais trait noir. Le rapport d'un changement de lieu à un changement de temps *infinitésimal*, *voilà*, dit-il, la vitesse d'un objet à tout moment *t* donné. La grande horloge en bois sonne l'heure dans le vestibule du rez-de-chaussée et, tandis que le dernier carillon résonne tristement, Leibniz imagine, *voit* réellement le temps avancer d'un instant infinitésimal, comme un minuscule hoquet venu dessiner une ride dans sa course éternelle.

Il baisse les yeux pour contempler à nouveau ce qu'il vient d'écrire – les lettres *dy/dt*.

C'est tard dans la nuit, tard dans le XVIIe siècle, qu'est née la première des grandes formes symboliques du Calcul.

L'avenir admoneste le passé

Il y a dans cette idée audacieuse et surtout dans la notation qui l'exprime un pouvoir étrange et touchant. Cette définition de la vitesse instantanée atteint son objectif premier, qui est d'attribuer une vitesse à tout moment du temps : elle parvient à soumettre une notion récalcitrante. Elle parvient aussi à montrer que vitesse moyenne et vitesse instantanée sont deux notions comparables, toutes deux exprimées sous la forme d'un quotient, toutes deux révélées par la même opération mathématique. Et par-dessus tout, elle parvient à montrer qu'un phénomène aussi simple que le mouvement d'une main dans l'air tiède demande pour être analysé des choses infiniment petites et nous rappelle ainsi que nous sommes comme des marins sur une étrange mer bleue.

Il ne reste plus qu'à faire remarquer que l'idée d'un nombre infiniment petit, donc la notion même d'infinitésimal, est absurde[1]. Et en ceci, l'avenir se tourne pour admonester le passé.

Vous devez les imaginer, debout ensemble sur la scène de l'histoire, les mains jointes derrière le dos, les yeux perdus au loin, ces mathématiciens du XVIIe et du XVIIIe siècle, Leibniz et Newton, bien sûr, mais aussi les autres, d'Alembert, L'Hospital et Lagrange, portant dentelles et jabots, parfumés, emperruqués et poudrés. Ils ont construit le Calcul et ce qu'ils ont construit fonctionne brillamment. Seulement voilà : ils sont incapables d'expliquer ce qu'ils ont fait. Une voix s'élève dans le public :

– Que sont précisément des quantités telles qu'une distance infinitésimale, un temps infinitésimal ?

– Ce sont des nombres, c'est certain.

– En êtes-vous sûr ?

– Tout à fait comme des nombres.

– Des éléments idéaux, en fait.

1 Et l'annexe le prouve.

– Ou plutôt comme des nombres mais peut-être pas exactement comme n'importe quel autre nombre. Des fictions.

– Des fictions ?

– Non, en fait, pas tout à fait des fictions. Peut-être le mieux serait-il de les décrire comme des fictions utiles.

– Comment une fiction peut-elle être utile ?

– Eh bien, elles ont été utiles, non ? Il s'ensuit qu'elles doivent être utiles.

– Êtes-vous sérieux ?

– Très sérieux. Mais bien sûr, nous sommes mathématiciens.

– Pouvez-vous décrire ces infinitésimaux, nous en dire un peu plus sur eux ?

– Ils se comportent comme des nombres mais naturellement ils sont plus petits que tout autre nombre. Sinon ils ne seraient pas infinitésimaux.

– Absolument. Petits, très petits.

– Zéro, alors ?

– Non, pas tout à fait zéro, plus grands que ça.

– Mais pas tellement plus grands.

– Pourriez-vous être plus précis ?

Et la chose remarquable, c'est qu'en réponse à cette dernière question ces hommes brillants ne peuvent que fourrer leurs mains dans leurs poches, laisser le rouge leur monter aux joues et contempler le plafond d'un air sombre. En 1734, l'évêque Berkeley ne perdit pas de temps pour attaquer l'idée même des infinitésimaux. S'ils *étaient plus grands que zéro*, la définition de la vitesse instantanée ne définirait rien d'instantané et s'ils étaient égaux à *zéro*, elle ne définirait rien qui ressemblât à de la vitesse. Berkeley était un philosophe bien connu pour son opinion que les objets n'existent que dans la mesure où on les voit, donc un homme à qui l'absurde n'était pas inconnu ; ses arguments furent pris en compte mais, après une pause coupable pour voir si quiconque leur prêterait attention, les grands mathématiciens d'Europe acceptèrent simplement le calcul infinitésimal et en vinrent à considérer les infinitésimaux avec l'impression que, de ce point de vue, ils s'en étaient tirés à bon compte.

Avec le recul, *nous* pouvons voir que Berkeley avait entièrement raison. Il n'existe pas de nombres infiniment grands ni infiniment petits. Et le développement du système des nombres réels lui-même impose cette conclusion, le XXe siècle de l'avenir venant admonester le XVIIIe siècle du passé. Quel que soit le nombre réel r, chante un théorème, il existe un entier naturel n tel que r soit plus petit que n. Mais le théorème implique immédiatement que pour tout nombre réel r il existe un entier naturel m tel que $1/m$ soit *plus petit* que r. Ce qui rend irrecevable l'idée des infiniment petits, exactement comme le dicte l'intuition, et par là même toute analyse de la vitesse instantanée fondée sur eux.

La route vers la définition de la vitesse instantanée, qui ce soir-là à Hanovre avait semblé parfaitement droite, paraît maintenant aussi tortueuse que les mâchoires de l'Enfer.

Annexe

Rien n'est infiniment grand ni infiniment petit

Lisez ceci. *Non, non*, n'essayez pas de tourner la page pour passer aux choses intéressantes. L'intéressant, c'est *ici*. L'idée fondamentale derrière le bannissement des infinitésimaux est très simple. Quel que soit le nombre réel r, il existe un entier naturel n qui soit plus grand que r. Aucun nombre réel n'est le plus grand ; ni bien sûr le plus petit. Ainsi le veut l'axiome d'Archimède. (Son attribution est douteuse mais le nom lui est resté). Maintenant, au lieu de parler des nombres r et n, je peux faire passer le sens de cet axiome en disant simplement que les entiers naturels 1, 2, 3, 4, ... sont *non majorés* parmi tous les nombres.

Et c'est là que s'ouvre un dédale de distinguos délicats. *Non majorés* signifiant qu'il n'existe aucun entier naturel qui soit le plus grand ? *Voilà* qui est manifestement vrai. Quel que soit le n candidat qu'on puisse présenter, $n + 1$ est plus grand que lui. Le sens voulu de *non majorés* se trouve ailleurs.

Imaginez des nombres réunis dans un ensemble – disons K. K est *majoré* s'il existe un nombre x qui soit supérieur ou égal à tout nombre de K. Il s'agit d'une définition. En symboles : $x \geq a$ pour tout a de K. Ce x est un *majorant* de K. Si K comprend les éléments $\{1, 2, 84, 34, 3, 17\}$, alors 84 est un majorant de K ; c'est également le cas de tout nombre supérieur à 84.

D'où une deuxième définition. Un nombre x est la *borne supérieure* de K si x est le plus petit des majorants. La mise en symboles passe par une double déclaration : $x \geq a$ pour tout a de K ; et si y est un majorant de K, alors $x \leq y$. Le nombre 134 est un majorant de K, de même que 193, mais c'est 84 qui est sa borne supérieure.

L'axiome de Dedekind donne existence aux nombres réels ; mais comme tant d'assertions fondatrices des mathématiques, il possède une formule équivalente, un double élégant. Tout ensemble de nombres possédant un majorant, affirme ce double de Dedekind, possède une borne supérieure. C'est ce qu'on appelle l'axiome de la borne supérieure. Et, d'ailleurs, un rappel de l'axiome de Dedekind lui-même suffit pour mettre en lumière un air de famille marqué entre ces deux formulations, car une coupure de Dedekind donne naissance à un nombre réel qui fait précisément office de borne supérieure pour l'ensemble qui se trouve en dessous de la coupure.

Ces distinctions faites, la signification de *non majorés* peut être explicitée. L'ensemble des entiers naturels, dit l'axiome d'Archimède, n'a aucun majorant parmi *tous* les nombres, y compris les nombres réels. Car supposez qu'il en ait un. Alors, en vertu du double de Dedekind, les entiers naturels auraient une borne supérieure – disons a. Par définition, $a \geq n$ pour tout entier naturel n, mais alors $a \geq n + 1$ puisque si n est un entier naturel, $n + 1$ en est un aussi. Ôtez 1 des deux côtés de cette dernière inégalité. Il en découle que $a - 1 \geq n$ pour tout entier naturel.

Il s'ensuit que $a - 1$ est *aussi* un majorant des entiers naturels. Mais regardez maintenant ceci : $a - 1$ est plus petit que a, alors que a était censé être la borne supérieure des entiers naturels.

Cette contradiction exposée au grand jour, les nombres infiniment grands s'évanouissent dans le néant. Une modification évidente du raisonnement règle pareillement le sort des infiniment petits. Et cela est vrai partout où domine un axiome d'Archimède[1].

1 Mais pas dans les corps non archimédiens. L'élaboration de tels corps par le logicien Abraham Robinson au XXe siècle a permis de développer le Calcul dans l'exacte lignée du schéma envisagé par Leibniz. Mais au prix d'un très grand sacrifice en termes de plausibilité.

CHAPITRE 14

Jours parisiens

Quand commença le XIXe siècle, le mathématicien français Augustin Louis Cauchy n'avait que onze ans, petit détail bizarrement adhésif qui permet d'inscrire la roue du changement mathématique dans la grande roue tournante de la Révolution, de la guerre et de l'agitation sociale. Quinze ans plus tard, après que les vagues de la conquête napoléonienne eurent balayé le continent européen et se furent retirées, le congrès de Vienne créa à travers toute l'Europe un système de régimes stables mais répressifs ; durant le long moment qui sépare la fin d'une ère du début de l'autre, Augustin Louis Cauchy apparaît dans les rues de Paris comme l'un de ces personnages qui cadrent parfaitement avec leur époque, comme le premier des mathématiciens modernes, lié par une courbe dans le courant de l'histoire (dans mon esprit du moins) à Pierre Abélard qui, au XIIe siècle, entre deux baisers à Héloïse, discourait sur la logique du haut des collines parisiennes, car les deux hommes traitaient les questions de définition et de détail avec attention et circonspection, une prudence curieuse quand on sait que rares furent les grandes figures de l'histoire de la pensée à appréhender pleinement le singulier pouvoir inhérent à la formulation solide et exacte d'une idée.

Diplômé de l'École des ponts et chaussées, l'une des remarquables institutions éducatives créées par Napoléon, Cauchy semble avoir été nourri tout au long de sa carrière professionnelle par la force d'une passion intellectuelle frémissante et à peine contenue. Il était d'une grande intelligence *organisatrice*. Tous ses écrits témoignent d'une dynamique prospective, d'une exhaustivité, d'un sens de la classification *professionnelle* qui sont résolument modernes.

Cauchy rédigea plus de huit cents articles et on trouve des traces de lui presque partout dans les mathématiques d'aujourd'hui : théorèmes, définitions, démonstrations solides et rigoureuses, tandis que les grands ouvrages d'enseignement qu'il composa dans les années 1820 – en particulier le *Cours d'analyse* – servirent de modèle d'éducation mathématique au cours des cent ans qui suivirent. La forme qu'ils imprimèrent au Calcul est celle qu'il conserve de nos jours, si bien que par une singulière inversion de la flèche du temps, il est souvent impossible de consulter un article original de Cauchy sans se demander s'il avait accès aux manuels modernes où sont aujourd'hui cérémonieusement ensevelies ses idées.

Le Cauchy du Calcul est le Cauchy qui tourna son dos frêle aux infinitésimaux du XVIIIe siècle ; c'est le Cauchy des grandes définitions, celle de la limite étant pour l'essentiel *sa* création, une création tout aussi miraculeuse que ces fantastiques pendules suisses de l'époque dans lesquelles des centaines de dents d'engrenages étincelantes s'alliaient pour célébrer non seulement l'heure et la date mais aussi les phases de la Lune. L'univers, suggère souvent la science moderne, est plus étrange qu'il ne semble. Les choses sont supposées commencer dans un grand bang ; l'espace et le temps sont courbés comme un arc éclatant ; et quand après un temps infini les grandes étoiles s'effondrent, elles ne laissent derrière elles que des trous noirs dans lesquels matière et lumière basculent, puis disparaissent. Combien de tout cela est vrai, combien n'est que fantaisie, je l'ignore ; mais bien avant l'élaboration de la cosmologie moderne, le Calcul permit de démontrer avec un bien-fondé troublant que certains concepts ordinaires ne sont pas ordinaires du tout. La simple vitesse semble être une notion à la lisière de l'infini, et pourtant la chose la plus étrange de toutes, bien plus étrange que ces trous noirs dans l'espace, c'est que le kaléidoscope de mots que Cauchy a offert au monde *est* suffisant pour purger cette notion de ses paradoxes.

La définition directe, spontanée, naturelle, intuitive et persuasive de la vitesse instantanée – celle que Leibniz proposa à son public nocturne –, l'histoire l'élimina et la rejeta, et la théorie des infiniment grands ou des infiniment petits fit ensuite place à celle des limites, l'instant où la nouvelle théorie supplanta l'ancienne aussi odoriférant et retentissant que cet autre moment dans l'histoire des sciences où après deux mille ans la grande et complexe théorie astronomique de Ptolémée fut remplacée par la théorie copernicienne et galiléenne moderne, redonnant immédiatement aux cieux leur simplicité lustrée. Mais cette nouvelle notion de limite est un subterfuge, elle n'est pas plus directe que spontanée, naturelle, intuitive ou persuasive, et en tant que subterfuge elle constitue pour des hommes et des femmes par ailleurs capables une source d'anxiété intellectuelle qui les fait se remémorer leurs années d'université ou de lycée avec un gémissement de détresse. *Des limites ?* Le gémissement se fait plus désespéré.

Le moment est venu de révéler un secret professionnel. La *notion* de limite est simple. C'est sa *définition* qui est compliquée. La notion ne met en jeu rien de plus obscur que l'idée de se rapprocher de plus en plus de quelque chose. Elle rappelle les efforts que déploie un être humain pour en approcher un autre : et la chose incontournable en amour comme en mathématiques, c'est que la distance a beau décroître, elle reste bien souvent ce qu'elle a toujours été, désespérément poignante car désespérément infinie.

Le subterfuge de l'infini

Une *suite* est un ensemble de nombres pris dans un ordre particulier. Les nombres 1, 1/2, 1/3, 1/4, 1/5, … forment une suite S_n qui se poursuit indéfiniment tandis que ses termes deviennent de plus en plus petits. S est le nom de la suite et n désigne son $n$ième terme, S_3 représentant 1/3, S_4 1/4 et S_n $1/n$, ce dernier étant en fait une règle générale, une sorte de recette qui régit la construction de la suite. À la 10 526e position de la suite – après que les 10 525 termes précédents sont passés et comptabilisés – la règle affirme que là-bas, au loin, la valeur du 10 526e terme est 1/10 526.

Les nombres pairs 2, 4, 6, 8, … constituent une autre suite $\boldsymbol{R_n}$; cela en est une qui, comme $\boldsymbol{S_n}$, se déroule à l'infini et dont chaque terme s'obtient à partir de celui qui le précède ; la règle veut simplement qu'on ajoute le nombre 2 à un terme pour former le suivant.

Pourtant, il existe entre ces deux suites une différence intuitive palpable, qui devient évidente quand on les présente l'une à côté de l'autre :

$$\boldsymbol{R_n} = \quad 2, \quad 4, \quad 6, \quad 8, \quad 10, \quad 12, \quad 14, \quad 16, \ldots,$$
$$\boldsymbol{S_n} = \quad 1, \quad 1/2, \quad 1/3, \quad 1/4, \quad 1/5, \quad 1/6, \quad 1/7, \quad 1/8, \ldots$$

La première monte avec monotonie, pair par pair, dans une progression arithmétique lentement croissante, les animaux s'attroupant à bord de l'Arche ; la deuxième décroît délicatement dans un mouvement descendant à partir du 1, sans jamais dévier de son cap ; mais au-delà de la différence de direction, un détail saute aux yeux : la deuxième suite se rapproche manifestement d'un *but* ou d'un *objectif* ou d'un *point* fixe, car à mesure que les nombres croissent, les termes s'avancent de plus en plus près d'une limite au nombre 0, avec la suite tout entière pointée vers lui comme un pieu que l'on enfonce.

Ces distinctions se fondent sur des faits mathématiques réels. Et ces faits contiennent à leur tour presque tout ce qui se rapporte à l'idée de limite. La première suite n'a *aucune* limite ; elle n'en finit pas de s'étirer lourdement. La deuxième a une limite en 0, limite vers laquelle elle *tend* ou *converge*.

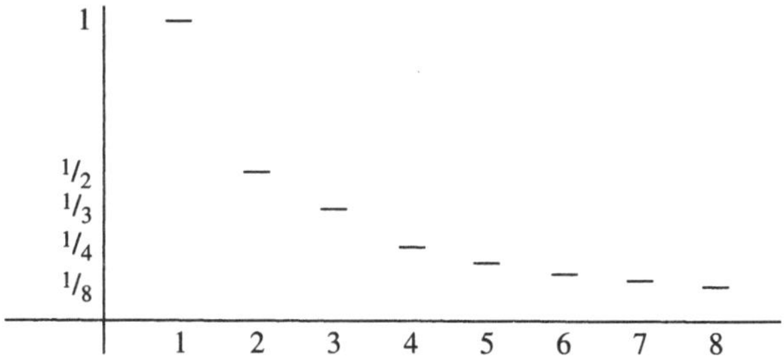

La séquence $S_n = \frac{1}{n}$ tendant vers une limite en 0

Les données que traduit la figure, les mathématiciens les symbolisent dans leur parler limpide :

$$\lim_{n \to \infty} \frac{1}{n} = 0.$$

La limite de la suite $1/n$ quand n croît indéfiniment, disent les symboles, est le nombre 0. Le très élégant $n \to \infty$ se lit *quand n tend vers l'infini*, la flèche et le huit couché sur le flanc signifiant que n devient de plus en plus grand, d'une grandeur sans fin. S_n a une limite en 0 si quand n tend vers l'infini, S_n tend vers 0.

L'exemple offert par $1/n$ laisse deviner la signification cachée derrière la métaphore de l'approche mathématique. Elle consiste en la chose suivante : à mesure que la suite avance, la différence entre S_n et 0 se fait de plus en plus petite. La différence entre 1/4 et 0 est 1/4. La différence entre 1/8 et 0 est 1/8 et la différence entre 1/10 526 et 0 est 1/10 526. La suite s'allonge ; *la différence se réduit*. De cette manière, une opération mathématique (calculer une différence) vient supplanter une métaphore mathématique frappante (tendre vers une limite). Le mouvement intellectuel qu'encourage la définition est celui de l'expansion (allongement de la suite) et de la contraction (réduction de la différence). Son rythme fondamental est celui de l'inspiration et de l'expiration.

Retour à Zénon

Pour traverser une pièce, soutenait Zénon dans une affirmation qui ouvre ce livre, un homme doit tout d'abord traverser la moitié de cette pièce, puis la moitié de la moitié qui reste, puis la moitié de la moitié subsistant encore, le processus se poursuivant indéfiniment, si bien que l'homme ne parvient jamais à atteindre l'autre mur et reste piégé pour l'éternité dans ces intervalles subdivisés.

Cela dit, la distance totale couverte lors de ce périple hasardeux n'est sûrement rien de plus que la somme de chacune des étapes et peut-être *cela* peut-il être représenté mathématiquement par une sorte d'objet bizarre, une somme infinie, ou série

$$\frac{1}{2}+\frac{1}{4}+\frac{1}{8}+\frac{1}{16}+\ldots+\frac{1}{2^n}+\ldots,$$

dont les termes correspondent tout naturellement aux subdivisions successives de la distance qui sépare les deux extrémités de la pièce.

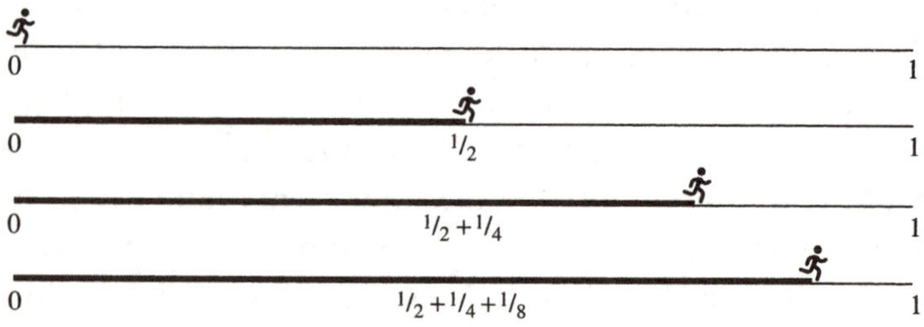

Traverser une pièce sans grand succès

De toute évidence, cette somme, puisqu'elle se base sur un nombre infini de termes, doit être infinie elle aussi. D'où la conclusion hâtivement mais tout naturellement tirée par Zénon : puisque la distance parcourue est infinie, la traversée ne s'achève jamais.

Et les choses en restèrent là pendant plus de deux mille ans, Zénon aux paradoxes hantant de sa présence mille salles de classe crayeuses ; mais les choses n'en sont plus là aujourd'hui. L'addition est une opération qui n'a de sens, suggère l'expérience, que si l'on additionne une quantité finie de nombres, la simple idée de devoir totaliser une colonne infinie mettant l'imagination à rude épreuve. Mais au-delà du monde mis en lumière par l'expérience existe un autre monde mis en lumière par les définitions. C'est la notion de limite qui rend possible celle d'addition infinie, une notion venant en engendrer une autre de cette manière extraordinaire qu'ont les idées, une fois introduites, de s'animer d'une vie frémissante puis foisonnante bien à elles.

L'idée de base est simple et élégante, inventive et ingénieuse. Le mathématicien se propose de *définir* l'addition infinie en se servant des suites et de leurs limites. Un exercice palpitant qui n'est pas sans évoquer un numéro d'équilibriste exécuté sans filet. Sur la page se trouve la somme infinie ou la série de Zénon, comme une perpétuelle négation de la possibilité même du mouvement. Le mathématicien est bien décidé à *forcer* cette infinité de nombres à atteindre une somme finie. Il s'ensuit toute une série de manœuvres tortueuses. L'addition infinie repose sur l'introduction d'une suite S_n dont les termes sont des sommes partielles mais parfaitement finies. Parfaitement *finies*, notez bien, c'est-à-dire parfaitement *ordinaires*. Le premier terme de la suite correspond au premier terme de la série, son deuxième terme à la *somme* du premier et du deuxième terme de la série, son troisième terme à la somme du premier, du deuxième et du troisième terme de la série, si bien que *chacun* de ses termes – c'est là le point futé, finaud et fondamental – correspond à une somme finie et uniquement à une somme finie :

$$S_1 = \frac{1}{2} = 0{,}5,$$

$$S_2 = \frac{1}{2} + \frac{1}{4} = 0{,}75,$$

$$S_3 = \frac{1}{2} + \frac{1}{4} + \frac{1}{8} = 0{,}875,$$

$$S_{16} = \frac{1}{2} + \frac{1}{4} + \cdots + \frac{1}{2^{16}} \approx 0{,}99998474.$$

Le mathématicien laisse maintenant cette suite avancer inexorablement. À mesure qu'elle se déroule, les sommes pâles et partielles paraissent tendre vers le nombre 1, S_{16} n'étant inférieure à 1 que d'un cheveu (le symbole ≈ indique une égalité approximative). Toutefois, une apparence n'est pas un fait mathématique. Ces sommes partielles peuvent très bien continuer allégrement au-delà de 1. Mais supposez que non. Dites-vous que 1 est le bout du rouleau ; dites-vous en fait que

$$\lim_{n \to \infty} S_n = 1.$$

C'est alors que le mathématicien se livre à l'un de ces fluides bonds de l'imagination qui suffisent pour ranger les mathématiques dans les arts du spectacle. La *limite* de la suite S_n, lorsque n augmente indéfiniment, le mathématicien l'*attribue* à la série infinie comme étant sa somme. *Attribue* ? C'est-à-dire ? *Attribue*, c'est-à-dire *décide qu'il en est ainsi*, *attribue*, c'est-à-dire *agit*, comme le mathématicien agit pour créer du sens là où il n'y avait auparavant que ces sommes en train de défiler interminablement d'un pas traînant.

Dans la mesure où le mathématicien s'est appuyé sur des suppositions, tout cela n'est peut-être pas suffisant pour résoudre le paradoxe de Zénon ; mais puisque ce paradoxe repose sur la supposition qu'une somme infinie *doit* être elle aussi infinie, le mathématicien dispose encore d'une marge de manœuvre, car la notion de limite force un panorama à s'ouvrir, elle permet pour la première fois au mathématicien d'apercevoir des choses jusque-là invisibles et interdites, et éclaire d'une lumière crue et utilitaire des exercices intellectuels qui relevaient depuis longtemps en partie du mythe et en partie du mystère.

Et là, dans les rues de Paris, Cauchy prévit-il tout ce que sa définition pouvait faire ? Plus que la plupart des mathématiciens, l'homme a une façon de disparaître derrière ses masques. Royaliste parmi des républicains, animé d'un conservatisme faisant bloc avec son catholicisme, il fit preuve durant toute sa vie professionnelle d'un dévouement sans bornes pour la maison de Bourbon.

Je n'avais jamais su ni compris ce que l'attachement à l'idée de monarchie signifiait avant de vivre à Vienne. Un jour, le dernier membre vivant de la famille royale des Habsbourg – la veuve de Charles Ier – vint rendre visite à la ville. Les journaux, révérencieusement, ne parlèrent pratiquement que de ça pendant des jours. Mes pas me portèrent sur la place de la Stephanskirche juste avant son arrivée. Il y avait là la foule habituelle des curieux et des indifférents, bien sûr, mais vers le centre de la place je pouvais voir des spectateurs plus âgés et impeccablement habillés. Ils attendaient debout patiemment, les hommes, la poitrine bombée et la tête coiffée d'un chapeau autrichien à plume, les femmes, frêles comme des mannequins et soignées. Un garde d'honneur portant l'uniforme rouge et gris des Habsbourg se tenait au garde-à-vous. Le roulement d'un tambour se fit entendre. Alors, avançant centimètre par centimètre, un carrosse tiré par six chevaux se fraya un chemin à travers la foule puis s'immobilisa. Au fond de la place, où se massaient des adolescents radieux aux joues fardées de rouge ou couvertes d'une fine barbe, flottait une atmosphère de douce et douloureuse attente. Enfin, la porte s'ouvrit et une femme vêtue sombrement de noir, minuscule, ratatinée et terriblement vieille descendit du carrosse aidée par quatre énormes valets de pied, se redressa, regarda la foule d'un œil brillant et étincelant et sourit un instant en plissant ses lèvres antiques.

D'une piété sans pareille, célèbre pour son prosélytisme solennel, Cauchy, a-t-on dit souvent et méchamment, s'agrippait au premier venu sans distinction de condition sociale ni de rang et en s'adressant à lui sur ce ton lent et monotone caractéristique de l'obsession, décrivait avec force détails alambiqués les avantages de la foi catholique. En le voyant approcher avec cette lueur voilée de folie dans les yeux, ses amis rassemblaient leurs forces car il ne lâchait jamais prise ; ses connaissances prenaient purement et simplement la fuite et son entrée fracassante dans l'Académie des sciences suffisait pour vider le grand hall aux miroirs dorés et brillants ; et pourtant ses idées politiques anachroniques et ses sentiments religieux baroques et inflexibles étaient apparemment compatibles avec ses principes scientifiques, ce qui pourrait indiquer, comme je le pense, que l'hypothèse courante selon laquelle le génie scientifique pousse inévitablement un homme vers l'agnosticisme religieux ou politique n'est guère plus qu'un mythe moderne.

Cauchy passa la majeure partie de son existence à Paris ; son œuvre reflète la ville à tel point que l'homme et l'endroit finissent par ne faire plus qu'un. Ses écrits sont affûtés, éclatants, variés, brillants et civilisés, les pages de ses innombrables articles traversées par la lumière bleutée du nord, éclatante et froide. Et c'est ainsi que j'ai rencontré Cauchy marchant à grands pas, non pas sur l'un des grands boulevards qui se trouvent sur la rive droite mais dans la rue Monge un peu misérable, sur la rive gauche. Homme menu au torse mince, les coudes serrés contre son corps, il marche à vive allure, la tête penchée en avant, les solides talons en bois de ses chaussures claquant sur le trottoir. Il se rend en hâte à une réunion de l'Académie ; il est toujours en train de se dépêcher, l'esprit ailleurs. Il réfléchit à un aspect de la théorie des fonctions elliptiques et il a déjà rédigé en imagination la monographie qui exprimera ses pensées. Quelque chose de troublant lui vient à l'esprit ; il s'arrête à côté d'une de ces *pissotières* aujourd'hui désuètes qu'on peut toujours voir à Paris, et là, pendant qu'un ouvrier en bleu de travail soulage sa vessie, Augustin Louis Cauchy, ami de la maison de Bourbon et fervent catholique, ferme un instant ses yeux brûlants.

Annexe

La limite d'une suite

Des remarques informelles ne constituent pas une définition : elles ne servent qu'à faire passer une idée. La définition précise d'une limite est l'un des grands accomplissements de la civilisation mais on ne peut nier qu'elle mette l'intellect à rude épreuve.

Une suite S_n a pour limite le nombre L si, quand on la prolonge, ses termes se rapprochent de plus en plus de L. Jusqu'ici tout va bien. Deux mouvements mentaux sont mis en œuvre : la prolongation de la suite et sa convergence vers une limite. Et ce qui rend toute définition à venir plus rébarbative encore, c'est le fait que ces deux mouvements mentaux soient obscurément coordonnés.

Voici maintenant une version révisée mais toujours accessible de la définition. Une suite S_n converge vers L si, quand on prolonge la suite, on peut réduire *indéfiniment* la distance entre S_n et L.

L'image est celle d'une mer d'un bleu profond sur laquelle un bateau est porté vers un phare par le mouvement des vagues, la distance entre le navire et la côte inexorablement raccourcie. Ce qui peut vous faire penser, comme ça a été le cas pour des générations de mathématiciens, que la convergence s'articule autour d'une distance fixe mais très, très petite. C'est à ce point précis que les fantômes translucides des nombres infinitésimaux viennent hanter momentanément l'exposé. La définition de la limite leur permet enfin de reposer en paix. Soit $\in$, un nombre réel positif que nous laisserons repartir vers la mer et ses murmures. Dire que la distance entre le navire et le phare peut être indéfiniment réduite revient à dire que *quelle que soit* la valeur de $\in$, il finira par y avoir *un* mouvement des vagues qui poussera le bateau jusqu'à un point séparé du phare par une distance *inférieure* à $\in$.

Notez le double jeu capital, qui se présente presque comme une incantation ou une chanson de marin : *quelle que soit* la distance requise, on peut trouver *un* mouvement qui convienne. L'idée passe maintenant des navires aux suites. S_n converge vers une limite L si *quelle que soit* la valeur de $\in$, on peut trouver *un* terme de la suite tel que pour *ce terme* et *les suivants* la distance soit inférieure à $\in$.

Je suis encore à mi-chemin entre métaphore et mathématiques mais la définition *mathématique* complète ne demande plus que la précision des détails.

S_n converge vers L – et là interviennent des tas de quantificateurs – si, *pour tout* nombre réel positif $\in$, *il existe une* valeur de n telle que *pour tous* les termes de la suite venant après *n*, la distance entre S_n et *L* soit inférieure à ∈.

Le terme de la suite dont il s'agit dépend généralement du degré de proximité souhaité. Dans l'exemple de $S_n = 1/n$, plus le mathématicien veut réduire la distance, plus loin dans la suite il devra aller. Si ∈ vaut 1/18, le *n* requis se présente à S_{19}, c'est-à-dire 1/19. Pour 1/19 et tous les termes suivants de la suite, la différence entre 1/19 et 0 est inférieure à 1/18.

La définition explique elle-même sa difficulté : elle nécessite trois quantificateurs et prend appui sur deux inégalités. L'expérience montre que ce sont des choses difficiles à retenir.

N'obtiendrait-on pas le même résultat avec un brin de gestuelle mathématique et un bon nombre d'exemples solides ?

Peut-être.

CHAPITRE 15

Interlude praguois

À mille kilomètres à l'est de Paris, il y a Prague au crépuscule, la pleine lune sur le Karluv Most – le pont Charles –, la rivière qui luit en contrebas, les cygnes qui barbotent lentement, le château de Hradcany et les gracieux bâtiments de pierre de Mala Strana en toile de fond. C'est là, alors qu'un brouillard s'élève de la rivière, que Bernhard Bolzano, portant l'étoffe de laine grossière d'un moine franciscain et officiellement mort depuis 1848, se promène tard dans la nuit en marmonnant entre ses dents, et si je mentionne ce détail singulier et peu plausible, c'est que durant tout le temps de mon séjour à Prague, *il* était là, silhouette débonnaire, replète et fantomatique.

J'étais venu donner une conférence à l'université de Prague, où en 1796 Bolzano avait intégré la faculté pour suivre des cours de théologie et de philosophie. Je logeais dans une vieille bâtisse séparée du corps de l'université par un mur mitoyen. Mes quartiers étaient palatiaux : un salon, une chambre, une salle de bains et une entrée. Les plafonds étaient au moins à quatre mètres et demi de haut, avec d'énormes poutres en bois décorées de ce qui paraissait être des dessins au pastel, le contraste entre la solidité du bois et la fragilité des couleurs donnant un effet déconcertant. Plus tard, j'appris que ces quartiers avaient été réservés aux hauts responsables du parti qui en faisaient un usage diurne. Je pouvais imaginer une jolie femme assise dans cet appartement, en train de se tresser les cheveux et d'attendre.

L'esprit de Bolzano circulait librement à travers les murs et élisait occasionnellement domicile dans le concierge, un homme d'âge moyen, doux et inoffensif, qui passait le plus clair de son temps devant la télévision.

– Fous fifez en Californie, *tak* ? me demanda-t-il un jour.

– *Tak*.

Il ouvrit son registre et se mit à le feuilleter.

– Nous afions ici en avril quelqu'un d'autre de Californie. Voilà. Professeur Jacobson. Connaissez ?

Ce n'était personne de ma connaissance.

– *Tak*, ici il partir le matin, revenir pour déjeuner.

Un aspect des choses

La continuité est un aspect des choses aussi solidement ancré dans la réalité que l'est le fait que les objets matériels occupent l'espace ; c'est le contraste entre le continu et le discret qui est le grand moteur à l'aide duquel les nombres réels sont construits et le Calcul créé. Comme beaucoup de concepts profonds, la notion de continuité est à la fois simple et insaisissable, élémentaire et divinement énigmatique. Un processus est continu s'il ne présente aucune rupture, aucun endroit où il se trouve provisoirement suspendu. Le vol d'un aigle en offre un exemple. Le grand oiseau prépare son envol, s'arrache à une souche d'arbre pourrie, s'élève dans le vent en battant des ailes, se laisse porter très haut dans le ciel par un courant ascendant puis recourbe le cou, replie ses ailes et pique vers le ruisseau tout en bas. Bien qu'il fasse différentes choses au cours de son vol, à aucun moment son activité ne s'interrompt au point qu'il *saute* d'une partie de son répertoire aérien à l'autre.

Nous vivons des temps désordonnés. Les choses paraissent souvent *dis*continues et presque toujours chaotiques. La théorie des quanta semble indiquer, surtout à ceux qui ne l'ont pas étudiée, qu'à un certain niveau d'analyse les quanta sautent de-ci de-là sans la moindre raison valable. Il est bon de rappeler, ne serait-ce que pour le sentiment de quiétude que cela procure, que le Calcul fut créé par des hommes qui regardaient un monde différent, un grand panorama dans lequel les processus naturels étaient tous clairement continus.

Pour représenter le monde réel, le Calcul subordonne les processus aux fonctions – c'est *cela* son impulsion la plus irrésistible – et la définition de la continuité doit donc avoir pour objet une déclaration selon laquelle une fonction est continue au cas où – suit un instant de flottement bien naturel pendant lequel le brouillard habituel se remet en place. Au cas où *quoi* ? Le premier essai de définition procède par imitation. Une fonction à valeurs réelles *f* est continue si son comportement ne présente aucune rupture. C'est là que l'imagination s'efforce de faire apparaître dans un miroir purement mathématique cette ininterruption fondamentale qui participe si manifestement du monde réel. Et c'est là, inévitablement, que le miroir se trouble et renvoie plutôt que les images éclatantes du monde quelque chose de turbide et d'impur.

Je fais part de mes réflexions à mes hôtes, le professeur Swoboda, un mathématicien, et le professeur Schweik, un philosophe, tandis que nous cheminons en direction de la Vltava. Ils doivent tous deux avoir une soixantaine d'années. Ils ont le même crâne, rond, presque globulaire, une calvitie naissante, le teint très jaunâtre et les dents terriblement cariées. Ils portent un costume élimé et leur corps laisse transparaître une lassitude défensive.

Swoboda est extraordinairement intelligent. Il a une curieuse façon de parler l'anglais et donne l'impression d'aller chercher très loin chacun des mots qu'il prononce. Mais il maîtrise parfaitement la grammaire et s'exprime en général non seulement avec précision mais aussi avec une troublante économie d'effet.

Nous atteignons le Karluv Most. Je suis frappé par la lumière extraordinaire où le bleu, le gris-bleu et le gris sont contrebalancés par une sorte de brume. Je me demande si cela pourrait être la pollution mais il y a peu de voitures à Prague et pratiquement aucune dans le centre.

– La brume, déclare Swoboda, est la conséquence atmosphérique de la décomposition du grès qui entre dans la construction du pont, exemple intéressant d'une entité artistique rendant possibles les conditions uniques qui permettent de l'apprécier sous son meilleur jour.

– *Tak*, fait Schweik.

– Il en va de même des mathématiques, dit Swoboda.

Une conférence

Cet après-midi-là, je flâne dans le plus vieux quartier de Prague. Les rues sont étroites et les maisons en bois. C'est ici que Bolzano est né en 1781. Partout règne une atmosphère de ferveur morale aussi palpable que la couleur menaçante du ciel. En lisant une biographie de Bolzano publiée en allemand, je ne suis pas surpris d'apprendre qu'il se proposait de régler sa vie selon un principe de *bienveillance*. De retour à l'université, je rencontre le directeur de l'institut, Ivan Havel. C'est un petit homme énergique et gai, avec des cheveux gris aux boucles épaisses, des yeux gris et un corps vigoureux et compact. Il porte un costume anglais de bonne coupe et une chemise à poignets mousquetaires. Il a appris l'anglais à Berkeley et le parle avec un accent à couper au couteau en zézayant et en postillonnant à la ronde ; au déjeuner, il est redoutable.

Bientôt, sir Arnold Bergen entre dans la pièce. C'est un pharmacologue britannique immensément distingué qui se trouve à Prague pour donner une conférence à l'Académie des sciences. Âgé d'environ soixante-cinq ans, maigre, vulpin, ses cheveux couvrent le sommet de son crâne en mèches relevées depuis une oreille, son nez fort et puissant fait penser à un cornet à pistons.

Nous allons déjeuner dans un club qu'on dit fréquenté par les journalistes tchèques. La nourriture est déroutante. Je commande des boulettes et Bergen de la carpe. Des chopes de bière Pils mousseuse pour tout le monde.

Pus tard, je fais mon exposé dans une pièce où trône un étrange tableau noir en verre. En me présentant, Havel annonce que je suis à la fois écrivain et scientifique, ce qui suscite un murmure d'approbation. L'assistance se compose d'une vingtaine de personnes. Bien que l'atmosphère devienne rapidement étouffante, tout le monde m'écoute avec une vive attention.

Je parle lentement et distinctement, comme on le fait quand on s'adresse à des gens pour qui l'anglais est une langue étrangère. Je suis censé parler du théorème de Tychonoff mais je me retrouve, à ma grande surprise, en train d'expliquer le Calcul élémentaire à une pièce remplie de mathématiciens en retraçant mentalement les étapes suivies par Bolzano pour définir la continuité. Pour une raison mystérieuse, il me semble capital d'expliquer comment on applique aux fonctions la notion de limite. Personne ne semble s'en offenser ni même s'en rendre compte.

– Une fonction indique une relation en cours, des arguments qui donnent des valeurs. Étant donné tout nombre réel, la fonction $f(x) = x^2$ prend pour valeur son carré, *tak* ?

Les hommes sérieux et solennels hochent lourdement la tête.

– L'image d'une machine, quelque chose comme un appareil à fabriquer des saucisses, est irrésistible, dis-je d'un ton décidé.

Je vais au tableau et, en quelques traits rapides, je dessine une machine à fabriquer des saucisses ou ce que j'imagine en être une.

– *Entrent* les arguments 1, 2, 3, *sortent* les valeurs 1, 4, 9.

L'un des hommes assis sur le banc en bois rugueux à l'avant de la classe émet un ricanement.

– Vulgaire ?, dis-je. *Tak*, vulgaire.

J'essuie la paume de mes mains sur mon costume, geste dont je me rends compte que je ne l'ai jamais fait auparavant. Puis je reprends.

– Quand les arguments de f croissent, ses valeurs croissent à leur tour.

Sir Arnold Bergen et Ivan Havel semblent fascinés et j'éprouve l'impression que c'est la première fois qu'ils entendent parler de tout cela. Swoboda et Schweik ne me quittent pas des yeux.

– Imaginez maintenant, dis-je, que les arguments s'approchent de plus en plus du nombre 3, *tak* ?

Je repars au tableau et montre à mon auditoire ce que je veux dire en écrivant 2, 2,1, 2,2, 2,3, 2,4, 2,5, 2,6, ..., devant la fonction.

– Qu'arrive-t-il alors à la fonction ? Comment se conduit-elle ? demandé-je en réalisant avec un sentiment d'émerveillement à l'opposé de l'air blasé que j'affecte habituellement qu'une fonction est l'une des choses du monde qui sache se *conduire* – elle a une vie à elle et participe ainsi à sa façon à la grande comédie des choses douées d'animation.

– Je veux dire, dis-je, qu'arrive-t-il aux valeurs de f quand ses arguments tendent vers 3 ?

J'observe mon public. Swoboda et Schweik me regardent attentivement, le visage serein, sans ironie. Il est clair qu'ils ne connaissent pas encore la réponse.

– Elles tendent, ces valeurs, vers le nombre 9, de sorte qu'on voit maintenant la fonction buter contre une *limite*, une borne qu'elle ne franchit pas.

Swoboda se laisse aller en arrière et pousse un soupir comme s'il venait de comprendre pour la première fois un principe difficile. L'air devient suffocant.

– Le principe d'une limite tel qu'il est appliqué aux fonctions est forgé dans le feu de ces remarques, dis-je en retournant au tableau sur lequel j'écris :

Quand x tend vers 3, f(x) tend vers 9.

Ou bien :

Quand x s'approche de plus en plus de 3, f(x) s'approche de plus en plus de 9.

Ou encore :

Quand x s'approche de plus en plus de 3, f(x) a 9 comme limite.

– Voyez-vous, continué-je, la fonction $f(x)$ *a* L comme limite si quand x tend vers un nombre C, $f(x)$ s'approche de plus en plus de L.

Sir Arnold Bergen prononce silencieusement les mots *s'approche de plus en plus*. Et sur un ton professoral, je poursuis :

– L'analyse procède de la même manière que pour les suites ; $f(x)$ s'approche de plus en plus de la limite L si la différence entre $f(x)$ et L devient de plus en plus petite, si on peut la rendre toujours plus petite – arbitrairement petite.

Sir Arnold relâche la tension accumulée dans son corps. Je suis extrêmement heureux d'avoir fait valoir mon point, même si c'est un point que connaissent tous les mathématiciens du monde moderne.

Puis *je* dis quelque chose qui *me* stupéfie :

– C'est quand les fonctions sont vues dans *cette* optique que le caractère poignant du processus devient pour la première fois tangible.

Quelques-uns se signent.

– Dans l'exemple de $f(x) = x^2$, la fonction parvient à un instant de bienheureuse délivrance au nombre 3 lui-même ; *là*, $f(3)$ *vaut* 9 et l'opération de rapprochement est menée à son terme.

– Oui, dit sir Arnold.

Puis j'écris les symboles $f(x) = (x^2 - 1)/(x - 1)$ au tableau que je frappe bruyamment avec la jointure de mes doigts.

– Cela, dis-je, est une autre histoire.

Ivan Havel a laissé vagabonder ses pensées mais Swoboda et Schweik sont toujours suspendus à mes lèvres.

– Quand x s'approche de plus en plus du nombre 1, $f(x)$ s'approche de plus en plus du nombre 2, comme le montreront quelques exemples. Elle *tend* vers 2 comme limite[1].

1 Étant donné un nombre réel x, cette fonction f commence par le porter au carré. Puis elle ôte 1 de ce carré et laisse le résultat perché au-dessus de la barre de fraction. En bas, f soustrait 1 de x, et son travail se termine lorsque le perché (en haut) est mis en balance avec le percheur (en bas). Si $x = 3$, $x^2 - 1$ vaut 8 et $x - 1$ vaut 2. Donc $f(3)$ est égale à 8/2, c'est-à-dire 4. Pour $x = 1$, $x^2 - 1$ et $x - 1$ valent tous deux 0. La fraction 0/0 qui en résulte n'a pas de signification mathématique et n'existe que comme le symbole du néant. En $x = 1$, f est non définie. Le nombre 1 marque l'emplacement d'un trou noir, d'un grand vide. Tout autour de lui, la fonction continue à vivre, comme le paysan qui laboure son champ sur les pentes d'un volcan. Quand x tend vers 1, $f(x)$ tend vers 2. Et pourtant en 1 le néant prédomine.

Je prononce ces mots d'un ton mélodramatique en m'essuyant à nouveau les mains sur mon costume, ce geste que je trouve si étrange.

– Mais *en* 1 – je fais une pause théâtrale et laisse un silence lourd et éloquent envahir la pièce – $f(x)$ bascule dans le néant, *tak ?*

Sir Arnold Bergen a de nouveau les sourcils froncés par la concentration.

– La fonction $f(x)$ bascule dans le néant *parce que* – j'articule ce mot avec une grande délibération – $(1 - 1)/(1 - 1)$ n'est autre que 0/0. En ce point limite, cette fonction est *non définie*. Le comportement d'une fonction *en* un point inaccessible est exprimé ou expliqué par son comportement dans un *voisinage* de ce point.

Un autre coup d'œil perplexe de la part de sir Arnold. Je vois soudain ce que j'essaie vraiment de dire :

– La fonction s'approche de plus en plus de sa limite mais voyez-vous, *elle* ne l'*atteint* jamais.

– *Tak*, dit quelqu'un dans le public, comme l'homme avec Dieu.

Je prends congé de Swoboda et de Schweik à la station de métro. Je les regarde un moment s'éloigner d'un pas traînant. Leur démarche est lourde et fatiguée ; ils soulèvent à peine leurs pieds du sol.

Les fonctions continues

La lumière du soleil occupe le ciel tout entier et bien qu'on puisse peut-être contenir la lumière dans une pièce, elle est partout, emplissant l'espace de son éclat. La lumière est une propriété physique globale de même que l'aire est une propriété mathématique globale. La continuité, par contraste, est une notion *locale* ; elle est définie en un point et concerne le comportement d'une fonction ici et maintenant, en *ce* lieu et en *ce* temps. Pour faire sortir un concept de l'alambic des mots, le mathématicien doit laisser son œil s'attarder sur un point x et sur le *voisinage* des points qui se trouvent autour.

Je suis frappé une nouvelle fois par l'importance du contraste entre un lieu, ou un point, et un voisinage lorsque, à la fin d'une autre journée, je retourne vers le centre de Prague, au Karluv Most, le féerique pont de pierre qui enjambe la rivière. Au bout du pont, un couple d'Américains chante des chansons des années soixante, *Michael, Row Your Boat Ashore* arrivant grand favori. Tous deux chantent avec enthousiasme en grattant leurs guitares avec de grands moulinets de bras. Je me demande ce qui pousse ces jeunes gens à quitter Burbank ou Pasadena pour venir chanter sur le Karluv Most. Je connais la réponse. Presque toutes les villes européennes donnent l'illusion de diviser finement la multiplicité de l'expérience, si bien que pour une sensibilité américaine Prague semble aussi dense de possibilités qu'elle est physiquement couverte d'un réseau de petites rues, de ruelles, d'allées, de passages piétonniers.

Un voisinage est l'endroit où se trouve un point. La taille du voisinage n'est pas essentielle à la notion de continuité ; on suppose qu'elle est petite. Si $x = 3$, un voisinage de 3 peut être les nombres compris dans l'intervalle entre 2,5 et 3,5. On le note par des crochets, comme dans [2,5, 3,5], par exemple, qui désigne les nombres situés entre 2,5 et 3,5 – *tous* les nombres, y compris 2,5 et 3,5 eux-mêmes. L'intervalle en question est *fermé*. Il contient ses extrémités comme une rue peut contenir les maisons situées à ses extrémités, comme la rue où je suis logé, me rappelle le concierge, *contient* les habitations historiques dressées à chacun de ses bouts et les protège au sein du voisinage fermé des maisons qui entourent l'université.

La notion d'un intervalle fermé constitue si manifestement la moitié d'une idée que, tel un jumeau, elle laisse immédiatement entrevoir son autre moitié. Dans la rue Celestina, les maisons classées qui se trouvent aux deux bouts sont englobées dans le champ d'action historique de la rue ; ailleurs dans la ville, les choses sont différentes. « *Tak*, fait remarquer le concierge, jusqu'au bout de la rue, les gens vont, mais pas dernières maisons. » De tels intervalles sont *ouverts*, l'intéressant se trouve *entre* leurs bornes. Les parenthèses désignent des intervalles mathématiques ouverts, comme dans (2,5, 3,5), où les nombres situés entre 2,5 et 3,5 nagent indéfiniment vers ces bornes désormais inaccessibles que sont 2,5 et 3,5.

Définie dans un voisinage de a, une fonction f –

Hein ?

– Ça veut dire que la fonction f a un sens en chaque point du voisinage ; ça veut dire que les points du voisinage appartiennent au domaine de la fonction, au théâtre de ses opérations. La fonction $f(x) = x^{1/2}$ n'est *pas définie* dans quelque voisinage de 0 *que ce soit*. Les nombres négatifs n'ont pas de racine carrée et les voisinages de 0, quels qu'ils soient, contiennent des nombres négatifs.

Où en étais-je ?

Ah oui. Définie dans un voisinage de a – j'en reviens à la définition –, une fonction f est continue *en a* si la limite de $f(x)$ quand x tend vers a est $f(a)$. Cette déclaration opaque fait élégamment place aux symboles, première indication s'il en fallait une de l'incomparable puissance de la notation mathématique. La fonction f est continue en a si :

$$\lim_{x \to a} f(x) = f(a).$$

Difficile d'améliorer la simplicité de cette formulation, sa mystérieuse concision, et difficile également d'améliorer son charme intuitif. Une fonction est continue *en a* si lorsqu'on *s'approche* de a son comportement est ininterrompu, si lorsqu'on s'approche de a la satanée chose glisse, tout simplement.

Mais tout cela n'est encore qu'une description faite de l'extérieur à l'aide de métaphores et d'images. De l'intérieur, la définition de la continuité se déploie en une déclaration tripartite : si f est continue en a, $f(a)$ doit avoir un sens, donc a appartenir au domaine de f. C'est une condition d'*intelligibilité*. La limite de $f(x)$ quand x tend vers a doit à son tour être *là*, vivante et frissonnante. Une condition d'*existence*. Et cette limite doit être la valeur de f, car la fonction ne se contente pas de tendre vers une limite ou une autre : elle vient fusionner passionnément avec elle en a. *Consommation*. La notion de continuité se décompose ainsi en une triple notion d'*intelligibilité*, d'*existence* et de *consommation*.

La continuité tourne mal

Puisque la définition de la continuité comporte trois clauses, les discontinuités se manifestent sous trois formes. La plus simple correspond à une faille dans la définition. En $x = 4$, la fonction $(3x - 12)/(x - 4)$ fait long feu ; c'est en 4 qu'elle présente une discontinuité. Idem pour les innombrables autres fonctions où la division par zéro constitue une menace permanente, une noire possibilité.

Mon repas commandé dans un restaurant praguois arrive : il se compose de deux misérables escalopes grisâtres sur une montagne de frites. À en croire le serveur, ce sont des *médaillons de bifteck* sur un lit de *champignons*.

Et ces champignons, où sont-ils ?

Le serveur baisse les yeux vers mon assiette et farfouille dedans avec le doigt. « *Nikt da* », annonce-il d'un ton lugubre après avoir finalement retourné mes escalopes. Il vient de croiser le premier type de discontinuité.

Un deuxième type de discontinuité survient lorsque les limites requises n'apparaissent pas. Définie de la manière habituelle, la fonction $f(x) = 1/x^2$ croît quand x tend vers 0 : $f(1/2)$ vaut 4, $f(1/4)$ vaut 16 et $f(1/6)$ vaut 36. En 0, f semble présenter une discontinuité banale : 1/0 ne vaut rien. Mais rien n'empêche le mathématicien de *dire* purement et simplement – les privilèges du pouvoir – qu'en $x = 0$, la valeur de f doit être 1 plutôt que $1/x^2$. La fonction qui en résulte est toujours discontinue en $a = 0$, mais *non pas* parce que $f(a)$ n'est pas définie. Au contraire : $f(a) = 1$, et cela par définition. S'il y a discontinuité, c'est parce que la limite de

$f(x)$ quand x tend vers 0 n'existe pas, la fonction devenant simplement de plus en plus grande quand x s'approche de plus en plus de 0.

Le troisième type de discontinuité apparaît quand la limite d'une fonction f en a s'avère ne pas être $f(a)$ mais un nombre complètement différent, un intrus venu d'ailleurs. La fonction $f(x)$ prend la valeur x^2 partout *sauf* en 0. Là, sa valeur est 1. C'est une stipulation. Cette fonction, je la fais apparaître d'un coup de baguette magique. Lorsque x tend vers 0, $f(x)$ tend elle aussi visiblement vers 0 : $(1/4)^2$ vaut 1/16 mais $(1/6)^2$ vaut 1/36, un nombre bien plus petit. Pourtant en 0 même, $f(x)$ rebondit vers 1 avec indignation dans une éclatante manifestation de perversion personnelle. La limite de cette fonction en $a = 0$ ne coïncide pas avec $f(a)$.

Au cœur de Prague, l'exposition Kafka présente des portraits de l'écrivain et de généreux extraits de ses romans. Je fais le tour des objets exposés. Beaucoup de brochures intéressantes sont en vente ainsi qu'un certain nombre de livres sur Kafka et sur Prague. Je m'approche de la jeune vendeuse et lui demande quelque chose *par* Kafka. Elle hausse ses épaules dodues. « Moi désolée, dit-elle. *Für diesen Bücher müssen Sie nach Deutschland.* » Pour cela vous devez aller en Allemagne. Toute cette activité indique une direction ; la limite se trouve ailleurs.

En ressassant toutes ces idées sur le Karluv Most, je me mets à chercher une illustration, quelque chose qui puisse montrer ce que signifie la continuité. *Tak*, me dit l'esprit de Bolzano. *Regarde.*

À l'autre extrémité du pont, deux Tchèques jouent de vieux airs folkloriques slaves, l'un au hautbois, l'autre à la guitare. Ce sont de bons musiciens et le hautbois et la guitare forment une association étonnamment réussie. Les mélodies remontent probablement dans la mémoire populaire au Moyen Âge. Inutile de demander de quoi parlent les chansons. Tout en les écoutant, je me tourne pour regarder la

Vltava vers l'amont. Un fin et élégant bateau de croisière vient d'émerger de sous le pont et remonte la rivière en glissant, ses lumières tamisées et soigneusement modulées, tout le contraire des bateaux-mouches criards qui sillonnent la Seine ; tandis qu'il glisse sans bruit, un trolley sinueux composé de trois voitures commence à traverser le pont industriel plus massif qui franchit la rivière en amont du Karluv Most, son bruit entièrement étouffé par la distance, si bien que ces deux objets enchanteurs, le bateau et le tramway, semblent se mouvoir silencieusement vers un point d'intersection imaginaire où leurs deux mondes de lumière se mêleront fabuleusement en une explosion étoilée, lumineuse et limpide.

La vie des concepts

Quels que soient les concepts, la vie qu'ils mènent est liée à la vie que *nous* menons, et c'est du monde réel lui-même que le mathématicien tire notamment la continuité.

En fin de matinée, après m'être rasé et douché, je me rendis à pied à Stare Mesto, la vieille ville, pour regarder la célèbre horloge baroque sonner l'heure. Puis je flânai jusqu'à l'ancien quartier juif : on pouvait visiter le cimetière moyennant quelques couronnes. Je m'arrêtai pour regarder deux jeunes hommes mettre des pièces de monnaie en cuivre dans une machine à estamper à l'ancienne. Après le déjeuner, en repartant vers la rivière, j'avisai une plaque : Dr ——-, suivi d'un nom tchèque compliqué ; c'était un spécialiste en *calanétique*, une méthode américaine d'amaigrissement ayant un rapport, me rappelai-je, avec la cellulite. Je me représentai une salle d'exercices avec des Tchèques en train de faire travailler consciencieusement leur cuisses empâtées. « Et un, et deux, levez, mesdames », fait le *calanéticien* tchèque.

Je traversai la rivière et tombai bientôt sur une pâtisserie. Les présentoirs ne contenaient que trois plateaux portant des gâteaux d'aspect cireux et repoussant mais il y avait malgré tout une longue file d'attente. Une femme se tenait près de la caisse, les yeux dans le vague, et rendait la monnaie avec une remarquable lenteur ; une autre, derrière le comptoir, prenait les commandes en écrivant laborieusement sur un carré de papier huilé. Soudain, elle s'interrompit pour filer dans l'arrière-boutique. Quelques minutes plus tard, elle émergea avec un nouveau plateau garni de choses qui ressemblaient à de grosses crêpes violettes. Sans se presser, elle commença à remettre de l'ordre sur les présentoirs en enlevant d'abord un plateau, puis l'autre, pendant que les clients séchaient sur pied. Je sortis rageusement de la boutique, sans la moindre pâtisserie, en proie à une indignation indescriptible.

En me dirigeant de nouveau vers la rivière, mais depuis l'autre rive, je fus frappé par les grands globes manifestement très anciens qui coiffaient les réverbères. On les avait segmentés avec du fil ou de la peinture de couleur noire pour former une série de pentagrammes imbriqués. L'effet produit était des plus inhabituels et donnait aux globes une légère ressemblance avec de la chair gonflée offrant avec la sévérité géométrique du dessin un contraste saisissant et élégant.

Je mentionne ces détails tels que je les ai vécus au cours d'un après-midi pour suggérer qu'un simple déplacement continu d'un endroit à l'autre à la surface de la Terre renferme une structure riche mais cachée dont l'essence ne peut être révélée que par un acte de méditation *mathématique*. Cet après-midi et cette soirée en Europe centrale ont été riches de choses vues, de rues traversées, de curiosités admirées mais il existe une description simple de mes activités qui force les événements de la journée à céder la place à leur essence. *Je suis allé d'un côté de la Vltava à l'autre en empruntant le pont.*

La carte de la page 176 retrace mon itinéraire.

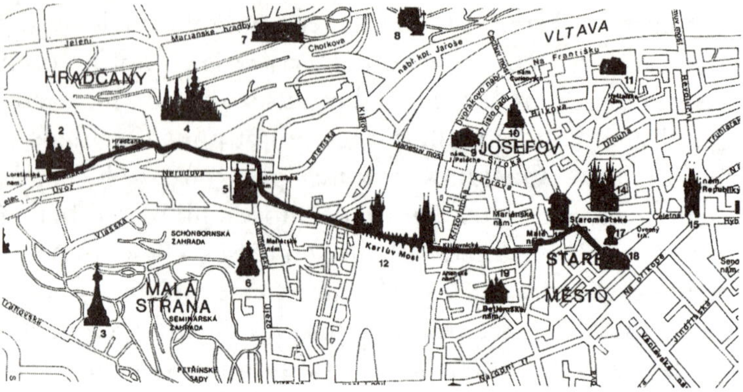

Ainsi décrite, ma promenade s'éloigne déjà dans le couloir de l'abstraction et la description de mes *activités* fait place à un *compte rendu* stylisé.

Cette carte enchanteresse s'efface maintenant au profit d'un repère cartésien, tandis que mon itinéraire est supplanté par une courbe continue :

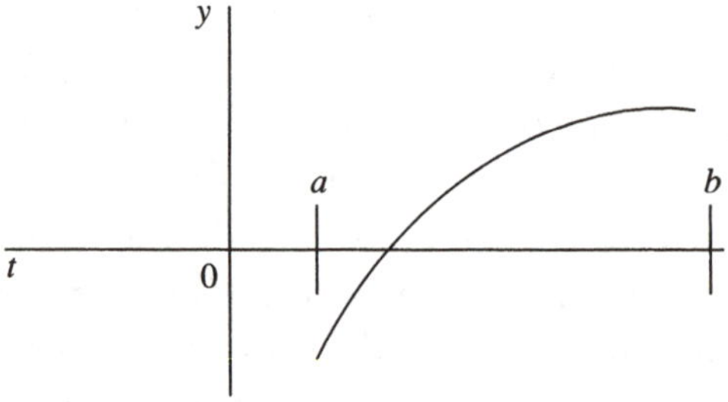

Repère cartésien avec courbe continue

Ces changements ne sont pas uniquement cosmétiques ; ils marquent un élargissement de l'abstraction. L'ancrage de la carte dans le monde réel est en train de disparaître.

Le fossé entre mes activités et leur description par le mathématicien est sur le point de s'élargir encore. Une fonction continue est continue en un point ; comme la position, la continuité est une notion locale. Mais une fonction peut parfaitement être continue en un point et l'être également en *chaque* point d'un intervalle fermé [a, b]. C'est ce qu'on appelle la continuité *sur* un intervalle, une notion apparentée à la continuité elle-même. Cette définition n'annule pas la relation qui existe entre celle-ci et un point ; elle ne remet pas en cause son caractère local. Elle signifie seulement que ce qui vaut pour un point vaut pour les autres, la fonction se comportant tout à fait comme un aimable docker qui déambule le long du front de mer en s'arrêtant pour prendre un verre dans un bar après l'autre. Ses actions sont locales, mais à mesure que l'après-midi avance il couvre le voisinage.

Dans ce qui suit, le repère cartésien reste en place mais la courbe qui traverse l'axe des t est maintenant considérée – *je* la considère – comme le visage d'une fonction f continue sur l'intervalle fermé $[a, b]$. En a, $f(a)$ est négative et en b, elle est positive. Cette double supposition donne au scénario déjà esquissé une voix mathématique claire et précise, mais derrière les mathématiques existe toujours une passerelle vers la vie réelle. La continuité sur l'intervalle ne fait que confirmer ce que je sais déjà : qu'en marchant au hasard, j'ai aussi marché continûment, la marche appartenant à la grande tribu interraciale des processus continus. Poser comme condition que $f(a)$ est négative et $f(b)$ positive revient à dupliquer sur l'axe des coordonnées ma promenade *d'un côté à l'autre* de la rivière, celle-ci figurant l'axe des coordonnées et réciproquement. Et, en effet, c'est *moi* que l'on peut distinguer derrière les symboles, un homme d'âge moyen un peu solitaire en train de traverser une rivière dans un pays lointain. Mais la description mathématique fait une chose dont ma narration impressionniste est incapable. Ce repère cartésien peut être une étendue spatiale quelconque et cette courbe continue une courbe continue quelconque, de sorte que le repère cartésien représente non seulement *mon* circuit mais aussi tout circuit *semblable* au mien, toute mise en relation de deux lieux au moyen d'une activité continue franchissant d'une façon ou d'une autre une barrière naturelle. Et c'est ici que le Calcul dévoile, pour la première fois peut-être, l'extraordinaire portée de ses concepts, l'immense généralité de son comportement.

Le Signe des trois

« Le berger de Virgile, fit observer le Dr Johnson dans sa célèbre lettre de reproche à lord Chesterfield, chercha l'amour et le trouva de pierre. » Cette obscure remarque fait référence aux *Églogues* de Virgile. Par ces mots, le Dr Johnson voulait faire comprendre à un esprit de formation classique que l'amour peut être source de douleur et de désespérance. J'ai toujours été hanté par ces lignes ; comme bien des aphorismes de Johnson, elles mettent en évidence l'énigme profonde que sont nos états émotionnels – le fait que, si habituels qu'ils soient, ils n'en sont pas moins infiniment mystérieux. Un paradoxe en entraîne un autre. Malgré leur caractère *in*habituel, les concepts mathématiques, eux, sont infiniment accessibles. À l'heure de leur mort, ceux qui se seront intéressés aux mathématiques auront connu les fonctions continues bien plus intimement que le cœur humain et ses tortueux détours. Qu'un sujet aussi abstrait soit pour finir si lumineux ne peut que susciter l'émerveillement.

Toute grande propriété mathématique révèle son identité par les théorèmes auxquels elle donne naissance. Dans le cas de la continuité, il existe trois subtils et puissants théorèmes qui illuminent d'une lumière chaude et blanche la nature intérieure de l'idée[2]. Tous portent sur *f* et tous sont *globaux* dans la mesure où ils mettent en relief des caractéristiques

2 Leurs démonstrations sont généralement considérées comme extérieures au domaine du Calcul. Elles sont en tout cas très subtiles. La démonstration du théorème de la valeur intermédiaire figure à l'annexe 1. Elle est effectivement très subtile.

qui valent pour l'ensemble de l'intervalle sur lequel *f* est continue. Ces théorèmes portent sur *f*. Mais ils portent également sur les processus que traduisent *f* et les fonctions apparentées ; ils nous disent donc quelque chose sur la composition du monde, sur sa nature véritable, exacte et intérieure. Une fois ces théorèmes établis et mis en place, les fonctions continues sont marquées à tout jamais au sceau de trois propriétés, le bornage, l'intermédiarité et la maximisation – le Signe des trois.

Le *bornage* est tiré directement de la vie, où il joue un rôle modeste mais indubitable. Quand j'ai déambulé dans Stare Mesto puis traversé la rivière, il y a une rue qui marque le point *au-delà* duquel je ne suis pas allé sur l'autre rive. Et la carte met ceci en évidence : *n'importe laquelle* des rues situées après celle où j'ai fait demi-tour pour repartir vers la rivière peut servir de borne. En l'occurrence, la rue Loretanska a été la borne naturelle de ma promenade. Et comme le touriste ou le voyageur le découvrent quand il est trop tard, c'est toujours une rue de ce genre qui marque le seuil d'un univers d'enchantements infinis.

– *Tak*, vous allez plus loin que Loretanska ? s'enquiert le concierge à mon retour.

– Non, en fait non.

– *Tak*, vraiment très dommage.

Vu dans le cadre de ma promenade, le bornage apparaît comme une caractéristique évidente mais banale de l'expérience ; il n'en constitue pas moins la première des grandes propriétés de la continuité, une propriété que possèdent *toutes* les fonctions continues sur un intervalle. Qu'une fonction donnée ne soit pas continue sur un intervalle et la propriété de bornage peut aussi être fausse. Et maintenant, une petite définition. Une fonction est *bornée* sur un intervalle $[a, b]$ s'il existe un nombre qui l'emporte sur elle – en symboles, s'il existe un nombre N tel que $f(x) \leq N$ pour tout x de $[a, b]$. N n'a rien d'extraordinaire : il doit simplement être supérieur ou égal à ce que la fonction a de mieux à offrir.

Si f est continue sur l'intervalle $[a, b]$, elle y est également bornée : c'est un théorème, c'est donc un fait, un élément du décor immuable du monde[3].

Si le bornage semble banal, l'*intermédiarité* l'est plus encore, son rôle dans la vie souvent méconnu ne serait-ce que parce qu'il est d'une telle évidence. Pour aller d'un côté à l'autre de la rivière lentement mouvante, je l'ai traversée – il a été *nécessaire* que je la traverse. Il est généralement vrai que pour me rendre de tel endroit à tel autre, je dois passer par les points qui se trouvent *entre* cet endroit et cet autre. Même les personnages de *Star Trek* envoyés de l'USS *Enterprise* à la planète Zork à l'aide du téléporteur passent par les points intermédiaires sous forme de rayons désincarnés (ou Dieu sait quoi). Nous sommes si naturellement enclins à considérer les processus naturels comme continus qu'un épisode de *Star Trek* dans lequel le capitaine apparaîtrait simplement en un lieu éloigné sans être passé par les points intermédiaires nous plongerait dans un profond désarroi. Les processus continus sont caractérisés par leur attachement aux valeurs *intermédiaires*, l'essence même de la continuité ayant un rapport avec l'intermédiarité. Mais combien la chose est plus

[3] La fonction $f(x) = 1/x$ est continue partout sauf en 0 sur l'intervalle fermé $[0, 1]$; en 0, elle est non définie. Cette fonction est non bornée sur $[0, 1]$. Notez que quand x tend vers 0, $f(x)$ devient de plus en plus grande mais que quand il tend vers l'infini, elle devient de plus en plus petite. La figure montre le comportement de cette fonction :

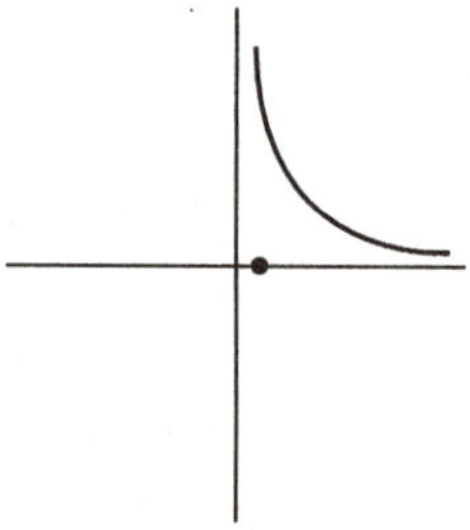

Visage de $f(x) = \frac{1}{x}$

limpide dans le langage mathématique que dans la prose lâche du promeneur ! Un nombre x se trouve *entre* deux autres nombres y et z s'il est supérieur au premier et inférieur au second. Pour présenter la chose sous forme de symboles : $y < x < z$, ces symboles se montrant systématiquement comme les êtres infiniment élégants et infiniment utiles qu'ils sont.

Quand on traverse le Karluv Most, c'est la rivière en contrebas qui marque le point entre les rives ; l'un des charmes des rivières et des ponts et l'une des sources de leur irrésistible attrait, j'imagine, tient simplement au fait que dans un très petit espace ils donnent l'impression de modifier de façon spectaculaire la situation de notre corps. D'un côté de la Vltava, je suis ici ; de l'autre, là-bas. Voilà un plaisir qui ne semblera puéril qu'à ceux qui, contrairement à moi, sont indifférents aux ponts et à leurs charmes.

Pour capturer la rivière scintillante en symboles d'argent, le mathématicien suppose que $f(a)$ est négative et $f(b)$ positive, si bien que 0 se situe entre $f(a)$ et $f(b)$ et que la rivière tout entière est maintenant comprimée en cet unique nombre. Puis il affirme obligeamment (c'est là le second des trois grands théorèmes sur la continuité) que, *si* f est continue sur $[a, b]$ et *si* 0 se trouve entre $f(a)$ et $f(b)$, il existe – il *doit* exister – un nombre s de $[a, b]$ tel que en s, f vaille 0. Le nombre s marque l'endroit où coule la rivière, l'endroit où le vieux pont voûté dessine un arc au-dessus de l'eau ; l'endroit de Prague intermédiaire entre deux rives, entre deux voisinages étendus, entre deux univers ; et enfin l'endroit où f, incarnation de toute cette beauté de la vie, prend elle-même une valeur intermédiaire en 0.[4]

La *maximisation* est la dernière des grandes propriétés de la continuité, la troisième du Signe des trois et la moins en rapport avec l'expérience. Les fonctions continues sont liées les unes aux autres par le fait qu'elles prennent – qu'elles *doivent* prendre – leurs valeurs maximale et minimale sur un

4 Voir note en page 182

intervalle fermé. Il existe malgré tout une sorte de lien entre l'expérience et les mathématiques. Ma promenade est bornée, ai-je fait remarquer, s'il existe une rue au-delà de laquelle je ne suis pas allé. Elle est *maximale* si à un moment de mes pérégrinations *je* suis allé aussi loin que *je* le pouvais. Notez la différence subtile et notez également combien celle-ci est incroyablement difficile à exprimer dans le langage courant. Le bornage se rapporte à une rue que je n'ai pas dépassée : c'est une barrière qu'il n'a pas été nécessaire que *j*'atteigne. Il lui suffit d'*exister*. La maximisation porte sur un point que *j*'ai atteint durant ma promenade, le point le plus éloigné jusqu'où *je* sois allé. L'accent est maintenant sur les endroits que *j*'ai atteints et non sur les barrières que je n'ai pas franchies et que je pourrais même ne pas avoir vues. La rue Loretanska a été la borne de ma promenade ; je ne l'ai jamais atteinte, je n'ai jamais vu le château qui se dressait au-delà. *Je* suis allé jusqu'à Vlasska, une rue sombre et médiévale où, d'après mes souvenirs, quelqu'un jouait solennellement du violon dans un appartement.

« *Tak*, fit observer le concierge, vous allez à Vlasska ? Je connaissais une fille là-bas. »

4 Supposez que $f(x)$ vaille -1 quand x est supérieur ou égal à 0 mais inférieur à 2, c'est-à-dire $0 \leq x < 2$; et qu'elle vaille 1 quand x est supérieur ou égal à 2 mais inférieur ou égal à 4, en d'autres termes $2 \leq x \leq 4$. Cette étrange fonction saute par-dessus l'axe des x en 2, transgressant la conclusion du théorème de la valeur intermédiaire. Mais, bien sûr, f n'est pas continue en 2 non plus. La figure montre de quoi il retourne :

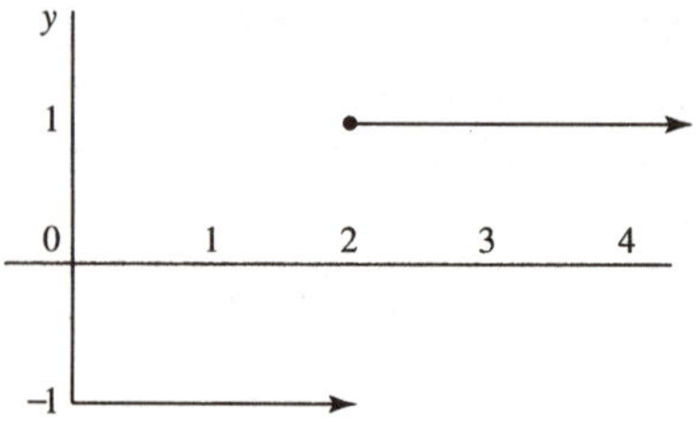

Discontinuité en 2

Je levai les yeux, intéressé.

Le concierge fit le geste de tirer avec un fusil. « Les Allemands, ils partent. »

Loretanska est la borne ; mais Vlasska, le point maximal de ma promenade. Et celui de la vie d'un être humain, semble-t-il, les efforts pour expliquer un phénomène mathématique dévoilant un lien avec la tristesse et le chagrin.

Si la notion de borne et de bornage se rapporte à des nombres, la *maximisation* concerne le comportement d'une fonction. Une fonction prend une valeur *maximum* sur un intervalle s'il existe un point où, en *ce* point, elle est supérieure ou égale à ses incarnations ou ses identités en tout autre point de l'intervalle. Les symboles sont maintenant accueillis avec un doux soulagement. La fonction f a un maximum en y si $f(y) \geq f(x)$ pour tout x vagabond. Et le dernier des trois théorèmes affirme que *si* f est continue sur $[a, b]$ il *existe* un nombre y tel que $f(y)$ *soit* supérieure ou égale à $f(x)$ pour tout x de $[a, b]$[5].

5 Supposez que la fonction $f(x)$ prenne la valeur x^2 quand x est strictement inférieur à 1 mais qu'elle tombe à 0 et y reste à tout jamais quand x est supérieur ou égal à 1. Cette pitoyable fonction est bornée sur l'intervalle fermé [0, 1] (elle y est bornée par 1), mais elle ne prend pas sa valeur maximale sur cet intervalle. La supposition toute naturelle selon laquelle $f(1)$ doit être supérieure à toute autre valeur de f bute sur la réalisation que $f(1)$ vaut 0 et qu'elle est donc *inférieure* aux autres valeurs qui sont en train de se hisser vers le haut. Une fois encore, une discontinuité en un point unique (1, en l'occurrence) met en échec la conclusion du théorème. Une fois encore, une figure traduit la morale de l'histoire bien mieux que ne le fait l'histoire elle-même :

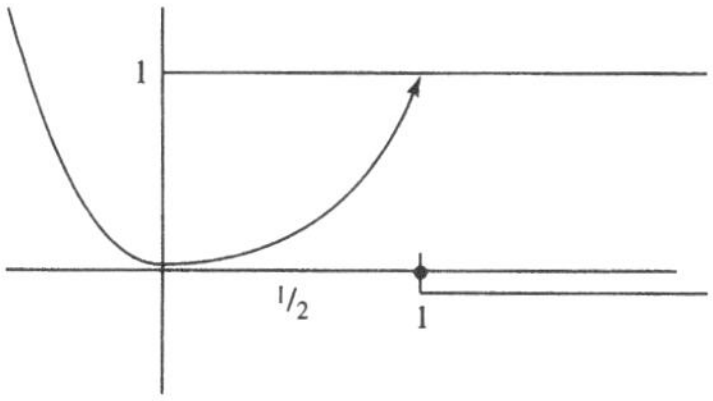

N'atteindre aucun maximum

C'est ainsi que la continuité se révèle comme étant un concept. Les fonctions qui sont continues sur un intervalle fermé sont bornées sur cet intervalle, elles y prennent des valeurs intermédiaires, et elles y atteignent leur maximum (et leur minimum). On le voit immédiatement sur la carte, et on peut aussi le voir dans le cadre plus austère d'un repère cartésien.

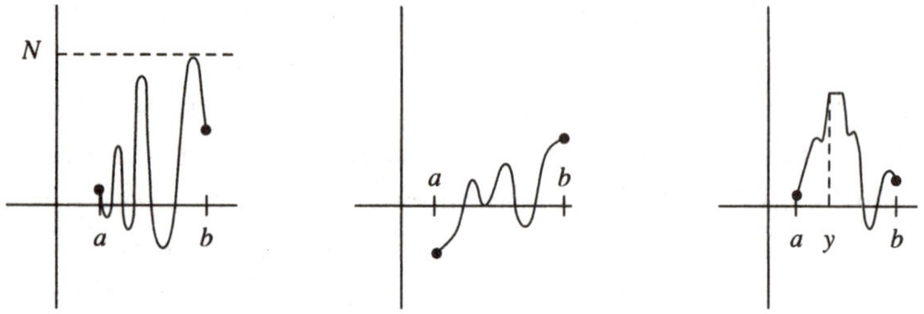

BORNÉE — VALEUR INTERMÉDIAIRE — MAXIMISÉE

Le Signe des trois

C'est à Bernhard Bolzano que l'on doit le concept moderne de continuité ; contrairement à Cauchy, il n'était pas une mine inépuisable d'idées mathématiques – son intelligence était délicate mais visionnaire. Debout devant la splendide horloge astronomique sur la place de la ville, passant révérencieusement devant la cathédrale Saint-Guy depuis Novy Svet ou marchant simplement sur le Karluv Most, Bolzano semble avoir eu un don pour pressentir l'avenir de la pensée, un don que le temps lui accorda mais qu'il mit en péril en le privant du degré de maîtrise mathématique nécessaire pour mener ses idées à bonne fin. Il s'intéressa aux fondements du Calcul et comprit que celui-ci devait éliminer de ses concepts les derniers vestiges des infinitésimaux ; et le manque de rigueur dans la démonstration le scandalisait. Pourtant, il commit souvent des erreurs, il manqua les contre-exemples que d'autres mathématiciens remarquèrent, il laissa inachevé son ambitieux travail sur la philosophie de la science. Il écrivit des volumes entiers mais ils restèrent à l'état de manuscrits. Et malgré tout, l'évidence est incontestable : elle est là sur chacune des pages qu'il rédigea : *il voyait, il voyait.*

Je rencontrai Bolzano sur le Karluv Most lors de ma dernière nuit à Prague. Toute la soirée, j'avais été conscient de sa présence, silhouette rebondie couverte du capuchon marron des moines qui marchait devant moi en marmonnant. Quand nous atteignîmes le milieu du pont, il se retourna et retira son capuchon. Je regardai son visage ouvert et honnête, son menton et ses joues mangés par une barbe de plusieurs jours. Je restai ainsi un moment, gêné comme on l'est toujours quand on rencontre les morts. Puis il dit ce que je savais – ce que j'avais toujours su – qu'il dirait. C'est ce que disent toujours les morts, et c'est la seule chose qu'ils disent.

« Souvenez-vous de moi. »

Annexe 1

Le théorème de la valeur intermédiaire

Le théorème de la valeur intermédiaire exprime une propriété fondamentale de la continuité. Il serait désolant que celle-ci *apparaisse* simplement chez les fonctions continues, aussi peu exceptionnelle que les cheveux roux chez les Irlandais, mais il existe en fait une relation profonde entre les propriétés du continuum et la grande propriété de la continuité, une dépendance abstraite qui dénote un lien vibrant donc vivant entre les idées.

Le théorème de la moyenne affirme que du moment que f est continue sur un intervalle $[a, b]$, il existe un nombre quelque part... Et cela est la première grande étape de la démonstration : sa volonté initiale est de *trouver* un nombre. Pas n'importe quel nombre, bien entendu. Il doit appartenir à $[a, b]$ et avoir la propriété simple d'envoyer f sur 0.

L'exercice consistant à trouver des nombres fait automatiquement penser à la coupure de Dedekind ainsi qu'à l'axiome du même nom. D'après celui-ci, une coupure faite parmi les nombres réels donne naissance à un nombre. Très bien. Supposez que les nombres soient partagés en deux camps $\boldsymbol{A}$ et $\boldsymbol{B}$.

$\boldsymbol{A}$ est une collection de nombres, un gigantesque essaim. *Prenez pour hypothèse* qu'il existe parmi eux un nombre y doté des propriétés suivantes. Bien qu'inférieur ou égal à b, y est supérieur ou égal à tout autre nombre de $\boldsymbol{A}$. Ces conditions entrelacées se rejoignent en une déclaration symbolique : $x \leq y \leq b$. Par ailleurs, $f(y)$ est inférieure à 0. À nouveau en symboles, $f(y) < 0$.

$\boldsymbol{B}$ regroupe lui aussi une foule de nombres réels, mais une foule pas comme les autres. Il ne contient *aucun* nombre y satisfaisant à la double condition $x \leq y \leq b$ et $f(y) < 0$.

Si désordonnés soient-ils, $\boldsymbol{A}$ et $\boldsymbol{B}$ définissent une coupure parmi les nombres réels ; et puisque coupure il y a, il existe en vertu de l'axiome de Dedekind un nombre s tel que les nombres qui lui sont inférieurs appartiennent à $\boldsymbol{A}$ et ceux qui lui sont supérieurs appartiennent à $\boldsymbol{B}$.

En particulier, le nombre $s - 1/n$ appartient à $\boldsymbol{A}$ parce qu'il est plus petit que s et le nombre $s + 1/n$ appartient à $\boldsymbol{B}$ parce qu'il est plus grand que s, et cela quel que soit l'entier naturel n.

Lorsque n croît, $f(s + 1/n)$ tend vers une limite, et puisque f est continue

$$\lim_{n \to \infty} f\left(s + \frac{1}{n}\right) = f(s).$$

Rappelez-vous que B ne contient aucun nombre y tel que $f(y)<0$ si $x \leq y \leq b$. Ce qui signifie que quel que soit n, si $f(s + 1/n)$ est inférieure à 0, $s + 1/n$ doit être inférieur à tous les autres nombres de B. Mais quand n croît, $s + 1/n$ décroît. Avec le marteau d'un côté, il n'y a que l'enclume de l'autre. Il en découle que

$$f\left(s+\frac{1}{n}\right) \geq 0,$$

d'où il s'ensuit que $f(s) \geq 0$.

La première moitié de la démonstration est finie. L'autre moitié inverse les étapes suivies et montre que du fait de la construction de A et de la définition de la continuité, $f(s) \leq 0$. Mais un nombre qui est simultanément supérieur ou égal à 0 et inférieur ou égal à 0 doit *être* 0. C'est la conclusion souhaitée.

Le raisonnement est très joli mais il est aussi très difficile, sa complexité tenant autant à la logique qu'aux mathématiques. Le lecteur qui est parvenu à le suivre sans problème d'un bout à l'autre a raté sa vocation.

Derrière les détails se dissimule un drame plus général, celui des relations nouées entre les idées. Une démonstration est un exercice littéraire stylisé, rappelant ici une épopée, là un quatrain, là encore un poème lyrique ; la présente démonstration part en quête de quelque chose et le trouve, sa forme est donc celle d'un roman d'amour, et son schéma, celui, séculaire, de l'absence et de la rédemption. Mais son principal message est celui de l'action à distance ; le nombre en lequel f vaut 0 est amené à la vie par le sort que lui jettent deux concepts largement séparés : la continuité d'une part et la coupure de l'autre. Ce qui procure le sentiment de réconfort bienvenu qu'il existe un lien entre les concepts du Calcul.

Annexe 2

La limite d'une fonction

Comme un acteur grec, la notion de limite porte deux masques légèrement différents, l'un tourné vers les suites, l'autre vers les fonctions ; mais une *seule* idée fondamentale se dissimule derrière ces masques, un instrument superbement utilitaire.

On donne une fonction à valeurs réelles f ; tandis que ses arguments butent contre une borne fixe, la fonction converge vers une limite. La définition d'une limite doit en même temps se faire l'expression d'une idée importante *et* maîtriser les délicats réglages nécessaires pour harmoniser les quantificateurs et les inégalités.

Une limite, naturellement, est un *nombre* ; en outre, quelle que soit la limite, une fonction converge vers ce nombre si la distance entre les valeurs qu'elle prend et le nombre en question peut être rendue arbitrairement petite. La définition doit donc, d'une façon ou d'une autre, dire que *quel que soit* le nombre réel positif $\in$, à un certain moment dans le cours des choses $f(x)$ doit se trouver à une distance $\in$ de L.

Pour l'instant, la définition ne fait que suivre celle de la limite donnée dans le cas des suites et désormais inscrite dans la mémoire. Une suite converge vers une limite si tous ses termes au-delà d'un certain terme tombent à une distance arbitrairement fixée de la limite. C'est ce sens de *tous les termes au-delà d'un certain terme* qu'il faut parvenir à reproduire dans le cas des fonctions.

La convergence d'une fonction donne corps à un double mouvement : la fonction se rapprochant de plus en plus d'une limite alors que ses arguments se rapprochent de plus en plus d'un point déterminé. Quand x tend vers 3, $f(x)$, souvenez-vous, tend vers 9. La définition de la limite doit contrôler et coordonner correctement ces deux mouvements mentaux.

Le mécanisme est semblable à celui adopté dans le cas des suites. Si $\in$ est tout nombre réel supérieur à 0, alors δ est aussi un nombre réel supérieur à 0. Ce nombre δ marque ceux des arguments de la fonction qui répondent à la condition qu'en *eux*, les valeurs de la fonction tombent à $\in$ de L.

La clause capitale de cette définition difficile est celle qui établit la dépendance asymétrique entre $\in$ et δ. L'affaire est gérée au moyen des quantificateurs, les marqueurs de quantité du mathématicien. La démonstration commence par : « pour tout $\in$, il existe un δ » – ce qui signifie que quel que soit le choix de $\in$, on peut choisir un δ qui convienne. C'est le quantificateur de contrôle universel qui détermine le choix existentiel particulier de δ.

Le corps de la définition dit ensuite que si une fonction *f* converge vers une limite quand *x* tend vers une valeur *c*, alors si petite que soit la distance ∈ choisie, il existe un δ tel que pour tous les arguments qui sont à une distance δ de *c*, *f*(*x*) se trouve à ∈ de *L*.

Ou comme le disent les pros : la fonction *f*(*x*) tend vers la limite *L* quand *x* tend vers *c* si pour tout ∈ il existe un δ tel que *si* la distance *positive* entre *x* et *c* est inférieure à δ, alors la distance entre *f*(*x*) et *L* est inférieure à ∈.

Notez un point essentiel : la définition ne s'intéresse qu'aux distances positives entre *x* et *c*. Ce qui arrive en *c* même ne la concerne pas ; en effet, une fonction peut tendre vers une limite sans jamais l'atteindre ni même y être définie. La fonction $f(x) = 1/x$ en fournit un exemple. Quand *x* tend vers l'infini en croissant sans fin, *f*(*x*) tend vers 0, mais en 0 même, elle est non définie.

Une figure tombe à pic pour montrer de quoi il retourne :

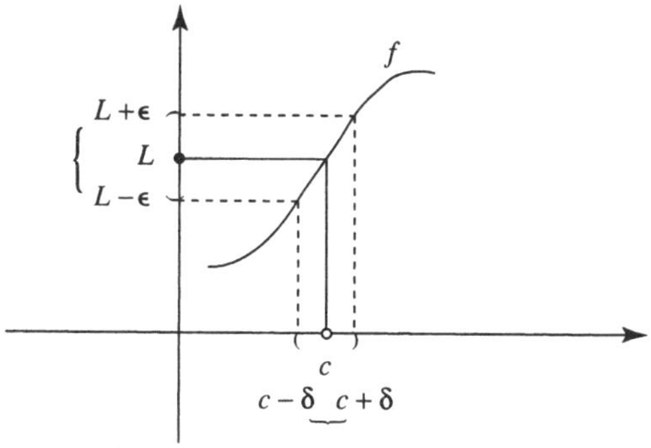

Dire que la distance entre *f*(*x*) et *L* est inférieure à ∈ revient à dire – c'est exactement la même chose – que *f*(*x*) se trouve quelque part entre $L+\in$ et $L-\in$. Ce détail pousse souvent les étudiants et les lecteurs à s'arracher les cheveux, mais ce n'est qu'une question d'algèbre élémentaire. Prenez $L-\in<f(x)<L+\in$, comme l'indique la figure. Soustrayez alors *L* de chaque côté de l'inégalité, ce qui donne $-\in<f(x)-L<\in$. De là, il est facile de montrer que $|f(x) - L| < \in$, où $|f(x) - L|$ est la valeur *absolue* de la différence entre *f*(*x*) et *L*. Mais une autre manière de définir la valeur absolue de la différence entre deux nombres est de parler de la distance entre eux, et c'est exactement ce que fait la définition.

Ce sont là des points très subtils dont l'élaboration a nécessité plusieurs siècles de travail – et par des mathématiciens de tout premier ordre. Le lecteur enclin à remettre à plus tard les efforts nécessaires pour apprécier pleinement la définition et à reprendre sa lecture a toute mon indulgence. Il n'en sera pas moins en mesure d'apprécier la marche en avant du Calcul.

CHAPITRE 16

Souvenir du mouvement

Quand j'étais enfant, j'étais fasciné, comme le sont sans doute tous les enfants, par un dispositif composé d'une série de pages rigides portant des dessins de lapins avec lequel, une fois que j'eus trouvé comment relâcher ces pages de façon régulière par une pression de mon pouce, je pouvais faire se redresser ce charmant lapin accroupi et lui faire traverser par une série de bonds saccadés mais saisissants et parfois même spectaculaires un petit ruisseau longeant une prairie parsemée de fleurs, où il s'arrêtait, les moustaches figées en plein frémissement, jusqu'à ce qu'en faisant défiler les cartes à l'envers, une manœuvre nettement plus compliquée, je lui faisais faire marche arrière et retraverser le ruisseau pour revenir à son point de départ.

Bien des années plus tard, alors que j'étudiais le Calcul dans un manuel écorné calé entre les pages du budget de la ville de New York, il m'apparut dans un moment d'inspiration subite suscité sans nul doute par la peur d'être découvert en train de faire des mathématiques au lieu de verser les prestations sociales, que les secrets de la vitesse se trouvaient là, dans ces cartes, et que la plus rudimentaire et la plus recherchée de toutes les créations de l'homme, ces cartes et le Calcul, s'avéraient en fin de compte, comme il fallait s'y attendre, être reliées par le fil mystique de la mémoire.

La vitesse fait partie de la grande roue des concepts dont traite le Calcul mais elle ne s'est manifestée jusqu'ici que comme le rapport de la distance au temps, c'est-à-dire une notion *moyenne* reposant sur deux temps différents et deux lieux différents. La formule qui en résulte n'est cependant pas dénuée d'utilité :

$$\text{VITESSE MOYENNE} = \frac{P(t_2) - P(t_1)}{t_2 - t_1},$$

ou ce qui revient au même :

$$\text{VITESSE MOYENNE} = \frac{\Delta P}{\Delta t},$$

où ΔP et Δt sont simplement une manière abrégée d'exprimer la différence entre deux positions et entre deux temps, des symboles d'aspect égyptien qui se lisent *delta P et delta t.* Mais pour utile que soit la formule, elle reste rebelle au plan ourdi par le Calcul. Il n'existe aucune façon évidente de distribuer des vitesses moyennes dans chacun des instants étincelants d'un intervalle, donc aucune façon de représenter la vitesse comme une fonction du temps.

Un jour d'été quelque part dans le New Hampshire. Sur le grand plongeoir de la piscine, une fillette en maillot de bain rayé jaune s'accroupit et se penche en avant, ses genoux de gazelle serrés l'un contre l'autre, ses mains suspendues en l'air comme la proue d'un navire. Le temps se ralentit puis s'arrête, immobilisant la plongeuse dans les affres d'une angoisse de dernière minute ; puis après un ultime instant d'indécision, les battements de mon propre cœur annonçant la reprise du temps, la fillette bascule en avant, toujours figée dans son absurde accroupissement de commande. Ayant abandonné durant cette première seconde périssable tout espoir d'arriver la tête la première, elle perd une précieuse fraction de la seconde suivante à faire plus ou moins pivoter son torse dans la lumière déclinante du soleil puis, les bras toujours désespérément tendus et un sourire béat durablement gravé sur ses traits espiègles et enfantins, elle poursuit sa descente et entre dans l'eau avec un plat retentissant, un plat bien plus douloureux du grand plongeoir que du petit puisqu'un temps bien plus long s'est écoulé avant que l'eau bleu clair de la piscine ne se précipite à la rencontre de ce ventre délicat.

Le ciel bleu étincelant de ce jour d'été, la lumière du soleil réfléchie dans l'eau, le plongeon et la chute de la fillette, *tout* se combine pour donner une impression d'ininterruption, un plongeon étant l'un de ces processus qui se déroulent sans qu'on puisse les décomposer en parties distinctes. Le génie du Calcul est de représenter cette continuité par une suite d'étapes discrètes déroulée jusqu'à sa limite. Et, chose étrange s'il en fut, il est facile de reconstituer cette suite à partir du souvenir de ce mouvement fluide. En regardant en arrière dans le couloir de la mémoire, je peux la voir debout là, ses frêles et brunes épaules arrondies et voûtées, tandis que la bobine du souvenir glisse toute seule dans son logement et que le joyeux plongeon de la fragile enfant recommence à défiler ; mais le détail subtil, à peine perceptible et facilement omis bien que gravé en surimpression sur cette culbute pleine de grâce, c'est que, derrière la série de métaphores linguistiques banales mais percutantes qui permettent de lancer la bobine du souvenir et de faire apparaître la descente de la plongeuse comme un arc unique et continu, se trouve une série de métaphores *mathématiques* non moins plausibles et évocatrices montrant cet arc comme un agrégat d'étapes discrètes. Le corps crispé et contracté en une boule émouvante, la plongeuse commence par tomber sur une certaine distance ΔP pendant un certain temps Δt ; elle tombe ensuite sur une autre distance ΔP pendant un autre laps de temps Δt jusqu'à ce que sa chute se termine par ce plat douloureux, et qu'elle se mette à barboter mollement vers l'échelle argentée de la piscine, jubilant à l'idée d'être descendue du grand plongeoir à la dure et ne se ressentant nullement de cette épreuve du haut de ses douze printemps.

Et le point remarquablement subtil, c'est qu'en parlant de *certaines* distances et de *certains* temps par le biais des infiniment élastiques ΔP et Δt, le mathématicien parvient à apposer un schéma discret sur un processus apparu jusqu'à présent comme continu. L'apposition de ce schéma met spectaculairement en évidence des relations entre le temps et la distance qui sont restées jusqu'ici enfermées dans la continuité et dérobées aux regards. Les objets en chute libre à la surface de la Terre obéissent à une seule et même loi, affirme la loi de Galilée ; ils peuvent chanter dans leurs chaînes comme la mer, mais l'enfant languide du New Hampshire et le rubis lâché en Toscane décrivent une chute caractérisée par le fait que la distance est une simple fonction du temps. En faisant abstraction des mathématiques, que peut-on dire de leur vitesse, à ces objets lâchés et languides ? Seulement qu'elle est le rapport de la distance parcourue au temps écoulé, qui dans le cas de la frêle plongeuse du souvenir se mesure en comparant la hauteur du grand plongeoir – sept ou huit mètres – au temps écoulé entre la culbute initiale et le plat final retentissant. *Une* action continue aboutit à une évaluation *unique* de la vitesse. Mais l'apposition de distances et de temps discrets sur cette action fait apparaître une profusion de détails descriptifs supplémentaires. Lorsque la plongeuse tombe sur une distance ΔP pendant un certain temps Δt, sa vitesse moyenne, ou son rythme de changement, est le tendre rapport familier $\Delta P/\Delta t$ – sauf que ce rapport est maintenant celui de *cette* distance à *ce* temps, le plongeon interrompu à mi-course au temps Δt, quelques instants avant l'entrée dans l'eau. Il y a maintenant autant d'évaluations de la vitesse qu'il y a d'intervalles Δt de temps. C'est-à-dire une infinité.

Le monde révélé par les sens s'éloigne, un nouveau monde de relations et de liens vagues et mystérieux se forme lentement. Quand le temps se *dilate* et que Δt croît, la distance se dilate aussi et ΔP croît à son tour, et cette remarque prosaïque ne fait que confirmer ce que nos sens nous diraient de toute façon : plus longue est la descente, plus grande est la distance (et plus dure est la chute, ajoute la voix de l'expérience). Mais quand le temps se dilate, *la vitesse se dilate aussi*, le rapport de ΔP à Δt croissant progressivement. Les objets en chute libre sont soumis à une accélération. L'accélération est une sensation qu'un corps humain éprouve, c'est donc une facette familière de la chute qui rappelle ces moments où l'ascenseur semble céder brusquement sous nos pieds, mais le langage est presque entièrement dénué de ressources permettant de décrire le phénomène autrement que par le classique *de plus en plus vite*. Les variables de la distance et du temps font bien mieux. Elles concentrent l'attention sur l'essentiel au détriment du détail. Elles permettent de mettre en application une affirmation précise, de sorte que le *fait* que quand le temps se dilate la vitesse augmente admet maintenant un développement sans équivoque : quand Δt croît, $\frac{\Delta P}{\Delta t}$ croît aussi.

Dans le système que l'on vient d'esquisser, l'extension du temps correspond au mouvement variable mais inexorable de ce dernier. Ce n'est pas le temps qui entre en jeu dans ces étapes discrètes désignées par Δt, naturellement, mais plutôt l'*attention* du mathématicien qui en mobilisant des muscles mentaux rarement utilisés est contraint de se concentrer sur le cours du temps et de décomposer en étapes ce cours par ailleurs continu. Mais si l'extension discrète du temps est un mouvement mental, il devrait être possible par un déplacement oblique du levier intellectuel du mathématicien d'engager la marche arrière pour observer la *contraction* du temps. Quand le temps *rapetisse*, Δt décroît et l'attention du mathématicien se porte sur des intervalles de temps de plus en plus courts. C'est avec la contraction du temps que la première notion formelle du Calcul – *la dérivée d'une fonction à valeurs réelles* – signale son imminente arrivée en Technicolor sur l'écran géant des mathématiques.

La fonction de position est un compte rendu vivant de l'endroit où était un objet et de l'endroit où il va, donc un moyen de transmettre l'histoire de cet objet, son association avec le monde. La loi galiléenne de la chute des corps donne à cette fonction une forme familière : $P(t) = ct^2$, la distance variant avec le carré du temps. C'est cette fonction qui entraîne une relation quantitative étroite entre ce que fait un objet – chuter librement – et le temps durant lequel il le fait. La loi est universelle, elle vaut indifféremment pour tous les objets quelle que soit leur masse, et quand on analyse la vitesse sous cet angle les chemins du romancier et du mathématicien se séparent : le premier reste là à contempler tristement cette enfant à la peau couleur de miel et aux épaules graciles en rêvant aux best-sellers à venir, tandis que le second ramène ces détails lumineux à l'imperturbable pérennité d'une horloge et d'une tour, abstractions représentant le temps et la distance.

Le monde est maintenant entièrement vide, à l'exception de l'horloge universelle sur laquelle repose le Calcul et dont le battement se fait entendre partout, un gigantesque ovale, une unique aiguille noire et fuselée qui progresse autour du cadran pour passer de 0 à 1, de 1 à 2, de 2 à 3 et de 3 à 4, nombres correspondant à ceux de la droite numérotée, et d'une tour de cent pieds de haut, cette horloge et cette tour symbolisant toutes les horloges et toutes les tours.

Le moment est le présent infiniment fertile. L'aiguille de l'horloge universelle est sur le 0. À cet instant précis, rien n'est encore arrivé, aucun temps ne s'est écoulé, aucune distance n'a été parcourue, il n'y a donc pas de vitesse. On peut exprimer ce phénomène banal en laissant le temps se dérouler pendant un certain moment Δt puis se contracter pour évaluer la vitesse moyenne sur un intervalle de temps de plus en plus court. S'il était possible de rembobiner le cours du temps, on aboutirait à l'un de ces films amusants où l'on voit la vie passer en marche arrière, le baiser quitter les lèvres des amants, le rubis revenir dans la paume du dandy, la plongeuse se relever de son plat imminent pour reprendre sa pose crispée sur le plongeoir. Que le temps se dilate et la vitesse augmente ; qu'il se contracte et la vitesse diminue, ce qui, quand le temps écoulé est nul, se traduit par le fait bien connu qu'un objet au repos n'a aucune vitesse que ce soit.

Ce qui doit tomber commence à tomber. La longue et élégante aiguille de l'horloge universelle se déplace avec fluidité. Et *maintenant*, une unité de temps s'est écoulée ; elle a disparu à jamais. *À ce moment précis*, quand l'aiguille effilée se trouve sur le 1, à quelle vitesse ce quelque chose tombe-t-il ? Ce qu'on cherche ici, c'est une représentation de la vitesse qui corresponde au moment précis où l'horloge universelle a battu une seule unité de temps, son aiguille inexorablement pointée sur le 1.

La loi de Galilée nous dit de *combien* est tombé un objet en une unité de temps. Il est tombé de seize pieds et il est donc parvenu à quatre-vingt-quatre pieds du sol. Mais pas plus qu'autre chose le Calcul n'est capable d'interrompre le cours du temps : après avoir atteint le 1, l'aiguille de l'horloge continue jusqu'au 2. Pendant cette deuxième seconde, l'objet tombe de quarante-huit mètres supplémentaires pour atteindre une position située à trente-six pieds du sol.

Mais le lecteur doit se rappeler ceci : bien que l'horloge universelle continue à battre, c'est le 1 qui constitue le pivot, le temps auquel on cherche à attribuer une vitesse. Δt est donc la différence entre le 1 et un temps plus avancé sur l'horloge, et puisque c'est au moment où l'aiguille atteint le 2 que le mathématicien reporte son attention sur elle, la différence en question est d'une unité de temps, soit d'une simple seconde si l'horloge est réglée pour sonner les secondes. De même, ΔP est la distance couverte par l'objet entre le premier et le deuxième instant de sa chute. Elle s'exprime comme la différence entre la position qu'il occupe après qu'une seconde fut écoulée et celle où il se trouve après que deux secondes furent passées – dans le cas présent, quarante-huit pieds : la différence entre quatre-vingt-quatre pieds (sa position après une seconde) et trente-six pieds (sa position après deux secondes)[1]. La vitesse moyenne de l'objet entre la première et la deuxième seconde est donc le rapport de la différence de position au temps écoulé : $\Delta P/\Delta t$ vaut 48/1, une *vitesse moyenne* de quarante-huit pieds par seconde.

1 L'élégante concision de cette notation ne doit pas éclipser le fait que la position est, qu'elle *reste*, une fonction du temps, si bien que si l'on part du temps $t = 1$, ΔP vaut $P(1 + \Delta t) - P(1)$.

L'horloge et la tour

La loi de Galilée dit que la distance est une fonction $P(t) = 16t^2$ du temps. Pour prendre en compte la hauteur des objets au moment où on les lâche, la relation s'écrit $P(t) = -16t^2 + 100$. Puisque la tour fait cent pieds de haut et que l'objet tombe *vers le bas*, on fait précéder le 16 du signe moins pour indiquer la position de l'objet sur l'axe des coordonnées. Si t vaut 1 – l'aiguille de l'horloge a atteint la première unité –, alors la loi de Galilée dit que $P(1) = -16t^2 + 100$. C'est-à-dire 84.

Si la valeur de t est 2, la loi de Galilée dit que $P(2)$ vaut $-16 \times 2^2 + 100$. C'est-à-dire 36.

La différence *entre* ces deux positions est ΔP, à savoir 36–84, ou –48. Quand une différence désigne une distance, le signe moins est supprimé. La distance parcourue est donc de 48 pieds (si l'unité de mesure choisie est le pied).

La différence entre les deux temps est Δt, soit 2 – 1, ou 1.

Le rapport de *cette* distance à *ce* temps est $\Delta P/\Delta t$, ou 48/1. Il s'agit de la vitesse moyenne de l'objet pour l'intervalle compris entre la première et la deuxième unité de temps. On refait le même calcul pour chaque nouvel intervalle de temps.

Si Δt vaut 0,5, $\Delta P/\Delta t$ vaut 40 pieds par seconde ; pour 0,1, on obtient 33,6 pieds par seconde ; pour 0,01, 32,16 pieds par seconde ; pour 0,001, 32,016 pieds par seconde ; et pour 0,0001, 32,0016 pieds par seconde.

Le temps subit maintenant sa contraction obligatoire et la différence entre l'instant où l'aiguille se trouve sur le 1 et les instants successifs se rétrécit. Parler ainsi du temps qui prend différentes valeurs, c'est considérer des intervalles de temps *de plus en plus courts*. Dans le premier exemple, l'aiguille de l'horloge passe du 1 au 2. Dans le deuxième, du 1 à une position située à mi-chemin du 1 et du 2. Dans le troisième, elle se traîne sur un dixième de la distance seulement pour venir s'arrêter sur 1,1 ; et chaque subdivision, je dois le souligner avec la plus grande vigueur, ne représente pas tant une véritable contraction du temps qu'une contraction de l'*attention* que porte le mathématicien à des intervalles de temps de plus en plus petits, une contraction rendue possible par l'acte originel et tout-puissant qui a permis de représenter le monde réel, y compris la marche en avant du temps, par les nombres réels.

Lorsque le temps écoulé est d'une seconde complète, la vitesse d'un objet est de quarante-huit pieds par seconde. Chaque intervalle contracté suivant est représenté par un nombre réel parfaitement déterminé, entièrement robuste et familier, les choses devenant petites mais jamais infiniment petites, donc à chaque intervalle contracté correspond une vitesse moyenne : le rapport rosé de la distance couverte, si réduite soit-elle, au temps écoulé, si minuscule soit-il. En partant du moment où le temps écoulé est d'une unité, sa contraction sur les intervalles successifs de 1, de 0,5, de 0,1, de 0,001, de 0,0001 et enfin de 0,00001 fractions de seconde produit les vitesses moyennes suivantes, que, pour plus d'emphase, le lecteur doit imaginer comme une mélopée scandée dans un couloir sonore où se mêlent mémoire, mythe, magie et mathématiques : 48 pieds par seconde, 33,6 pieds par seconde, 32,16 pieds par seconde, 32,016 pieds par seconde, 32,0000 pieds par seconde, sur quoi la voix de basse profonde qui annonçait ces vitesses moyennes entonne triomphalement : *Mesdames et messieurs, nous venons d'atteindre notre vitesse limite de 32 pieds par seconde*, la voix du chef de train rappelant au lecteur comme au passager que c'est la notion de limite qui rôdait tout ce temps avec ostentation à l'arrière-plan, mourant d'envie de se rendre utile. Quand le temps se *contracte*, le rapport de la distance au temps a pour limite le nombre 32 :

$$\lim_{\Delta t \to 0} \frac{\Delta P}{\Delta t} = 32.$$

Quand le temps se contracte ? Δt se rétrécit. Il tend vers 0. *Tend* vers zéro. Les différences de temps décroissent. Les vitesses moyennes *s'approchent de plus en plus* du nombre 32 ? Le rapport $\Delta P/\Delta t$ tend vers 32 quand Δt tend vers 0.

Tend ? La différence entre $\Delta P/\Delta t$ et 32 devient toujours plus petite, s'évanouissant sous la lumière blanche et dure d'une limite[2].

Les symboles appellent un mouvement mental qui met en jeu deux processus. Dans le premier, le temps est figé à chaque instant successif par une série d'éclairs stroboscopiques, son cours impoliment arrêté comme dans un de ces films policiers où le vétéran grisonnant qui examine pour la centième fois le film accidentel de la scène du crime en allumant une cigarette s'écrie *stop* pour qu'on arrête l'action sur une image, puis *revenez en arrière* pour qu'on fige l'action sur l'image précédente, jusqu'à ce qu'il découvre l'indice subtil que personne n'avait remarqué : la boucle d'oreille en or sur le tapis, les poils de chien sur la brosse à cheveux, le cadavre qui montre des signes inquiétants de vie après la mort.

Et le second mouvement est un processus où à chaque arrêt sur image on entreprend un calcul, on jongle avec un ensemble de nombres, presque comme si ce vieux détective grisonnant disait à sa blonde assistante aux longues jambes, comme cela semble toujours être le cas dans ce genre de film : *Tu as vu ça, Doreen ?*

Doreen secoue sa chevelure coiffée à la caniche avec une admiration perplexe.

2 Cette formulation qui reste dans les bornes de la langue familière peut, grâce à la définition de la limite ensevelie dans l'annexe du chapitre 12, être rendue aussi précise que cette même définition en appliquant celle-ci au cas de la vitesse. Dire que 32 est la vitesse instantanée qu'un objet atteint au moment $t = 1$ revient à dire que pour tout nombre réel $\in > 0$, il existe un nombre réel δ tel que si $\Delta t < \delta$ alors $\Delta P/\Delta t < \in$. (ΔP et Δt représentent les distances et sont donc positifs ; il n'y a nul besoin de faire appel aux valeurs absolues.) L'idée essentielle qui sous-tend la notion de vitesse instantanée est celle de plusieurs vitesses moyennes convergeant vers une limite ; une fois cette idée acceptée, la définition de la limite fait le reste. Mais à quel prix ! Lorsqu'elle est exprimée dans le langage formel des mathématiques, cette définition devient très difficile à comprendre et la brillante simplicité de l'idée sur laquelle elle repose est très souvent perdue, et très souvent pour toujours.

Quel que soit ce que le vieux détective grisonnant tente de porter à l'attention de Doreen, je veux que *vous* fassiez abstraction de ces poils, de cette boucle d'oreille solitaire, de ce cadavre plein de vie, et que vous vous concentriez sur la vitesse moyenne pendant chaque intervalle de temps, laissant ces intervalles se rétrécir indéfiniment jusqu'à ce que, par une miraculeuse coordination des concepts, *vous* voyiez les nombres qui en résultent tendre vers leur limite et s'effiler vers 32 quand le temps écoulé s'effile vers 0.

Ainsi entre la vitesse

D'un côté de l'univers, une demande a été exprimée pour un nombre représentant la vitesse instantanée, un nombre pouvant être mis en corrélation avec le temps, un nombre constituant ainsi la moitié d'une fonction ; à l'autre bout de ce même univers, un nombre vient de faire son apparition. Et, bien sûr, observant toute cette scène avec une sagesse rétrospective, le premier venu peut deviner quelle va être la prochaine étape romantique et inéluctable. Le mathématicien, source et centre de tous ces désirs vagabonds, comprime les extrémités de la pensée jusqu'à ce qu'elles se touchent. D'un geste superbe, rédempteur et imaginatif, le nombre tant désiré représentant la vitesse instantanée et la limite vers laquelle tend une suite de vitesses moyennes sont proclamés comme ne faisant qu'un :

$$\text{VITESSE INSTANTANÉE} = \lim_{\Delta t \to 0} \frac{\Delta P}{\Delta t} .$$

Les nombres dansent maintenant au son d'une mélodie visiblement motivante. Un objet qui tombe pendant une seconde d'une tour de cent pieds de haut descend de seize pieds pour atteindre une position située à quatre-vingt-quatre pieds du sol. En tombant pendant deux secondes, il parcourt soixante-quatre pieds pour arriver à trente-six pieds du sol. Sa vitesse moyenne entre la première et la deuxième seconde est de quarante-huit pieds par seconde, mais la limite des vitesses moyennes quand le temps se contracte vers la première seconde est de trente-deux pieds par seconde. C'est *cette* vitesse que le mathématicien attribue avec assurance au temps $t = 1$ alors que l'aiguille de l'horloge universelle avance pour venir frôler le nombre 1.

Montrant du doigt le tableau noir sur lequel j'ai dessiné une tour branlante et un objet en train de tomber spasmodiquement, son mouvement indiqué par le peu que je puisse maîtriser de l'art du dessin, la chose tout entière constituant une représentation outrageusement insuffisante du panorama flamboyant que *je* vois toujours quand je pense à la vitesse, je tapote la tour avec la pointe de mon stylo d'un air entendu.

– Alors ? La vitesse instantanée de la pierre ?

Un étudiant que j'ai surnommé Hafez l'Intelligent tousse. C'est un jeune homme originaire du Moyen-Orient. Son anglais insuffisant est la seule chose qui me préserve de toute la puissance de son intelligence féroce.

– Ça je ne comprends pas, dit-il.

– Allons, Hafez, dis-je.

– Si vitesse est changement de position, dit-il dans son anglais guttural bien à lui, et changement de position ça prend du temps... (Hafez l'Intelligent règle son débit pour donner à ses remarques finales le plus d'impact possible) comment la pierre peut tomber en *aucun* temps ?

Il se tourne vers le reste de la classe, espérant que ses acolytes vont soutenir ou au moins applaudir ses efforts pour faire dérailler le Calcul avant même que celui-ci n'eut commencé. À ce moment-là, une sonnerie retentit pour annoncer la fin de l'heure. Hafez l'Intelligent déguerpit dans le couloir du souvenir en laissant son raisonnement derrière lui.

Mais Hafez, Hafez, Hafez, où que tu sois, tu avais raison. La dérivée est un artifice, le premier des grands concepts de la science moderne qui brille par son incapacité à correspondre à quoi que ce soit dans la vie réelle. Pour exprimer la vitesse comme une fonction du temps, le mathématicien est prêt à sacrifier le sens commun, il est prêt à sacrifier la définition intuitive de la vitesse : pour dire la vérité, il est prêt à tout sacrifier.

Aller de la vitesse moyenne à la vitesse instantanée est comme passer d'un pays sec à un pays humide : les choses se font d'abord lentement, les vitesses moyennes se présentant l'une après l'autre pour l'inspection, puis à toute allure, la limite en vue, la chaleur enfin dissipée et disparue. La fonction $P(t)$ est *dérivable* au temps t et la limite est la *dérivée de P en t*, un point du temps, un moment précis. Notez les aléas. Cette limite doit *exister* si l'on veut pouvoir définir la dérivée ; il le faut. Mais au moment précis où l'on calcule la dérivée, le temps disparaît puisque Δt se réduit à 0. Aussi loin qu'on le déroule, le rapport qui exprime les vitesses moyennes n'atteint jamais vraiment sa limite. On ne peut analyser le comportement d'une fonction en un point qu'en analysant son comportement dans un *voisinage* de ce point.

Pour finir, il y a les abréviations évidentes, la *dérivée de P en un point c* devenant :

$$\frac{dP(c)}{dt},$$

une notation très proche de celle proposée par Leibniz.

Jusqu'à présent, la définition de la dérivée a permis d'apparier *un* temps et *un* nombre. Comme la continuité, la dérivabilité est une notion définie *en un point*, ce qui peut expliquer son caractère délicat. Cependant, la dérivée a pris vie comme le résultat d'une demande exprimée de longue date de voir la distance associée au temps par le biais d'une *fonction* ; la vitesse instantanée a fait son apparition en un point donné, mais cette demande de fonction, pourrait s'interroger une voix éternellement plaintive, ne reste-elle pas insatisfaite ?

Pas du tout. On peut répéter pour tout point, donc pour tout temps, le processus qui a permis de construire la dérivée de P en un temps donné, 1 en l'occurrence. Dérivable en un point, la fonction P est dérivable ailleurs. C'est le processus consistant à prendre une limite en *chacun* de ces points qui définit la fonction voulue.

Séduit par la vitesse

L'image que je préfère est celle d'un millier de solides portes en bois qui une fois ouvertes débouchent sur des caves en pierre ou des cours lugubres, du linge claquant sur une corde ou le néant absolu. Le Calcul est une porte lui aussi ; mais à la définition de la dérivée, c'est une porte qui, contre toute attente, s'ouvre sur des jardins suspendus et parfumés, des ours à vélo, des jeunes danseuses aux yeux en amande, des palais de jade. Rien n'est plus facile que de rater ces jardins, ces ours, ces danseuses et ces palais parmi les grises difficultés de la définition ; mais ce qui est extraordinaire, c'est que l'ambition d'exprimer la vitesse comme une fonction du temps a été concrétisée grâce à la notion de limite, de sorte que même maintenant, alors que la moitié seulement des concepts du Calcul sont en place, on a fortement l'impression que les exigences que pose cette discipline, elle les satisfait comme aucune autre n'en est capable.

Dans un sens, bien sûr, la définition de la dérivée a dépassé son but pour aboutir à une réussite plus grande et plus considérable que prévue ; créée pour représenter la vitesse instantanée, la dérivée va *au-delà* de la vitesse pour acquérir une identité séparée. Le destin de la vitesse instantanée est de passer directement dans la vie de la physique, où elle devient la pierre angulaire de la mécanique, le lien fertile entre l'accélération que subit un corps en mouvement et la position qu'il atteint, mais la dérivabilité recouvre une notion plus riche que la vitesse et c'est là la source de son attrait. La vitesse est liée directement au comportement des objets en mouvement. La dérivée d'une fonction traduit un concept plus général, celui du *rythme de changement* ; et les fonctions dérivables se font l'expression d'une idée du *changement* qui est plus générale que le simple changement de position. La fonction est le témoin émouvant du changement sous *toute* forme, une chose – ses valeurs – se modifiant en fonction d'une autre – ses arguments. Si nous considérons instinctivement ces changements comme des changements de position, c'est parce que nous nous tournons instinctivement vers un monde familier pour éclairer des idées générales. Ce n'est pas une mauvaise politique, bien sûr, mais, au-delà de n'importe laquelle de ses illustrations, la notion de dérivabilité présente un niveau de généralité et d'immensité dont sont privés tous les concepts de la physique ou de la mécanique ; elle est le compte rendu abstrait de *toute* forme de comportement, donc de toute forme de changement pouvant être analysée avec profit en un point, localement.

Newton et Leibniz reconnaissaient l'un comme l'autre la vitesse comme une notion essentielle, Newton ayant plus particulièrement besoin d'elle pour ses recherches en mécanique. Cependant, ce que Newton et Leibniz entrevirent à la lumière crue mais totalement floue de leur génie, ils ne le comprirent jamais clairement ni complètement, Newton parlant de fluxions et de fluentes, fantômes mathématiques blafards qui continuent à errer de-ci de-là en gémissant même après deux cent cinquante ans, tandis que Leibniz inventait une notation suprêmement souple mais profondément déformante. Ni l'un ni l'autre n'étant capable de rompre nettement avec les infinitésimaux ni même de dire clairement ce qu'*était* la dérivée d'une fonction à valeurs réelles, ils enfermèrent le Calcul dans l'incohérence. La notion de limite purge le Calcul de ses impuretés logiques, mais elle fait plus encore. En rendant possible la définition de la dérivée, elle unifie dans une synthèse fragile et improbable deux aspects différents de l'expérience : le discret et le continu.

C'est le discret qui est la dimension la plus apparente. Nous sommes tous séparés les uns des autres et séparés du monde par le fait que nous habitons un corps distinct des autres corps ; isolés par la surface de notre peau, nous occupons une entité isolée qui se meut parmi d'autres entités isolées, et cet aspect de notre expérience est représenté par les nombres réels, car quels que soient ces nombres, si proches qu'ils puissent être les uns des autres, ils sont séparés par un fossé absolu et infranchissable. Mais il y a aussi l'expérience opposée mise en lumière par la conscience, comme lorsque les différences entre un état et un autre ou entre un instant et un autre deviennent non plus des différences mais divers aspects d'un même continuum ; ou encore ces moments étranges où la conscience semble se fondre dans le monde et essaimer à l'extérieur d'elle-même, comme dans ces états méditatifs mystiques où la séparation prosaïque et numérique entre ce que je suis et ce qui existe s'estompe puis s'efface, tandis que l'âme humaine, telle une rivière qui parvient à l'océan, finit par ne faire plus qu'un avec l'ineffable. Cette expérience trouve son reflet dans des processus physiques, par exemple dans les changements sensuels et homogènes observés à la surface d'une rivière, où rien ne change de manière isolée parce que sur cette surface il n'y a rien, mais où le tout subit néanmoins une transformation, la rivière reflétant ses parties, et réciproquement.

Le génie du Calcul est de réconcilier ces aspects contradictoires de l'expérience grâce à la définition de la limite et à celle de la dérivée. Une fonction à valeurs réelles est donnée : elle représente un processus continu, le changement de position d'un objet en mouvement. La limite de cette fonction en un point est un nombre, et elle est discrète ; mais elle incarne, elle exprime, parce qu'elle est *leur* limite, une infinité de nombres qui en convergeant représentent le changement continu de position de cet objet. Il en est de même pour la dérivée de la fonction, qui *exprime, parce qu'elle est leur limite*, une infinité de nombres qui en convergeant représentent le changement continu de vitesse de l'objet. On ne s'échappe jamais directement du monde des nombres. Le monde élastique et continu mis en lumière par notre expérience n'en est pas moins représenté par les plus sèches et les plus austères des notations mathématiques.

ANNEXE

La vitesse tirée des symboles

La conclusion provisoire est que 32 est la limite vers laquelle tend une série de nombres. Je dis *provisoire* parce que l'affaire est purement hypothétique. Rien n'a encore été démontré. Un raisonnement plus élaboré suit. L'horloge universelle a atteint le nombre 1. On cherche un nombre qui puisse représenter la vitesse *à cet instant précis*. La valeur de la variable t est simplement 1.

Pour dériver la vitesse en cet instant, le mathématicien prend des intervalles temporels Δt compris entre 1 et d'autres instants, et les fait se contracter. La *position* d'un objet qui tombe pendant chacun de ces intervalles de temps Δt peut donc se réécrire $P(1 + \Delta t)$ – la position de l'objet quand une unité de temps et *un peu plus* s'est écoulée, le *un peu plus* désigné par l'élastique Δt. La vitesse familière s'incarne dans une formule familière adaptée à la contraction du temps :

$$\text{VITESSE MOYENNE} = \frac{P(1+\Delta t) - P(1)}{\Delta t}.$$

$P(1 + \Delta t) - P(1)$ n'est autre que ΔP réécrit sous une forme conçue pour rendre la manipulation algébrique plus transparente.

Quand on laisse Δt se contracter vers 0, on obtient la définition de la vitesse instantanée :

$$\text{VITESSE INSTANTANÉE} = \lim_{\Delta t \to 0} \frac{P(1+\Delta t) - P(1)}{\Delta t}.$$

Mais la fonction de position $P(t)$ possède une signification parfaitement explicite. Quelle que soit la valeur de t, $P(t)$ signifie $-16t^2 + 100$. En particulier, $P(1 + \Delta t)$ peut s'écrire $-16(1 + \Delta t)^2 + 100$. Ici, le mathématicien traite Δt comme s'il s'agissait d'une variable unique, quelque chose qui ressort de l'art de l'algèbre. Et l'algèbre du lycée nous rappelle que $(a + b)^2$ est égal à $a^2 + 2ab + b^2$. Il s'ensuit que $(1 + \Delta t)^2 = 1 + 2\Delta t + \Delta t^2$. Entreprenant son travail au point $1 + \Delta t$, la fonction de position donne :

$$P(1 + \Delta t) = -16(1 + 2\Delta t + \Delta t^2) + 100.$$

La valeur de la fonction de position au temps $t = 1$ vaut

$$P(1) = -16 + 100.$$

La *différence* entre $P(1 + \Delta t)$ et $P(1)$ est

$$-16(1 + 2\Delta t + \Delta t^2) + 100 - (-16 + 100).$$

Et le rapport de cette distance au temps écoulé est

$$\frac{-16(1 + 2\Delta t + \Delta t^2) + 100 - (-16 + 100)}{\Delta t}.$$

L'algèbre élémentaire permet de ramener cette expression à

$$\frac{-16 - 32\Delta t - 16\Delta t^2 + 100 + 16 - 100}{\Delta t},$$

puis à nouveau à

$$-32 - 16\Delta t.$$

Cependant, c'est la *limite* qui nous intéresse et quand Δt se réduit pour s'approcher toujours plus de 0, le produit de 16 par Δt tend lui-même vers 0. Mais lorsqu'on soustrait à –32 un nombre toujours plus petit, le résultat tend inexorablement vers –32 même, c'est-à-dire absolument 32 quand le signe moins tombe.

Voilà la vitesse instantanée que le mathématicien attribue au nombre 1 dans ce jeu ingénieux.

Une démonstration qui n'en est pas tout à fait une, feront observer les puristes, mais qui en est assez proche pour que seuls les puristes s'en offusquent ; quoi qu'il en soit, les données tirées de la manipulation formelle corroborent les données empiriques qu'a donné l'examen informel du comportement de P pour certains de ses arguments.

Si, au lieu d'évaluer la vitesse instantanée au moment précis où $t = 1$, le mathématicien évalue la vitesse en général, le même calcul réalisé en remplaçant le nombre 1 par la variable t montre que, quel que soit le temps t, la vitesse d'un objet en chute est de $32t$, la dérivée de la fonction de position émergeant comme une simple fonction du temps.

CHAPITRE 17

L'épaule potelée

Un jour, on m'invita à donner une conférence à l'université de Vienne. Bien que tout le monde ou presque y parle l'anglais, l'allemand enveloppe la ville comme un nuage, la langue à désinences donnant naissance à une fierté dilatée. « En allemand ou en anglais ? » demandai-je à mon hôte, un mathématicien qui s'enorgueillissait de sa maîtrise cosmopolite de la langue de James Fenimore Cooper. « Oh, en anglais, bien sûr, répondit-il, nous sommes tous très raffinés ici. »

Très bien, en anglais.

À huit heures, l'université était pratiquement déserte. La salle de conférences avait cet air vide et légèrement inquiétant caractéristique des vastes espaces peu utilisés. Mes amis étaient là, naturellement, ainsi qu'une poignée de mathématiciens de l'université, des hommes sérieux aux cheveux blancs et soyeux, leurs mains délicates serrées sous leur menton, et aussi un poète que j'avais rencontré dans une soirée et qui écrivait dans un allemand furieux et indigné – *Warum ? Wie so ? Nein ! Darf Ich ?* – des bribes de choses et d'autres entrecoupées d'une quantité de signes de ponctuation bizarres.

Je commençai mon exposé et réalisai rapidement à l'expression qui se peignit sur les visages que personne ne comprenait un mot.

À la fin, le poète s'approcha de moi, l'écume de la remontrance sur le point de lui monter aux lèvres.

« Je sais, dis-je, mieux en allemand. »

Ce petit souvenir me revint un jour en mémoire quand je lus que Cauchy s'était rendu à Prague au milieu des années

1830 pour servir de précepteur à la progéniture morose et peu communicative d'un Bourbon en exil. L'image de cet homme brillant en train de déverser sur des servantes et des femmes de chambre tchèques, placides et imperméables, un flot de paroles dans son petit français éclatant s'avère tout à la fois irrésistible en tant qu'expression humaine de la frustration linguistique et emblématique d'une vision double qui se manifeste non seulement dans la vie mais aussi dans les mathématiques.

La vitesse instantanée est l'incarnation solide d'un concept important. C'est Newton qui, au XVIIe siècle, comprit la nécessité d'un tel concept et se défit du cliché selon lequel il doit y avoir un lien entre ce que signifie un concept et la manière dont il est mis en application, mais c'est Cauchy qui, dans les années 1820, découvrit le délicat système d'inégalités et de réglages indispensables pour exprimer la vitesse instantanée sous la forme qu'elle conserve en grande partie aujourd'hui. Dans les années qui s'écoulèrent entre-temps, toutes sortes de brillants mathématiciens, notamment Euler et Lagrange, élargirent le processus qui allait permettre de transformer un frémissement naissant en une définition mathématique précise.

Mais si la dérivée d'une fonction à valeurs réelles est la réponse du mathématicien à la question *à quelle vitesse ?*, elle est aussi la réponse à une question apparemment différente, qui traite de courbes et de courbures et de douces formes sensuelles ; en passant de l'une à l'autre, le mathématicien passe d'un monde dur et utilitaire à un monde plein de douceur, mon anglais à Vienne étant comme le français de Cauchy à Prague : un instrument étranger au milieu d'une douce explosion de sifflantes et de fricatives. Et l'un des immenses plaisirs du Calcul, et même des mathématiques, est la possibilité de voir ou de sentir en permanence, juste derrière une façade familière, les linéaments d'un monde entièrement différent et infiniment plus séduisant, ces deux mondes, le familier et le fabuleux, étant *tous deux* placés sous le contrôle du même système d'idées mathématiques.

Une droite robuste s'élève à partir de l'origine d'un repère cartésien. À chaque unité qu'elle parcourt sur l'axe des t, elle monte d'une unité sur l'axe des y. L'équation qui décrit son comportement est $y = mt + b$, où m est la pente et b le point où elle coupe l'axe des y.[1] Cette droite s'élevant à partir de l'origine, b vaut donc 0. Le m de l'équation traduit le déplacement simultané de la droite dans deux directions, vers l'extérieur et vers le haut, et forme ainsi un rapport qu'on peut exprimer entièrement en termes de coordonnées :

$$m = \frac{y_2 - y_1}{t_2 - t_1}.$$

Les distances corrélatives du numérateur et du dénominateur ($y_2 - y_1$ et $t_2 - t_1$) mesurent la base et le côté d'une figure plane familière, un triangle des plus ordinaires, ce sont donc des nombres associés à des choses – ici des droites – dotées d'une existence propre :

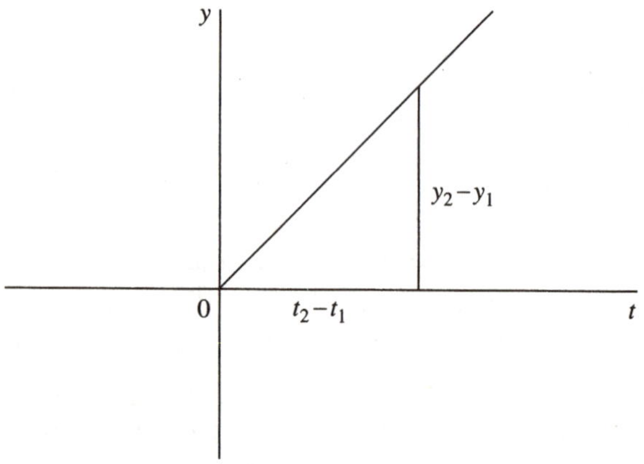

Pente d'une droite

La pente de cette droite est 1 et, où qu'elle aille, cette droite, son adresse en un seul point de l'espace suffit pour exprimer complètement son comportement. Trois nombres

1 Pour plus de détails, voir le chapitre 4.

en tout, l'un désignant sa pente et les deux autres son adresse en termes de coordonnées, servent à définir sa relation immuable et indélébile avec le repère cartésien. Comme bien souvent en mathématiques, les exemples simples sont à la fois étranges et riches d'enseignement. L'identité d'un objet géométrique est caractérisée par son association fortuite avec un point unique et un nombre mesurant son inclinaison, et l'analyse semble ainsi *quitter* le vaste univers géométrique des droites pour *passer* au monde moins tangible mais bizarrement plus concret des nombres, si bien qu'une fois les nombres nécessaires donnés on a le sentiment tenace mais indéfini (et peut-être *indéfinissable*) que, comme des molécules biologiques, les nombres portent en eux toutes les données qui les concernent, et que même les plus banals et les plus ordinaires d'entre eux sont mystérieusement capables de contenir suffisamment d'informations pour englober l'espace tout entier, d'un point de l'infini à l'autre. Mais la pente d'une droite est aussi un nombre étrange et singulier qui reste toujours le même où que la droite aille. Si je le qualifie de singulier, c'est parce que parmi la tumultueuse congrégation des lignes inscrites dans le plan, les droites sont les seules à posséder cette propriété. La plus douce des courbes change continûment d'orientation par rapport au système de coordonnées, s'inclinant vers le bas avec une langueur mélancolique ou se glissant par l'origine comme le graphe de $f(t) = t^3$. Le monde de l'expérience regorge d'arches et de colonnes cannelées, de chaussées et de collines anciennes et voûtées, d'épaules blanches et arrondies. Comme le cercle, matérialisé irrégulièrement par des objets aussi divers qu'une pièce de monnaie ou que la circonférence du crâne humain, la droite est une abstraction tirée de l'expérience qui entre dans les mathématiques parce qu'elle est simple. Le contraste entre l'abondance des courbes et la relative rareté de la droite dans le monde semble indiquer une séparation irrémédiable entre l'expérience et l'analyse. Ce n'est pas le cas. À certains moments cruciaux dans l'analyse qui suit, on en reviendra au cas simple, la droite conservant contre toute attente son pouvoir de dominer le débat, de l'éclairer et de l'illuminer.

La fonction $f(t) = ct^2$ a fait son entrée en scène lors de l'étude de la vitesse (où ses valeurs prenaient la forme $-16t^2$). Laissons maintenant c décliner fadement vers 1 et $f(t)$ apparaître dans de nouveaux atours, comme le mannequin d'une maison de couture toujours prêt à être exhibé lors de la présentation des nouvelles collections. Son graphe s'inscrit sur l'écran désormais perpétuellement illuminé d'un repère cartésien comme une *courbe*, quelque chose qui est au plus profond de son être un enfant du changement.

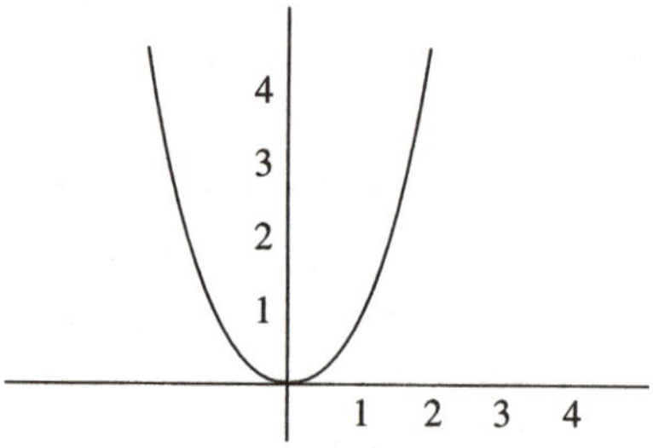

Visage de $f(t) = t^2$

Un scarabée se déplaçant sinueusement sur cette courbe change constamment d'orientation par rapport à l'axe des coordonnées. La différence entre ce qui se passe en un point de la courbe et ce qui se passe sur l'ensemble de cette courbe prend une importance nouvelle et vient occuper une position conceptuelle de premier plan. À supposer qu'il existe un nombre unique permettant de caractériser la manière dont une courbe change *tout au long* de son étendue, ce n'est pas un nombre que le Calcul est capable de fournir. Mais il est naturel de se demander – c'est une question plus sûre et plus restreinte – s'il existe *en tout point donné* un nombre qui caractérise la manière dont la courbe change *en ce point*. Ce nombre incarnerait, donc exprimerait, le degré de changement de la courbe *alors même qu'elle est en train de chan-*

ger, et même s'il ne peut pas définir la courbure en général, il pourrait caractériser séparément chacun des points de la courbe et permettrait donc de répondre à la question générale par la méthode toute simple qui consiste à répondre à la question restreinte une infinité de fois.

C'est la notion de pente qu'on cherche à définir, donc un nombre qui incarne des données relatives au comportement et au changement, mais dans l'étude des courbes, une vieille difficulté revient hanter la scène. La pente d'une droite est un nombre unique et immuable, mais, comme pour la vitesse moyenne, c'est un nombre calculé à partir de deux points. Puisqu'une droite conserve la même pente en chacun de ses points, il s'agit là d'une restriction sans importance. Mais la *courbure en un point* semble trembler sur la même marge d'incohérence que la vitesse à un instant. Le doigt suit l'arrondi de l'épaule puis s'arrête en laissant une marque en creux dans la chair moelleuse, mais, une fois la main immobilisée, le sentiment de courbure procuré par la caresse disparaît, le point de dépression réduit à ce qu'il est en réalité, une étape le long d'un arc sensuel ; c'est l'*ensemble* de cette épaule qui donne au libertin l'impression d'arriver à ses fins.

Comme la vitesse, la courbure est une notion anarchique ; c'est l'étrange similitude entre l'indocilité de la courbure et celle de la vitesse qui suggère au mathématicien que ces deux notions relèvent d'une analyse commune, le Calcul accomplissant son premier acte de maîtrise dans ce qui ressemble à une manifestation de double domination. La courbe qui correspond à l'équation $y = t^2$ et exprime le graphe de la fonction $f(t) = t^2$ est une gracieuse parabole. Un insecte en mouvement sur cette parabole, ce scarabée, mettons, descend vers l'origine en laissant une trace iridescente dans son sillage délicat, touche l'origine en 0 (puisque 0 multiplié par lui-même vaut toujours 0) et, ainsi revigoré, remonte le long de la courbe. En $t = 1$, $f(t)$ vaut 1 et $<1, 1>$ désigne donc un point de la courbe, la douce fossette sur l'épaule, la paire de nombres qui correspond aux coordonnées de ce point.

C'est là que le scarabée s'arrête ou que l'amant fait une pause, et c'est là qu'on s'efforce de subordonner le comportement de la courbe à un nombre.

La leçon de l'amour comme, curieusement, celle du Calcul, est de ne pas s'attarder trop longtemps au même point. En $t = 2$, $f(t) = 4$, et la paire <2, 4> désigne un autre point de la courbe, un endroit plus éloigné de l'épaule. Entre deux points quelconques d'une courbe, affirme la géométrie euclidienne, on peut tracer une droite, et c'est l'un des *faits* simples et absolument cruciaux sur lesquels repose en définitive le Calcul. Une droite qui relie deux points d'une courbe est appelée *sécante*, du latin *secare*, couper. Une *droite*, notez, donc une ligne dotée d'une pente bien définie. Bien définie ? Définie comment ? De la manière habituelle, le même triangle faisant une deuxième apparition pleine de bon sens. Définie ainsi : comme le rapport de $y_2 - y_1$ à $t_2 - t_1$, soit dans le cas de <1, 1> et de <2, 4>, (4 – 1)/(2 – 1), ou 3.

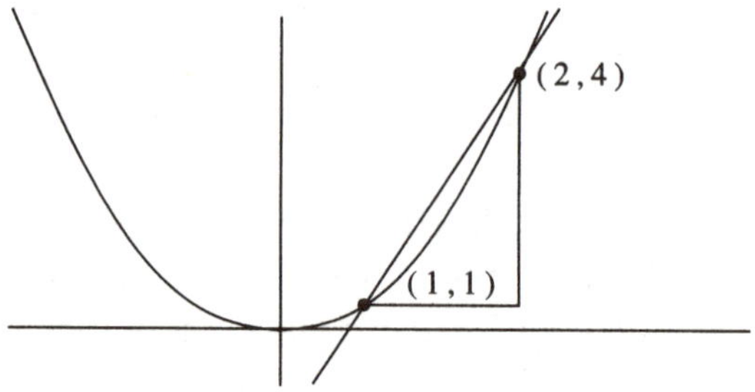

On peut tracer des sécantes entre deux points quelconques de la courbe et la recouvrir ainsi d'un fin treillis de droites dont l'apparition fait resurgir l'élémentaire dans son dessin délicat. Mais au-delà du contraste esthétiquement plaisant entre la courbe et le lacis de ses droites, il y a le fait encourageant que *chaque* sécante est plaisamment rectiligne et qu'elle possède donc une pente bien définie, un nombre qui détermine sa relation avec l'axe des coordonnées, un emblème flamboyant de sa position dans l'espace.

Les sécantes qui touchent une courbe en deux points sont l'incarnation d'un concept fragile qui mesure le changement de la courbe entre les points. Les nombres qui représentent leur pente jouent un rôle dans la mémoire en tant que représentants d'une moyenne, d'une évaluation toute faite de la courbure. Vue sous cet angle, il s'agit d'une courbure calculée à deux temps, donc en deux points. Entre ces points, la courbe peut vagabonder, se replier sur elle-même, s'aplatir ou adopter un autre comportement tout aussi inconvenant. Le concept qui en ressort ne tombe sous l'emprise d'aucune fonction que ce soit et reste, comme la vitesse moyenne, en marge de la grande roue des concepts que le Calcul est prêt à accréditer.

Une droite qui *effleure* la courbe au point <1, 1>, soit l'endroit où l'on cherche à évaluer la courbure, est différente. C'est là que la courbure est comprimée, pour parler assez librement, et c'est là que le mathématicien conçoit la grande idée romanesque d'attribuer à la courbe la pente de sa *tangente* en ce point et de placer son doux arrondi sous la domination d'un nombre, le charmant mot *tangente* évoquant des tangerines, des tangos et le latin *tangere*, toucher. L'idée rédemptrice qui attribue pour finir un nombre à un point passe par un acte d'appropriation éhonté. La pente de la courbe en un point est définie par procuration en lui attribuant celle de la droite qui l'effleure en ce point.

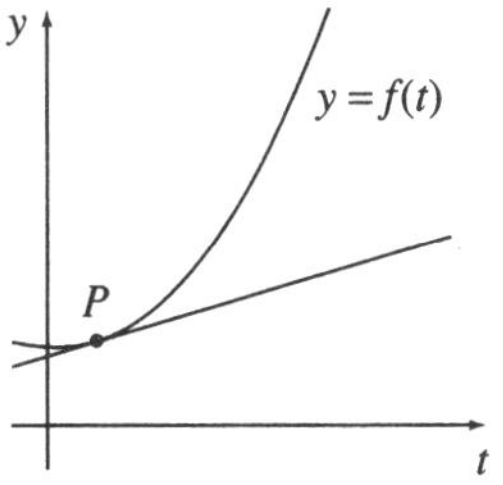

La tangente du graphe de f en P

C'est pourtant un geste conceptuel qui semble trop simple pour être utile. La tangente possède une identité spectrale du fait qu'elle touche la courbe au point <1, 1>, mais son identification reste tragiquement indéterminée. Bien des droites peuvent toucher une courbe en un point donné, et toute tentative pour préciser la droite en disant qu'elle effleure la courbe ou qu'elle la touche en un point *seulement* est vouée à l'échec, comme Hafez l'Intelligent lui-même le reconnaît, en agitant son menton mal rasé.

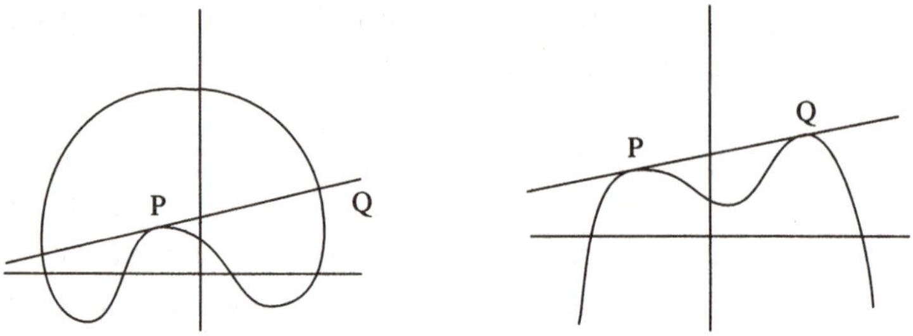

Tangentes touchant des courbes en plusieurs points

Plusieurs lignes de pensée et d'envie sont sur le point de se rejoindre mais avant qu'elles le fassent il est bon de rappeler qu'un handicap peut bien souvent devenir un atout. Pour indéterminée que soit une tangente, elle apparaît ici avec une facette de son identité déjà solidement définie : il s'agit d'une droite qui rencontre la courbe *en* un point donné. Pour finir de déterminer son identité, il ne reste plus qu'à trouver un autre nombre. Aussi bien le mathématicien résolu à faire don à la courbe de la pente de la tangente que le sceptique stupéfait d'apprendre qu'une tangente dépourvue de pente est mathématiquement indéterminée se réjouiront d'une méthode qui *affecte* une pente à la tangente, l'idée neutre d'une affectation traduisant bien, selon moi, le curieux mélange de découverte et de définition qui intervient dans toute avancée mathématique.

Par *rétraction* de la sécante, j'entends le processus qui consiste à faire reculer celle-ci le long de la courbe pour réduire toujours plus la distance entre les points qu'elle relie, un peu comme un éventail qui se ferme.

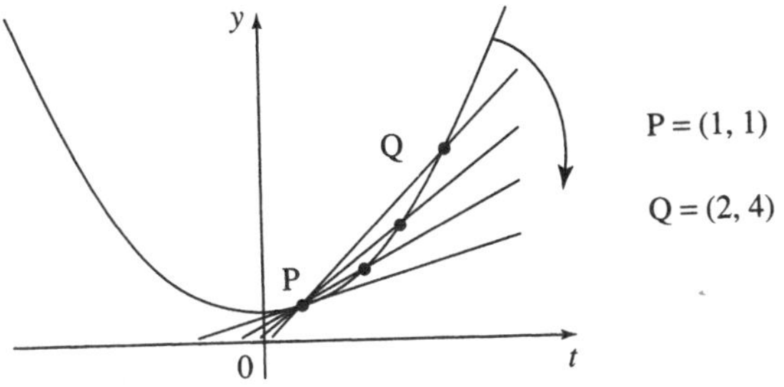

La rétraction est un processus visible, mais ce qui est capital, au-delà des images de l'éventail en train de se refermer, ce sont les *pentes* des diverses droites rétractées, que l'on exprime par une formule familière :

$$m = \frac{f(t + \Delta t) - f(t)}{\Delta t},$$

m prenant diverses valeurs quand Δt devient de plus en plus petit.

Quelques calculs rapides. Laissant son œil descendre le long de la courbe vers le point d'intérêt, c'est-à-dire <1, 1>, le mathématicien examine des sécantes de plus en plus courtes. La première s'étire entre les points <1, 1> et <2, 4>. Ensuite, le point initial <1,1> reste le même, aussi fixe qu'un pivot, mais les sécantes suivantes s'étendent entre lui et les points <1,5, 2,25>, <1,3, 1,69>, <1,1, 1,21>, <1,01, 1,02> et <1,001, 1,002>[2]. À *chacune* de ces droites est associée une pente, un nombre qui exprime une de ses propriétés intrinsèques. Lorsque les sécantes se rétractent et que l'intervalle

2 Chaque paire de nombres est obtenue de la même manière. Le premier nombre se trouve un peu après 1, et le second s'obtient en l'élevant au carré. C'est ce que fait la fonction *f*.

entre les points devient plus court, leurs pentes forment la suite que voici :

$$3,\ 2{,}5,\ 2{,}3,\ 2{,}1,\ 2{,}01,\ 2{,}0010,\ \ldots,$$

ce qui devrait faire naître dans l'esprit du lecteur le soupçon que ces nombres convergent vers la limite 2.

Comme c'est effectivement le cas[3].

La rétraction est une opération restrictive, tant visuellement, puisque les sécantes rétrécissent, que d'un point de vue analytique, puisque leurs pentes convergent, à supposer qu'elles le fassent, vers une limite bien définie, une boule de feu lointaine, et que la tangente au point <1, 1> acquiert en salves vibrantes son identité comme la droite dont la pente est définie comme la *limite* de

$$\frac{f(t+\Delta t)-f(t)}{\Delta t}$$

quand Δt tend vers 0. C'est une *définition*, une dotation d'identité.

Le processus de passage à la limite achevé, la tangente à la courbe émerge comme une droite dotée d'une identité mathématique solide, sa place dans le cours des choses étant enfin déterminée par deux caractéristiques : elle touche la courbe en $t = 1$ (et possède donc les coordonnées <1, 1>) et sa pente est 2.

La formule qui définit la pente d'une sécante admet une réforme dans la notation, un changement de symboles, une façon de faire jaillir l'étincelle de l'intuition à partir d'un tour de passe-passe symbolique. Dans la formule ci-dessus, on exprime le rapport de $y_2 - y_1$ à $t_2 - t_1$ en se servant des coordonnées ; on peut l'exprimer avec le même résultat en faisant appel à la fonction *f* originale, soit :

3 Pour la démonstration, voir l'annexe page 221.

$$\frac{f(t_2)-f(t_1)}{t_2-t_1},$$

ou ce qui revient au même :

$$\frac{\Delta f}{\Delta t}.$$

Cette formule est manifestement impossible à distinguer de celle de la vitesse moyenne. Impossible à distinguer ? Hormis le fait que *f* s'appelle *f* et non *P*, elle est identique. À la limite, la vitesse moyenne devient instantanée, un passage exprimé par la formule :

$$\lim_{\Delta t \to 0} \frac{\Delta P}{\Delta t},$$

et, en leur limite, les pentes des sécantes rétractées deviennent la pente de la tangente, un passage exprimé exactement par la même formule :

$$\lim_{\Delta t \to 0} \frac{\Delta f}{\Delta t}.$$

Différentes notions s'étant rejointes, la question de savoir comment une courbe se courbe trouve une réponse simple et élégante. La courbure en un point est évaluée par référence à la pente de la tangente en ce point. Certes, la courbe acquiert sa pente de seconde main mais au moins elle acquiert une pente, donc un nombre qui incarne puis exprime sa courbure. Ces brèves remarques et l'image avec laquelle elles sont corrélées recouvrent un difficile exercice de réflexion abstraite, un effort d'autant plus remarquable qu'il semble avoir été accompli sans effort, chaque étape succédant naturellement à la précédente et représentant un développement de la lumière. La vitesse est une notion qui plonge ses racines dans les expériences du corps humain : elle correspond donc sous sa forme la plus primitive à quelque chose que l'on *ressent*. L'exercice analytique qui consiste à exprimer la vitesse moyenne à l'aide d'un nombre imprime la marque d'un calcul arithmétique sur ces expériences par ailleurs turbulentes et instables. La découverte que ce *même nombre* sert également à mesurer la pente de la sécante investit la formule qui permet de le calculer d'une multiplicité de sens, de sorte qu'en passant de l'examen de la vitesse à celui de la courbure le mathématicien a l'impression d'avoir affaire à une seule notion frémissante et multiforme et non deux. De la même manière, la vitesse instantanée et la courbure en un point sont représentées par une seule et même formule mathématique, celle de la dérivée d'une fonction à valeurs réelles, un deuxième phénomène remarquable mais prévisible, presque comme si la gifle salutaire du maître zen vous faisait voir deux explosions largement séparées comme des éruptions provenant d'un unique et flamboyant soleil central. La vitesse apparaît comme un aspect de la courbure et l'essence de la vitesse instantanée devient brusquement *visible*, la courbure de la fonction de position exprimant un concept désormais perceptible. Réciproquement, la courbure apparaît comme un aspect de la vitesse et l'essence de la courbure subit une compression analytique, de façon que, si la vitesse peut maintenant se voir, la courbure, elle, peut se *calculer*.

La dérivée d'une fonction à valeurs réelles ressort de ces observations comme une notion masquée qui apparaît tantôt sous les traits de la vitesse, tantôt sous ceux de la courbure ; mais si différentes que soient ses manifestations, le sentiment devrait être vif que reste inchangé un élément conceptuel central de sa nature même, de sorte que cette diversité et cette multiplicité de sens en mathématiques sont la preuve que la nature possède une unité, une identité, une indivisibilité.

Annexe

L'œuvre du Diable

Le Calcul est à la fois un grand accomplissement théorique *et* un ensemble exceptionnel d'outils de calcul, une collection d'algorithmes ; et durant plus de trois cents ans, c'est l'existence de ces algorithmes, de ces techniques de pensée, qui a rendu possible l'application du Calcul. La fonction $f(t) = t^2$ en offre un exemple. Au point <1, 1>, où $f(1) = 1$, la dérivée de f est le nombre 2. La dérivée d'une fonction est un objet intensément local, un nombre mis en correspondance avec un point. La méthode qui a permis d'établir 2 comme étant la dérivée de f a consisté en gros à rétracter un certain nombre de sécantes, en calculant leur pente puis en *devinant* vers quelle limite tendaient ces pentes. Ce raisonnement peut être confirmé algébriquement en ayant recours à la définition de la limite.

L'idée est d'évaluer le comportement de

$$\frac{f(t+\Delta t)-f(t)}{\Delta t}$$

à la limite quand $\Delta t \to 0$, *quel que soit* le temps, donc quelle que soit la valeur de t.

Il suffit de laisser les fonctions faire leur travail habituel. Rappelez-vous que f a pour effet de porter les choses au carré. Une fois $t + \Delta t$ et t élevés tous deux au carré, le résultat est :

$$\frac{t^2+2t\Delta t+\Delta t^2-t^2}{\Delta t}.$$

Mais quand on laisse t^2 et $-t^2$ s'annuler mutuellement et qu'on divise le numérateur par Δt, on obtient simplement :

$$2t + \Delta t.$$

Quand Δt décroît, sa contribution à la somme $2t + \Delta t$ s'amenuise jusqu'à l'insignifiance, si bien que la limite de $2t + \Delta t$ est tout simplement $2t$.

Un effort de volonté est nécessaire pour recréer le miracle de ce petit raisonnement, un rembobinage du temps sur trois cents ans. Effacez de votre mémoire les machines à calculer et les manuels de Calcul, les programmes informatiques et Internet. Le problème qui se pose est de calculer la dérivée de $f(t) = t^2$ à tout endroit où atterrit la fonction f. Une perspective fastidieuse qui implique de répéter indéfiniment le raisonnement exposé dans le chapitre ; et pourtant, la simple découverte que la dérivée d'une fonction de la forme t^2 vaut $2t$ illumine l'obscurité de cette pénible besogne comme un millier de fusées. Plus besoin de calculer des limites. En $t = 9$, la dérivée de $f(t)$ est $2t$, soit 18 ; en $t = 234$, sa dérivée est toujours $2t$, soit 468.

Qu'il existe un algorithme permettant de calculer la dérivée de $f(t)$ n'élimine en aucun cas la couleur ou le caractère local de cette dernière. Cela signifie simplement qu'en chaque point on dispose d'une méthode pour trouver sa dérivée.

Et d'ailleurs, il existe une procédure similaire pour chacune des fonctions élémentaires.

La dérivée de la fonction $f(t) = at$ est a.

La dérivée de la fonction puissance générale $f(t) = t^a$ est at^{a-1}, un résultat qu'on connaît déjà dans le cas où $a = 2$.

La dérivée de la fonction $f(t) = \ldots$, mais l'important, ce sont moins les résultats spécifiques que le fait que ces résultats existent ; et pour cela, une liste suffit.

Les fonctions élémentaires forment une collection de notions où les choses tendent à tourner plutôt bien. La dérivée d'une fonction élémentaire est elle-même une fonction élémentaire. Au-delà des résultats spécifiques, quelques règles contrôlent la dérivation dans certaines situations bien précises. La dérivée d'une somme $d(f + g)/dt$, par exemple, est la somme de leurs dérivées $df/dt + dg/dt$. Il existe d'autres règles qui coordonnent la multiplication et la division des fonctions, et puis il y a la règle des fonctions composées. C'est cette règle qui couvre le cas des fonctions qui prennent une fonction comme argument et rappellent ainsi ces mythes de création sumériens dans lesquels Enog s'engendre lui-même.

Dérivées de certaines fonctions élémentaires

Ce qui suit est une collection de règles ou de recettes, toutes créées de la façon suivante : on donne une fonction élémentaire et on précise une façon de déterminer sa dérivée au moyen d'une autre fonction. Le texte du chapitre offre déjà l'exemple de la fonction $f(t) = t^2$. *La fonction qui indique sa dérivée est* $2t$ *ou, pour la nommer plus explicitement,* $g(t) = 2t$. *On peut également se servir de la notation de Leibniz :* $df/dt = g(t) = 2t$. *Cette notation est déconcertante, ne serait-ce que parce qu'elle est peu familière, mais elle devrait permettre de prendre la mesure de la souplesse fantastique de la notation fonctionnelle – en fait de la souplesse de la notion même de fonction.*

---

1. $da/dt = 0$. Ici, a est une constante. La fonction $f(t) = a$ ne va manifestement nulle part ; son graphe est une droite parallèle à l'axe des t, sa pente vaut donc 0.

2. $dat/dt = a$. La fonction $f(t) = at$ décrit une droite dont la pente est a.

3. $dt^a/dt = at^{a-1}$. La fonction $f(t) = t^a$ représente la fonction puissance générale ; le fait que la dérivée de $f(t) = t^2$ vaille $2t$ est un cas particulier qui prouve que les choses se déroulent bien comme prévu.

4. $d\mathbf{sin}\, t/dt = \mathbf{cos}\,t$. De nouveau, comme on pouvait s'y attendre, les dérivées des fonctions **sinus** et **cosinus** se complaisent dans la plus grande promiscuité.

5. $d\mathbf{cos}\, \mathbf{t}/dt = -\mathbf{sin}\,t$. Même remarque.

6. $d\,\mathbf{ln}\, t/dt = 1/t$. La dérivée du logarithme naturel $f(t) = \mathbf{ln}\, t$ est $1/t$.

7. $de^t/dt = e^t$. La fonction exponentielle est sa propre dérivée, un phénomène bizarre mais non dénué d'utilité. C'est la seule fonction à avoir cette propriété.

Comment cela fonctionne-t-il ? Partez d'une fonction ordinaire $g(t)$ et supposez qu'elle soit l'argument d'une fonction encore plus imposante $F(g(t))$.

On a le droit de faire ça ?

Parfaitement. Est-ce que $g(t)$ est une fonction ? Oui. Est-ce qu'elle dénote un nombre ? Re-oui. Alors posez que la valeur de $g(t)$ est l'argument de F.

Cela fait, la règle des fonctions composées couvre le cas où le mathématicien cherche à savoir comment F varie *non pas* en fonction de $g(t)$ mais en fonction de t. La réponse fournie par la règle des fonctions composées est que la dérivée de F par rapport à t est le produit de la dérivée de F par rapport à $g(t)$ et de la dérivée de $g(t)$ par rapport à t, et à peine ai-je prononcé ces mots que s'élève un chœur de gémissements. Ce qui est étonnant, c'est que dans la notation de Leibniz la chose est exprimée par une formule concise et d'une merveilleuse simplicité :

$$\frac{dF}{dt} = \frac{dF(g(t))}{dg(t)}\frac{dg(t)}{dt},$$

une formule réellement diabolique par sa clarté, sa capacité à comprimer l'information.

Avec la règle du Diable en main, voici un exemple de l'œuvre du Diable. La fonction $F(t) = (t + t^2)^2$ définit ses valeurs par le calcul suivant : prendre t, lui ajouter son propre carré, puis porter le tout au carré. Quelle est la dérivée de F en t ? Le problème est plus simple qu'il ne semble. Pour commencer, $t + t^2$ est une fonction. Appelez-la $g(t)$, étant entendu que $g(t) = t + t^2$.

Alors $F(g(t)) = g(t)^2$, et la règle des fonctions composées proclame que

$$\frac{dF}{dt} = \frac{dg(t)^2}{dg(t)}\frac{dg(t)}{dt},$$

$g(t)$ étant *à la fois* l'argument d'une fonction et une fonction à part entière.

Mais la dérivée de $g(t)^2$ n'est autre que $2g(t)$. Vous vous souvenez de $f(t) = t^2$? C'est la même chose !

Maintenant, quelle est la dérivée de $g(t)$?

Facile. La fonction $g(t) = t + t^2$ est une somme. La dérivée d'une somme est la somme de ses dérivées. Alors quelles sont-elles, ces dérivées ?

Eh bien, la dérivée de t est 1.

« D'où cela vient ? » demande Hafez l'Intelligent dans son anglais dur et guttural.

Bonne question, Hafez. Quelle est la fonction que nous sommes en train d'examiner ? C'est la fonction $f(t) = t$, n'est-ce pas ? Et la dérivée de cette fonction est 1 parce que la dérivée de at est a et qu'ici, a vaut *1*.

Ensuite, nous savons que la dérivée de t^2 est $2t$. *Vous vous rappelez, nous venons de le voir*. En réunissant ces différentes pièces du puzzle, nous voyons – *nous ?* – que la dérivée de F en t est $2g(t)(1 + 2t)$. En remplaçant $g(t)$ par $t + t^2$ –

M. Waldburger reprend brièvement conscience pour laisser une expression de totale perplexité envahir son jeune visage normalement paisible.

Comment ça ? Nous pouvons remplacer $g(t)$ par $t + t^2$ parce que nous avons *défini* $g(t)$ comme étant $t + t^2$.

Où en étais-je ? Ah oui, je me souviens, je suis apparemment le seul d'ailleurs. Après cette substitution, $2g(t)(1 + 2t)$ devient $2(t + t^2)(1 + 2t)$.

Oui, la dérivée de F en t vaut $2(t + t^2)(1 + 2t)$ et *oui*, c'est la réponse et *oui*, vous devez connaître la règle des fonctions composées pour l'examen final et *oui*, les étapes que j'ai suivies sont autant de phases dans un miracle permanent malgré l'ineptie de ma présentation de cette règle en classe, et *oui*, le miraculeux l'emporte toujours sur l'ordinaire comme il l'emporte aussi sur les difficultés qui tiennent à l'accomplissement précis d'un travail difficile. Pas de machine à calculer. Pas d'ordinateur. Pas de calculette. Pas même de traitement de texte. Aucune aide de la part de qui que ce soit. Uniquement la règle des fonctions composées et *oui*, c'est elle et rien d'autre qui nous a permis – autant être juste avec moi-même, qui *m*'a permis – de trouver mon chemin dans une chaîne déductive complexe que j'aurais été bien incapable de négocier sans elle.

Comme je l'ai dit, l'œuvre du Diable. Mais ce que je devrais ajouter, c'est qu'on trouve aujourd'hui ces calculs complexes et miraculeux même dans les calculettes de poche et que les algorithmes séculaires et les outils du métier sont appelés à disparaître aussi totalement que la méthode d'extraction des racines de Horner et, pour finir, aussi complètement que ce pauvre Horner lui-même.

CHAPITRE 18

Rolle le Contresens

Qui ? Pendant de nombreuses années, Michel Rolle figura dans mon imagination comme un vide poignant et discret. Durant toutes mes années d'enseignement du Calcul, personne ne me demanda jamais avec un chaud gloussement de sympathie humaine qui il était ou ce qu'il avait fait. Un jour, poussé par un rêve dans lequel un homme bien habillé et coiffé d'un chapeau mou dédaignait totalement un exemplaire d'occasion d'un de *mes* livres chez un bouquiniste, je consultai *ses* dates : 1652-1719. Quoi d'autre ? Il était né en Auvergne, une région qui reste aujourd'hui encore particulièrement accidentée, avec des châteaux en ruine perchés sur des collines onduleuses et protégés par des murailles couvertes de mousse dans un paysage boisé sillonné de gorges profondes. Entre vingt et trente ans, Rolle quitta son village boueux pour Paris où il vivota plusieurs années grâce au métier de scribe et de comptable, doué, je suppose, d'une maîtrise suffisante de l'arithmétique élémentaire pour tenir une comptabilité et faire des calculs numériques ; mais il semble avoir eu un réel don pour les mathématiques et il acquit en autodidacte ses connaissances en la matière, connaissances qu'il avait perfectionnées et élargies de manière considérable au moment où il atteignit la quarantaine. Sa solution publique d'un problème algébrique difficile lui valut la reconnaissance de Colbert, le ministre des Finances, ainsi qu'une pension ou tout au moins des appointements. Il devint un homme de talent, un Parisien. Il publia des articles dans les journaux savants et entra à l'Académie en 1685. Mais ce qui donne rétrospectivement à Rolle son charme pervers, c'est que dans les dernières années du

XVIIe siècle il participa à un débat public sur les mérites du Calcul, l'une de ces affaires houleuses où les membres des diverses factions de l'Académie s'abreuvent mutuellement d'injures en bombant la poitrine, débat durant lequel il se prononça *contre* le Calcul en construisant des arguments infiniment ingénieux pour prouver que la notion de limite était absurde et incohérente. Comme elle l'était effectivement à l'époque. En lisant cela, je ressentis immédiatement un sentiment d'identification avec le pauvre Rolle et le baptisai irrévérencieusement *Rolle le Contresens*, un ancêtre intellectuel appartenant comme moi à cette grande confrérie de mathématiciens myopes capables de rater le coche à n'importe quel siècle. La notice biographique s'arrêtait là, me laissant libre de gratifier Rolle d'une épaisse chevelure noire et rêche suggérant une ascendance vaguement sicilienne (et pourquoi pas, après tout ?), d'un front bas et plissé, d'un nez charnu aux volutes crispées et de lèvres sensuelles.

Et puisque ce ne sont là que des sornettes inventées de toutes pièces, pourquoi ne pas l'imaginer en train de composer *son* théorème – le théorème de Rolle – dans une mansarde, avec sa maîtresse qui souffle doucement sur les bougies disposées à côté du lit pour l'inciter à venir se coucher, *Michel, viens au lit*, tandis que Rolle, assis sur une chaise en bois dotée d'un siège en paille, lui répond avec impatience qu'il arrive dans une minute ; mais tout cela n'est que sottise aussi, pas la maîtresse, bien sûr, mais le théorème, car l'identification de Rolle avec son propre théorème n'eut lieu que vers 1846, lorsqu'un mathématicien italien du nom de Giusto Bellavitis, peut-être après avoir effectué des recherches sur les articles de Rolle, associa le mathématicien mort depuis longtemps au théorème qui porte aujourd'hui son nom. Quant à savoir si Rolle suivit ou non les étapes que je lui attribue ici, c'est une autre histoire.

Le théorème de Rolle est en premier lieu un théorème qui porte sur les fonctions, *donc qui concerne les processus représentés par les fonctions*, une affirmation qui a trait notamment à la coordination du temps et de l'espace.

Donnons, par exemple, ou imaginons une fonction *f*. Et déterrons du caveau de la mémoire la notion d'intervalle fermé et ouvert : l'intervalle compris entre deux nombres *a* et *b* est *fermé* si *a* et *b* figurent tous deux parmi les nombres de cet intervalle et *ouvert* dans le cas contraire, ces deux types d'intervalles étant notés $[a, b]$ et (a, b)[1].

Revenons maintenant à notre fonction. Supposez tout d'abord que *f* est continue sur l'intervalle fermé $[a, b]$. *Continue* sur l'*intervalle* ? Continue *en tout point de l'intervalle*. En tout point *y compris* ceux situés aux extrémités. Supposez aussi que *f* est dérivable sur l'intervalle ouvert (a, b). Dérivable en *chaque* point situé *à l'intérieur de* l'intervalle ouvert. Et pour finir, supposez que $f(a) = f(b) = 0$. Ces contraintes spécifiques à *f* servent à distinguer une classe de fonctions, donc une classe de processus, parmi tous les autres. Elles portent sur les deux propriétés fondamentales que sont la continuité et la dérivabilité, et elles montrent le mathématicien en train de concentrer son attention selon son habitude, les délices du monde surgissant comme toujours des détails du monde.

Dans la mansarde, le mur du fond prend maintenant la forme d'un repère cartésien alors qu'une lézarde courant parallèlement au sol se redresse pour devenir un axe de coordonnées. Les hypothèses posées par Rolle se résolvent en une simple courbe qui s'élève à partir de cet axe puis y retourne. Bien que *je* sois en possession de concepts plus clairs et plus perfectionnés qu'aucun de ceux que Rolle pourrait avoir connus, qu'il me soit permis d'insuffler à celui-ci assez de vie pour évoquer le moment où ces hypothèses embrouillées s'effacent pour dévoiler l'inexorable évidence qu'il a sentie, mais pas encore vue. La courbe s'élève à partir d'une lézarde dans le mur, prend de la hauteur et s'arrondit avant de redescendre

1 Ces distinctions subtiles sont *capitales* et le lecteur, enclin à marmonner avec impatience, « ouvert, fermé, la belle affaire, quelle différence ? », devrait prendre conscience dans ce qui suit que sans $[a, b]$ il n'y a pas de maximum et sans (a, b) pas de dérivée convenable.

vers la fissure qui fendille le plâtre. Définie en *a* et en *b* par le fait que $f(a) = f(b) = 0$, la courbe, acquérant un aspect vivant bien à elle, se met à ressembler à un fouet en cuir rigide, voire à une longueur de corde empesée et suffisamment raide pour que l'on puisse la tenir aux deux extrémités et la faire tourner par une rotation des poignets, la bosse arrondie de la corde semblant onduler dans l'espace et passer de gauche à droite et de droite à gauche. La chose remarquable dans cette image familière, c'est que dans un sens, il y a quelque chose à propos de cette courbe qui est *contrôlé* par le fait que la fonction prenne la même valeur en *a* et en *b*.

Tout à fait, lâché-je pour activer les pensées de mon illustre prédécesseur. Quelle que soit la forme ultime que prenne la courbe (les diverses possibilités qui correspondent aux ondulations de cette corde), si elle retourne à l'endroit d'où elle était venue, c'est-à-dire l'axe, *la courbe doit changer de direction*, donc de caractère, et cette observation appartient à cet étrange univers d'assertions dont la vie morale est si curieusement riche et qui, parce qu'elles sont évidentes, sont à la fois évidentes et surprenantes.

La maîtresse de Rolle a fermé ses yeux de biche et s'est endormie depuis longtemps, ses cheveux noirs étalés sur la mousseline de leur unique oreiller, une bulle enfantine en formation sur ses lèvres rouges et pleines ; et alors que le temps s'écoule au XVIIe siècle comme au XXe, une pensée en engendre une autre dans un mouvement qui exprime une chaîne déductive d'une telle évidence qu'elle semble aussi naturelle que la respiration. La courbe s'élève puis retombe. *Au point où elle change de direction, la tangente qui passe en ce point doit être parallèle à l'axe des coordonnées* :

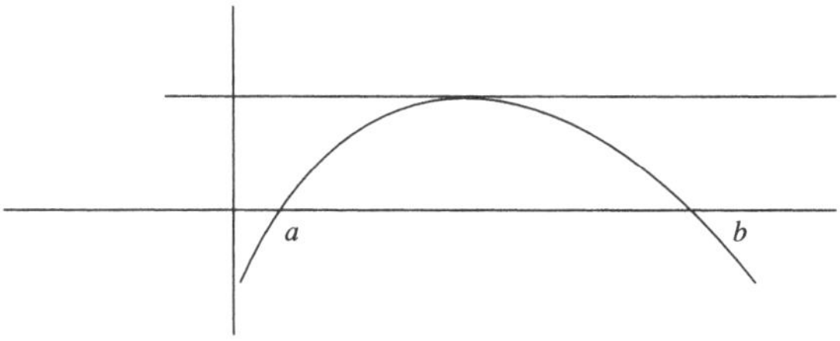

Une fois énoncée, c'est une chose que tout le monde peut voir. Les mathématiques sont loin. Arquée, la courbe est touchée par une tangente et, *parce qu'elle* est arquée, cette tangente est parallèle à l'axe des coordonnées. Mais la langue des tangentes a un écho dans le Calcul. Les mathématiques font un retour en flèche. Une tangente parallèle à l'axe des coordonnées a une pente de 0 et je suis maintenant en mesure de rappeler à Rolle ce qu'il pourrait bien ne pas avoir su – que dans *ces* conditions, la lézarde dans le mur se redressant définitivement pour devenir un repère cartésien, il doit exister un nombre c de (a, b) tel qu'*en* c, la dérivée de f soit 0. Un *nombre*, notez bien, quelque chose qui provoque une onde de choc froide et arithmétique dans le chaud paysage géométrique de cette scène domestique imaginaire.

La réunion des diverses hypothèses et de leurs conséquences débouche sur une énonciation plus formelle du théorème de Rolle. Je me chargerai des détails moi-même : si la fonction f est continue sur un intervalle $[a, b]$ et dérivable sur (a, b), alors il existe un nombre c de (a, b) tel que la dérivée de f en c soit 0. J'aime à imaginer que, pendant que j'explique à Rolle cette version moderne de son théorème, un bienveillant sourire d'appréciation naît lentement sur ses traits rudes et chiffonnés.

Dans sa dimension la plus large, le théorème de Rolle dit qu'on peut coordonner avec un nombre le changement de caractère d'une courbe continue, et bien que toute énonciation informelle d'un théorème mathématique soit forcément enveloppée d'une sorte de brouillard confus, c'est un inconvénient largement compensé par la lumière que jette cette perspective vaste et générale sur le véritable accomplissement du théorème, qui est de mettre en évidence un lien entre la *propriété* de la continuité, le *fait* du changement et l'*existence* d'un nombre particulier.

Et la démonstration ? D'une facilité enfantine, figurez-vous. De temps à autre en mathématiques, il arrive que quelques définitions rapides s'imposent. Le moment est venu. Soit un intervalle fermé $[a, b]$. Une fonction f a un *maximum absolu* en un point donné, disons c, si en ce point f est supérieure ou égale à toute autre chose : $f(c) \geq f(t)$ pour tout t de $[a, b]$. La fonction f a un *maximum local* en c si c appartient à l'intervalle ouvert (a, b) et y règne en maître : $f(c) \geq f(t)$ pour tout t de (a, b). La différence entre un maximum local et un maximum absolu n'est rien de plus que la différence entre un gros poisson dans un petit bocal et un gros poisson tout court ;

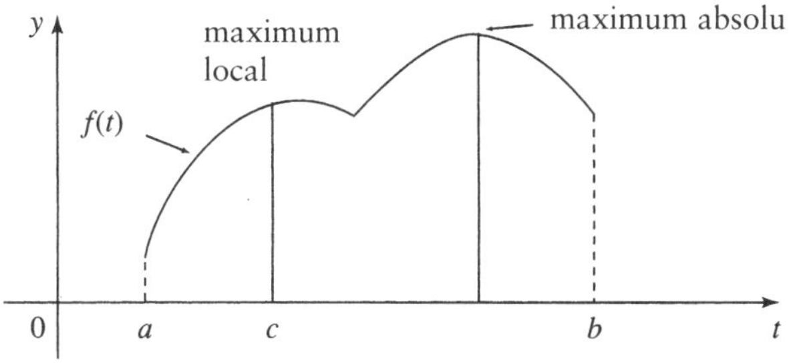

mais cette distinction sert aussi à souligner un point important que les symboles obscurcissent : être une grosse légume mathématique est souvent une caractéristique *locale* de la fonction car ce n'est que par référence au voisinage dans lequel elle se trouve qu'une chose est la plus grande (ou la plus petite). Voilà quelque chose qu'ils savaient sans avoir besoin d'étudier le Calcul, me font souvent remarquer mes étudiants piteusement quand je leur présente la question de cette façon. Mais il y a un point supplémentaire qui s'articule sur celui que je viens de faire valoir. Bien souvent, les relations conceptuelles jouent entre des propriétés locales car les grandes propriétés absolues arborent des muscles trop hypertrophiés pour être d'une grande utilité. Cela aussi ils le savaient déjà, me disent mes étudiants, laissant supposer une source de sagesse à laquelle ils ont eu douloureusement accès.

Et maintenant, un fait relatif aux fonctions continues : si *f* est continue sur l'intervalle fermé [*a*, *b*] – *oui ?*[2]

S'ensuit le refrain mémorable *: alors f atteint un maximum absolu en un point c de [a, b].*

Tels sont les faits éparpillés comme des invités d'honneur sur la pelouse. Un petit théorème énoncé par Fermat établit un lien entre eux. *Si*, affirme ce petit théorème, une fonction *f* atteint un maximum local en *c*, alors en *c* la dérivée de *f* vaut 0. Ce théorème tient debout, bien entendu, même si je le fais intervenir sans le démontrer[3]. Un point qui envoie la dérivée de *f* sur 0 est appelé point *critique* ; tous les autres points sont dits *réguliers*. Une fonction qui répond aux suppositions du théorème de Fermat *possède* un point critique, un endroit *c* où la dérivée de *f* est 0.

Vous remarquerez le caractère plaisamment inattendu et élégant de ce théorème. Un maximum ou minimum *local* d'une fonction est signalé par la *dérivée* de cette fonction. Vous remarquerez aussi que le théorème ne se contente pas d'affirmer l'existence d'une relation. Sa conclusion produit un *nombre*. La dérivée vaut 0.

Les faits laissés éparpillés négligemment çà et là équivalent presque à une démonstration du théorème de Rolle. Celui-ci dit qu'une fois ces *si* en place, on peut trouver un nombre ; en ce nombre, *f* répond à une condition simple et sensée : sa dérivée est 0. Or, *f possède* un maximum sur [*a*, *b*] pour la simple et bonne raison qu'elle est continue. Si ce maximum est *f*(a) ou *f*(*b*), la fonction dans l'ensemble est plate et il n'y a rien à prouver, *f* dessinant dans l'espace entre *a* et *b* une droite dont la pente est 0. Tout point situé entre *a* et *b* peut incarner le *c* recherché. Le maximum doit se trouver quelque part dans la rase campagne englobée par (*a*, *b*). Ce doit donc être un maximum local, et là, dit le petit théorème de

2 Voir le chapitre 15, p. 171.

3 À vrai dire, dans un contexte local, il reproduit l'effet du théorème de Rolle. Mais ce dernier est plus général, établissant comme il le fait une relation entre la continuité et le fait que, quelque part, la dérivée de *f* doit être 0.

Fermat, la dérivée de *f* est 0.[4] *Quod erat demonstrandum*, comme aiment à le dire les latinistes.

Le théorème de Rolle établit un lien entre la continuité et la dérivabilité. La continuité garantit un maximum, la dérivabilité fournit un nombre. Le petit théorème de Fermat donne la relation entre les concepts. Tout cela est presque trivial pour ce qui est du contenu mathématique. Et pourtant le théorème de Rolle palpite d'importance. On lance un ballon en l'air. Au sommet de sa course, il *change* de comportement. Alors qu'il était en train de monter, il se met à descendre, et *entre* la montée et la descente il doit atteindre un point où il *passe* d'un mouvement ascendant à un mouvement descendant (de fait, le théorème de Rolle peut servir à démontrer que la vélocité d'un ballon qu'on lance en l'air doit être 0 en un point donné). Ce qui nous semble être une description naturelle reflète à un niveau profondément inconscient la disposition du Calcul à décrire le mouvement au moyen des fonctions continues. La description plaque une certaine structure caractéristique sur le déplacement des objets dans le monde réel. Quelque chose d'aussi simple qu'un ballon en vol acquiert une dimension tripartite, car un point critique se tient entre les points qui marquent son comportement normal. Comme un télescope à grande résolution, le Calcul met en évidence des caractéristiques de l'expérience qui sans lui seraient indistinctes – qui sans lui seraient *invisibles*.

Dans tout cela, deux révélations mathématiques sont à l'œuvre. Dans la première, l'imagination enregistre en un clin d'œil le changement de la continuité à l'existence d'un nombre, changement qui survient lorsqu'on *passe du fait* que *f* est continue sur un intervalle *au fait* que, quelque part dans cet intervalle, il existe un point qui envoie la dérivée de *f* sur 0. Dans la seconde, ressentie simultanément mais avec une vague d'appréciation plus ample et plus lente, l'imagination

4 Ceci est un raisonnement et pas encore une démonstration. J'ai négligé la possibilité que *f* puisse atteindre un minimum sur $[a, b]$ plutôt qu'un maximum.

commence à distinguer dans la structure des fonctions et de leurs graphes la trace cachée d'un deuxième monde analytique, celui des dérivées et de leurs propriétés, presque comme si la scène mise en lumière par le théorème de Rolle tenait de ces toiles hollandaises du XVIIe siècle où un miroir convexe judicieusement placé permet de voir au-delà de l'intérieur domestique, à travers la fenêtre, un paysage lointain, une meule de foin, une rangée d'arbres fatigués.

Tout cela et plus encore, je peux le déchiffrer sur le mur où lisait Rolle.

CHAPITRE 19

Le théorème des accroissements finis

En 1792, alors que l'encre séchait sur la Constitution américaine et que les tombereaux cahotaient dans les rues de Paris, le grand mathématicien Joseph Louis Lagrange fut arraché des griffes de la mélancolie par les attentions d'une jeune et jolie femme. Les familles heureuses se ressemblent toutes, écrivit Tolstoï plus d'un demi-siècle plus tard, mais les familles malheureuses sont malheureuses chacune à leur façon ; et on peut voir dans cette célèbre phrase luire les concepts du Calcul, les familles malheureuses marquant des singularités ou des endroits isolés dans la grande multiplicité des entreprises humaines, et les familles heureuses des points réguliers semblables par leur régularité mais distincts les uns des autres en ce sens qu'ils occupent différentes positions dans cette multiplicité. Plus que tout, c'est le théorème des accroissements finis qui enrichit cette image frappante des familles singulières et régulières et en prouve le bien-fondé, car c'est pour l'essentiel un théorème qui fournit au mathématicien, donc implicitement au romancier, un outil d'analyse suffisamment souple pour décrire la diversité d'une famille de personnages semblables[1]. Ce qui donne à ces spéculations leur caractère

1 L'étude de la manière dont les lettres reflètent les évolutions mathématiques est fascinante. Lipman Bers commença une mémorable conférence sur la géométrie non euclidienne en comparant la Déclaration d'indépendance au discours prononcé par Lincoln à Gettysburg. « Nous prenons ces vérités pour évidentes par elles-mêmes, grommela-t-il dans son anglais empreint d'accent russe en citant la Déclaration, que tous les hommes naissent égaux. » Puis il cita le discours extrêmement prudent de Lincoln : « […] une nation *conçue* dans la liberté et *vouée* à l'idée que tous les hommes ont été créés égaux. »

(Suite de la note page suivante)

pathétique est que Joseph Louis Lagrange, le premier à avoir perçu puis démontré ce théorème, constituait une famille malheureuse à lui tout seul, une kyrielle d'afflictions entassées dans un seul être humain, et qu'il fut saisi dans la force de l'âge par un sentiment d'abattement suscité par l'impression étrange et terrible que le monde et son travail étaient dénués de sens, au point que tout ce qu'il avait accompli lui sembla ignoble. Tard dans sa vie, tandis que les ombres s'allongeaient partout autour de lui, Lagrange épousa son *acquisition* mathématiquement illettrée et plaisamment écervelée, et contrairement aux prévisions bien naturelles de ses amis, partagés entre l'indignation et l'envie, son mariage s'épanouit. Il devint un mari éminemment gâteux, aux petits soins pour sa femme et elle pour lui, et ainsi apaisé et tranquillisé par les plus tangibles des plaisirs, une bonne table, le calme que procurent des habitudes domestiques régulières, les satisfactions d'un lit conjugal, ces artifices sensuels qui tranchent si prodigieusement avec l'austérité des travaux mathématiques, il entreprit de réviser la *Mécanique analytique*, le grand traité qu'il avait composé durant ses années les plus productives. Grâce à ce mariage heureux, Lagrange passa contre toute attente d'un côté à l'autre de la ligne de démarcation posée par Tolstoï.

Lagrange naquit en 1736 et mourut en 1813 ; ce point de vue lui permit de voir les grands événements historiques du XVIIIe et du début du XIXe siècle exploser comme des coups de canon. Bien qu'il eût passé les années les plus productives de son existence dans l'oisiveté en tant que membre de l'Académie de Berlin et improbable favori de Frédéric le Grand, il fut également le premier professeur de mathématiques de l'École polytechnique, la plus grande des *grandes*

(Fin de la note 1, page précédente)

... Notre classe composée d'Américains de souche réalisa avec un choc que Bers avait discerné quelque chose que nous n'avions jamais vu : la franche réticence de Lincoln à s'engager sans équivoque en faveur des propositions qu'il énonçait. *Pourquoi cette différence ?* demanda Bers. La découverte des géométries non euclidiennes au début du XIXe siècle, continua-t-il en grognant, était une réponse intéressante bien que badine et fantaisiste.

écoles de Napoléon, ces institutions démocratiques consacrées à la culture non pas tant du génie que d'une remarquable forme de compétence, ce que les Français eux-mêmes appellent l'*excellence de tout premier ordre*. C'est dans ces écoles que Napoléon trouva les officiers d'artillerie et les ingénieurs du génie civil qui rendirent ses conquêtes possibles, Cauchy lui-même ayant débuté sa carrière comme ingénieur militaire.

Comme Euler et comme bien des membres de l'aristocratie intellectuelle française entre 1740 et 1820 environ, Lagrange apparut dans l'histoire des mathématiques en possession d'un intellect qui lui permit des accomplissements majeurs, mais par des processus mentaux très différents de ceux des grands mathématiciens d'aujourd'hui. Il travaillait dur, s'accordent à dire ses contemporains, mais avec une grande facilité, et s'il consacrait à la recherche un temps considérable, c'est qu'il avait énormément de choses à dire. Il cultiva la mécanique newtonienne et élargit radicalement la portée des théories de Newton, il s'intéressa à l'arithmétique et à la théorie des équations, il énonça et prouva le théorème des accroissements finis sous sa forme essentiellement moderne. À cet univers étendu et varié de concepts et de préoccupations, Lagrange apporta des ressources intellectuelles que je qualifierais de *cosmopolites* si je ne craignais de me perdre dans mille détours et ramifications hors de propos pour expliquer ce que j'entends par là ; pourtant, comme tant d'autres mathématiciens français, Lagrange donne l'impression de savoir où il allait et peut-être le secret de sa singularité est-il aussi simple que ça : dans les dernières années du XVIIIe siècle, la sphère de la pensée mathématique était tellement plus petite qu'aujourd'hui qu'il *était* possible pour un individu très doué de faire le tour du globe.

Les familles heureuses se ressemblent toutes

Le théorème des accroissements finis porte sur les fonctions et leurs dérivées. À l'exception du théorème fondamental du Calcul, c'est l'affirmation théorique la plus importante de cette discipline, l'une des affirmations protéiformes des mathématiques, un théorème aux mille visages. Supposez qu'une fonction *f* soit continue sur [*a*, *b*] et dérivable sur (*a*, *b*). Jusqu'ici, rien n'a changé dans le programme des hypothèses. Nous sommes en terrain familier. Mais alors que le théorème de Rolle s'arrête à un certain point, celui des accroissements finis va plus loin. Continue sur l'intervalle fermé [*a*, *b*], la fonction *f* apparaît dans toute figure sous la forme d'une courbe :

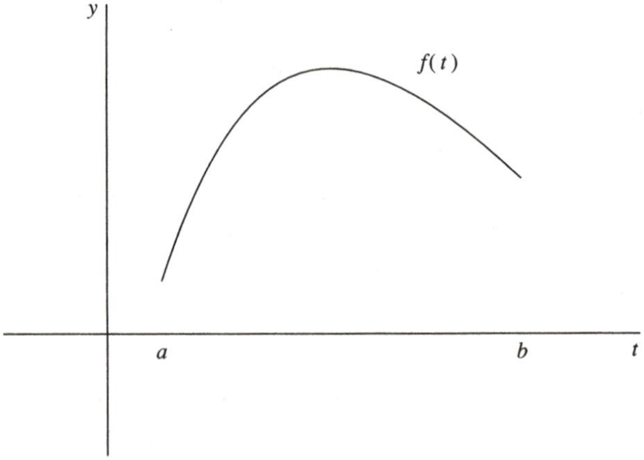

Les géomètres appellent *corde* une droite **AB** qui relie deux points de la courbe (nos vieilles amies les sécantes sont des cordes). Le théorème des accroissements finis affirme, dans le charmant langage de la géométrie, qu'il existe sur cette courbe un point dont la tangente est parallèle à la corde :

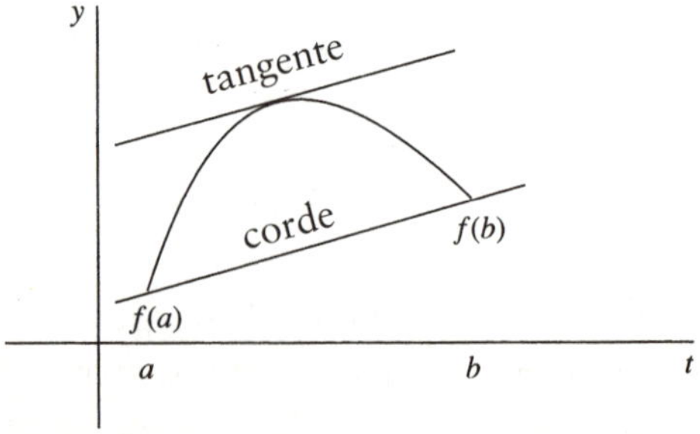

Comme le font si souvent les figures, celle-ci force la conviction. Une courbe, un point, une corde et une droite apparaissent dans l'espace, uniquement reliés par la clause qui veut que si la courbe satisfait certaines conditions analytiques, alors la droite est parallèle à la corde. Impossible de ne pas remarquer l'air de famille avec le théorème de Rolle. Cette nouvelle affirmation n'est autre que ce dernier appliqué à une courbe arbitraire sous-tendue par une corde. Mais le théorème de Rolle limite l'œil du mathématicien au cas particulier où une tangente est parallèle à l'axe des coordonnées. Le théorème des accroissements finis, lui, est général. L'impression qu'il donne est celle d'un unique dessin qui se multiplie brusquement pour donner une profusion d'images nouvelles distribuées vertigineusement à travers l'espace tout entier.

Au-delà du monde des figures se trouve une affirmation analytique. Le théorème de Rolle fournit un nombre, tiré du simple fait que, au point où la courbe s'arque, sa tangente est parallèle à l'axe. *Parallèle* signifiant que les deux droites ont la même pente. *La même pente* signifiant que ces pentes sont décrites par le même nombre. *Le même nombre* signifiant 0. Une progression similaire est à l'œuvre dans le théorème des accroissements finis. Celui-ci affirme qu'au point où une courbe arbitraire s'arque par rapport à une corde, la tangente et la corde sont parallèles. *Parallèles* signifiant qu'elles ont la même pente. *La même pente* signifiant que ces pentes sont décrites par le même nombre ; mais alors que le théorème de Rolle donne ce nombre, le théorème des accroissements finis ne peut qu'affirmer son existence. Il n'assimile pas ces pentes à 0 – il ne le *peut pas*. Les tangentes dans le contexte dont traite le théorème n'ont pas besoin d'être parallèles à l'axe des coordonnées. Ce que peut affirmer le théorème des accroissements finis, et c'est tout ce qu'il peut affirmer, c'est simplement que les pentes sont *identiques*. Quelle que soit la situation, le théorème de Rolle reste limité à l'axe des t et les extrémités de f sont liées par la condition selon laquelle $f(a)$ doit être égale à $f(b)$, le graphe de la fonction s'élevant à partir de l'axe et retournant ultérieurement à ce même axe. Libéré de ces restrictions, le théorème des accroissements finis englobe *toute* corde coupant *toute* fonction continue sur *tout* intervalle fermé. On perd le plaisant sentiment de sécurité que procure l'existence d'un nombre bien défini mais on obtient en échange une multiplication de possibilités alors que le repère cartésien se met à pulluler de courbes et de cordes.

L'identité analytique du théorème des accroissements finis est exprimée par une équation qui dit que deux choses sont identiques. De ces deux choses, l'une est la pente de la corde **AB**, une quantité désormais familière :

$$\frac{f(b)-f(a)}{b-a},$$

tandis que le triangle habituel fait son inévitable apparition pédagogique :

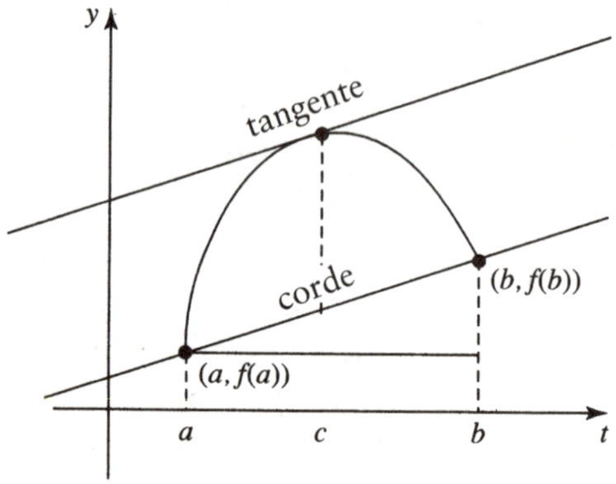

L'autre est la pente de la tangente, qui est par définition la dérivée

$$\frac{df}{dt}$$

de la fonction *f*, la limite, rappelons-le, des sécantes rétractées ou des vitesses moyennes quand le temps se réduit à 0.

Le théorème des accroissements finis affirme que, *quelque part*, la pente de la tangente est identique à celle de la corde. Quelque part signifiant *en un point*.

L'équation à laquelle se plie le théorème des accroissements finis est en vue. Tout d'abord les conditions : si f est continue sur $[a, b]$ et dérivable sur (a, b) ; puis l'assertion fondamentale : alors il existe un point c tel que :

$$\frac{df(c)}{dt} = \frac{f(b) - f(a)}{b - a}.$$

Telles sont les informations analytiques transmises par la figure. On pourrait passer des heures à examiner l'équation sans ressentir le moins du monde son importance, et en fait sans vraiment comprendre ce qu'elle signifie. Mais elle revêt une interprétation secondaire engageante qui convainc souvent les étudiants que sa teneur *est* évidente. Si l'on considère f comme une mesure de la position – la fonction de *position* des chapitres passés –, alors $f(b) - f(a)/(b - a)$ et $df(c)/dt$ possèdent une identité acquise, celle de la vitesse moyenne et de la vitesse instantanée. Le théorème des accroissements finis affirme qu'étant donné les suspects habituels ces deux vitesses *doivent* coïncider en un point c.

Lorsque je fais part à la classe de ces réflexions, un silence de plomb s'abat à nouveau sur elle.

– Un motard couvre les cent vingt kilomètres entre Barstow et Las Vegas en une heure, dis-je, et M. Waldburger, qui a jusqu'ici regardé le théorème des accroissements finis comme n'ayant qu'un rapport très éloigné avec ses préoccupations, interrompt ses rêveries pour demander :

– Avec quoi, mec, une charrette tirée par un âne ?

Hafez l'Intelligent fronce un instant les sourcils, sans doute alarmé à l'idée que la référence à ce mode de locomotion puisse contenir un affront ethnique infiniment subtil.

– Et quelque part en chemin, continué-je résolument, cet individu s'arrête pour admirer une fleur du désert particulièrement éclatante.

– Un mec en Harley s'arrête pour regarder une *fleur* ? intervient M. Waldburger, épaté par tant de mystère.

– Supposons juste qu'il le fasse, dis-je.

M. Waldburger se bascule sur sa chaise, qu'il écrase plus ou moins de sa masse, et offre son jeune visage lisse qui semble indiquer qu'il fait une importante et généreuse concession intellectuelle.

– Donc, juste après, il remonte sur sa moto, ouvre les gaz et part dans un bruit de tonnerre, la route se déroulant devant lui comme un ruban, sa vitesse atteignant les, *oh*, je ne sais pas. À quelle vitesse peut aller une Harley ? M. Waldburger ?

– Aussi vite que vous le voulez, une grosse bécane comme ça peut dépasser un F-16 sur la piste d'envol, répond-il avec cette confiance tranquille qu'il n'affiche jamais à propos du Calcul.

Réglant la question moi-même, je déclare :

– Pour le moment, il atteint une vitesse de 200 kilomètres à l'heure.

Comprenant immédiatement où je veux en venir, Hafez l'Intelligent lève les yeux vers moi.

– Donc sa vitesse instantanée à ces deux instants est d'abord de 0, je veux dire, quand il s'arrête pour regarder la fleur, il ne va nulle part…

Prenant brusquement conscience des implications sexistes de mes propos, Mlle Ackeroyd m'interrompt.

– Quand *il* s'arrête ? demande-t-elle d'une voix claire et forte.

M. Waldburger émet un grognement de dérision.

– *Quoi*, tu crois que les femmes ne font pas de moto ? réplique-t-elle d'un ton qui suggère des capacités de belligérance infinies.

– Puisque tu le dis, répond M. Waldburger.

– … et la vitesse instantanée de cette personne à un instant ultérieur est de 200 kilomètres à l'heure, et ce que dit le théorème des accroissements finis, si l'on y réfléchit – je regarde l'équation sur le tableau d'un air entendu –, c'est que quelles que soient ces vitesses instantanées, à un instant donné au cours de cette heure sa vitesse instantanée *doit* être de 120 exactement.

Je bouge maladroitement ma main dans l'air pour imiter une moto en train de se déplacer dans l'espace.

La classe médite un instant mes remarques. Puis M. Waldburger s'exclame du ton pressant de la révélation :

– C'est évident, mec. Le type passe de 0 à 200, il y a *forcément* un moment où il est à 120. Impossible qu'il aille directement de 119 à 121, tout en arborant un air belliqueux qui laisse entendre que *je* pourrais être en train de prétendre le contraire.

Hafez l'Intelligent a l'air perplexe. Je suis sûr qu'il est en train de chercher un contre-argument ; et bien que je sache *parfaitement* que le théorème des accroissements finis est vrai, je redoute à moitié qu'il ne parvienne à trouver une objection à laquelle je serais incapable de répondre.

– Eh bien, oui, dis-je. Mais laissez-moi vous poser une autre question. Le motard parcourt cent vingt kilomètres en précisément une heure...

– C'est le même type, oui ? demande M. Waldburger, soucieux des détails.

– La même *personne*. Pourquoi sa vitesse instantanée ne pourrait-elle pas être de 119 kilomètres à l'heure durant tout le temps de son trajet ?

– Parce que dans ce cas sa vitesse *moyenne* serait 119 et pas 120, comme vous l'avez dit, lance Mlle Ackeroyd.

Hafez l'Intelligent fait la grimace.

– Ça n'est pas juste, dit-il.

– Comment est-ce que sa vitesse moyenne pourrait être 120 si ce crétin va à 119 tout du long ? demande Mlle Ackeroyd. Enfin, allons !

– Pourquoi ce n'est pas possible ?

Je parviens à m'interposer :

– Après tout, la vitesse instantanée est définie comme la limite des vitesses moyennes prises sur des intervalles de temps de plus en plus courts. Pourquoi cette limite ne pourrait-elle pas être de 119 kilomètres à l'heure bien que le motard ait parcouru en fait 120 kilomètres durant cette heure ?

Et c'est de M. Waldburger en personne que vient la réponse entièrement lumineuse et complètement inattendue :

– Ça se peut pas, mec.

– Pourquoi ça se peut pas ? demande Hafez l'Intelligent en plissant son front lourd et tavelé.

Abandonnant très légèrement son habituelle position avachie, M. Waldburger montre le tableau du doigt.

– Le théorème des accroissements finis, le théorème des accroissements finis dit que c'est impossible.

La mutabilité des sens

Le théorème des accroissements finis porte sur une classe entière de fonctions, donc sur les processus qu'elles représentent, donc en définitive sur un aspect bien défini du monde. Il arrive souvent en mathématiques que lorsqu'on récite les corollaires et les conséquences d'un grand théorème, une partie de celui-ci mute en même temps que change son incarnation verbale. C'est le cas du théorème des accroissements finis. Il dit une certaine chose mais il en implique bien d'autres. Il implique notamment que si la dérivée de f est 0 sur un intervalle (a, b), alors f doit être *constante* sur (a, b) et donner la même valeur pour chacun des arguments sur lesquels elle se penche. Il s'agit là du théorème de la *valeur constante*, et qui semble parfaitement logique, bien sûr. La dérivée d'une fonction étant le signe du changement de cette fonction, si la dérivée reste la même, la fonction ne va nulle part. Mais entre la définition de la dérivée et la valeur constante d'une fonction sur un intervalle, il n'y a que les froides étendues de l'espace : la certitude solide et satisfaisante qui résulte du théorème de la valeur constante repose sur le théorème des accroissements finis.

Au-delà de ce que dit ce petit théorème, il laisse entrevoir un changement radical de perspective. Jusqu'ici, la fonction venait la première dans l'ordre naturel des choses, alors que sa dérivée ne tenait qu'un rôle secondaire : c'est la dérivée qui était au service de la fonction. Ce qui ne fait que refléter la réalité pure et simple. L'objet conceptuel essentiel est la fonction ; la dérivée est définie *par rapport* à elle. Et pourtant le théorème de la valeur constante semble indiquer l'avènement d'un schéma contraire, d'un contrepoint mélodique. Dans ce théorème, c'est la *dérivée* qui en vient à commander la fonction, ce qui fait naître l'idée extraordinaire que les mathématiciens ont trouvé dans la dérivée un outil d'un raffinement extrême, susceptible d'illuminer dans toute une gamme de tons la nature *globale* d'une fonction grâce à la lumière intense qu'il jette sur son caractère *local.*

Le théorème de la valeur constante a un important corollaire dont la lumière criarde danse non seulement sur les mathématiques mais aussi sur l'ensemble de nos expériences intellectuelles. On donne deux fonctions f et g – deux fonctions donc deux objets mathématiques mais aussi deux processus, deux manières de coordonner l'espace et le temps, deux investissements dans le monde réel. On suppose que leurs dérivées coïncident sur un intervalle (a, b) : $\mathbf{D}f = \mathbf{D}g$.[2] On en déduit que sur (a, b) la *différence* $f - g$ entre ces fonctions est constante. Quelles que soient les valeurs de f ou de g,

$$f(t) = g(t) + C,$$

un nombre C servant à marquer la différence entre ces fonctions en tout point de l'intervalle. C'est le *théorème de la diversité différentielle*, dans lequel les dérivées viennent à nouveau commander les fonctions.

La démonstration est facile et elle prouve avec éclat que ce qui est important en mathématiques n'est pas forcément difficile. Soit donc F, une nouvelle fonction dont le but dans la vie est de mesurer la différence entre f et g.

2 La notation *Df*, prononcée *dérivée de f*, est souvent une alternative utile à la notation de Leibniz *df/dt*.

Commencez par

$$F(t) = f(t) - g(t).$$

Dérivez les deux côtés de l'équation

$$\mathbf{D}F(t) = \mathbf{D}[f(t) - g(t)].$$

N'oubliez pas que

$$\mathbf{D}[f(t) - g(t)] = \mathbf{D}f(t) - \mathbf{D}g(t),$$

de sorte que

$$\mathbf{D}F(t) = \mathbf{D}f(t) - \mathbf{D}g(t).$$

Souvenez-vous également que sur (a, b) $\mathbf{D}f(t)$ est *égale* à $\mathbf{D}g(t)$, d'où

$$\mathbf{D}F(t) = \mathbf{D}f(t) - \mathbf{D}g(t) = 0.$$

Mais les fonctions dont les dérivées valent zéro sur un intervalle ouvert sont constantes sur cet intervalle. Puisque F mesure la différence entre f et g, cette différence doit, elle aussi, être constante :

$$f(t) - g(t) = C,$$

ce qui est une autre façon de dire que

$$f(t) = g(t) + C,$$

et c'est ce qu'affirme le *théorème*.

Une fonction isolée coordonne les changements de temps avec les changements d'une autre chose. Les processus qui surviennent dans la nature commencent à des instants divers et dans des conditions ou des endroits divers. C'est un fait. Le monde est varié. Mais beaucoup de processus naturels sont plus ou moins identiques ; parmi toutes les différences du monde, on trouve des similitudes, des grandes lignes de force, des ressemblances étranges, et cela aussi est un fait. Dans *Anna Karénine*, Tolstoï choisit de focaliser la puissance de son génie sur une petite collection de familles *mal*heureuses, un ensemble de circonstances qui soient gérables sur le plan descriptif. L'art est irrésistiblement attiré vers ce qui est singulier et les mathématiques vers ce qui est *générique*. Le romancier s'intéresse à ces personnages plaisamment malheureux : Vronski et ses maux de dents, l'égocentrique Lévine et Anna elle-même qui, de propriété d'un homme, se transforme inexorablement sur six cents pages pour devenir l'enquiquineuse d'un autre. Le mathématicien s'intéresse aux familles heureuses. Elles se ressemblent mais elles ne sont pas identiques, ce qui entraîne un problème général d'accommodation mentale. Quel instrument intellectuel est-il adapté à la description de structures semblables tout en étant fidèle à leurs différences ? La langue ordinaire y parvient moyennant certains artifices qui trouvent leur expression parfaite dans les maximes morales ou les proverbes ; *anneau d'or au groin d'un porc, telle est une femme belle mais privée de jugement*, comme il est écrit dans les Proverbes 11-22, description d'une généralité astucieuse que l'on peut interpréter comme s'appliquant *à la fois* à Anna Karénine et à Sadie Thomson[3].

Mais le Calcul traite des fonctions et non des familles. Les choses tombent vers le centre de la Terre aussi bien en Toscane qu'à Trenton, dans le New Jersey, mais elles tombent à différents instants et de différentes hauteurs. Aucun instrument mathématique ni aucune fonction *isolés* ne sauraient les décrire toutes avec un minimum de précision. D'un autre côté, aucun système de fonctions indépendantes et disjointes ne pourrait rendre justice au fait que les différents processus, comme les différentes familles, sont

3 Personnage d'un roman de Somerset Maugham (NdT).

essentiellement identiques. Les choses qui tombent vers le centre de la Terre le font toutes de la même manière. L'un ou l'autre des deux faits risque ainsi de subir un préjudice. Pour rendre justice *aussi bien* à la différence qu'à la similitude des processus, nous avons besoin d'un ensemble de fonctions intrinsèquement semblables mais suffisamment distinctes.

Cette condition étrange et pressante est remplie par une *famille* de fonctions ne différant que par une constante. Une famille ainsi conçue convient à la représentation de la différence[4]. Chaque fonction individuelle est ce qu'elle est et pas autre chose. Elle n'en permet pas moins d'exprimer la similitude. Et elle est différente des autres mais uniquement à un certain degré caractérisé par la constante. Confronté aux réalités les plus patentes de la nature et de la vie, le mathématicien recourt précisément à *ces* fonctions comme outils descriptifs. Le théorème de la diversité différentielle exprime les conditions dans lesquelles de telles familles de fonctions peuvent être utilisées par le Calcul ; les fonctions qui ont une même dérivée, déclare ce théorème, ne diffèrent sur un intervalle donné que par une constante. C'est la dérivée d'une fonction à valeurs réelles qui, une fois encore, illumine d'une lueur vibrante la manière dont se conduit cette fonction en imposant à des objets mathématiques anarchiques et indisciplinés un comportement d'une sévère uniformité. Tel est le fardeau du théorème des accroissements finis, qui se trouve maintenant jouer un rôle transcendant dans le cours des choses.

Lagrange entrevit-il toutes les implications du théorème des accroissements finis et comprit-il, tandis que sa mélancolie s'apaisait puis se dissipait, qu'il faisait maintenant partie des familles heureuses de la vie, la riche famille des êtres humains possédant, comme il fut le premier à le montrer, un équivalent inévitable et mimétique chez les fonctions dérivables ? Car

4 En appréciant la force de cette idée, le lecteur – mon lecteur – vient de faire la connaissance de la théorie des équations différentielles ordinaires. Voir le chapitre 20, p. 258 et suivantes.

l'idée troublante, inquiétante et légèrement insensée est que *si* l'on peut décrire une famille humaine à l'aide d'une fonction mathématique, on *doit* décrire les familles heureuses au moyen d'une famille de fonctions qui ont la même dérivée sur un intervalle. De l'intimité domestique à laquelle parvint Lagrange, des mots doux susurrés, des plaisirs fiévreux et soudains que procure à un homme d'âge moyen le mariage avec une très jeune femme, des sécrétions chaudes et ruisselantes de la vie, de tout cela il ne reste rien, la fonction cosmique plongeant vers zéro et s'éteignant dans un dernier clignotement. Et j'imagine que c'est cela aussi, en un sens, que Tolstoï voulait dire quand il écrivait que les familles heureuses se ressemblent toutes.

Annexe

La leçon d'anatomie : démonstration du théorème des accroissements finis

Toutes les démonstrations mathématiques retournent tôt ou tard d'où elles étaient venues, une *démonstration* décisive intervenant entre la conjecture initiale et la conclusion établie, lesquelles sont après tout la même chose. Le début du voyage, donc la conjecture initiale, est : *si* une fonction f est continue sur l'intervalle fermé $[a, b]$ et dérivable sur l'intervalle ouvert (a, b), alors il existe un point c de (a, b) tel que :

$$\frac{df(c)}{dt} = \frac{f(b) - f(a)}{b - a}.$$

Si la démonstration commence ici, c'est à ce même endroit qu'elle doit revenir.

La démonstration du théorème des accroissements finis est assez gauche mais les lignes stratégiques de son développement sont claires. Si, géométriquement parlant, le théorème des accroissements finis est l'application du théorème de Rolle à une corde, mesurez la distance *verticale* entre la corde et la courbe, suggère le tacticien mathématique, et exprimez cette mesure comme la valeur d'une toute nouvelle fonction – h, mettons. Montrez ensuite que h satisfait l'hypothèse du théorème de Rolle et utilisez alors la conclusion de ce théorème pour imposer celle du théorème des accroissements finis. La gaucherie naît du manque de direction. Étant donné une fonction f, le mathématicien doit atteindre h puis retourner à f.

Quelle que soit sa définition, h est une fonction qui mesure les distances entre les points de la courbe $f(t)$ et ceux de la corde **AB** en précisant une *différence* pour chaque valeur de t entre a, là où f commence à présenter un certain intérêt, et b, l'endroit où elle chavire dans l'insignifiance.

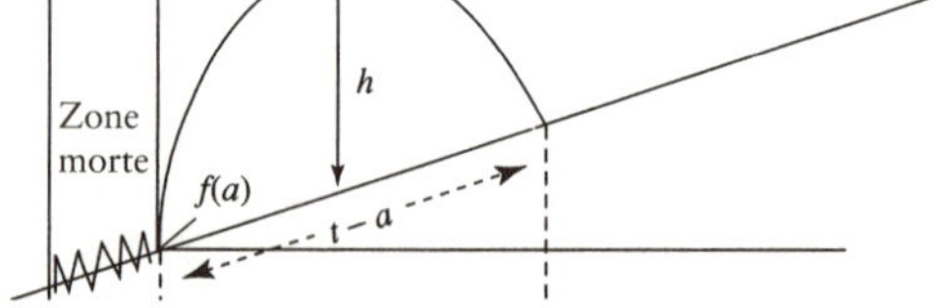

Pour l'instant, il n'y a aucune façon de spécifier les points de **AB**, aussi la définition préliminaire de h doit contenir quelque chose d'opaque en un point crucial :

$$h(t) = f(t) - \text{quelque chose qui spécifie les points de } \mathbf{AB}.$$

Mais une corde n'est jamais qu'une simple droite et les droites se soumettent à la discipline d'une équation qui exprime leur nature la plus intérieure : $y = mt + b$, où m est la pente de la droite et b son ordonnée à l'origine, l'endroit où elle croise l'axe vertical. Dans le cas de **AB**, cette pente est connue ; il s'agit par définition du rapport

$$\frac{f(b)-f(a)}{b-a}.$$

Si $f(b) - f(a)/(b - a)$ correspond à m, alors $t - a$ doit correspondre à t en personne. Le théorème des accroissements finis ne porte que sur l'intervalle fermé *entre* a et b. Les points situés au-delà, il les ignore royalement. Remplacer $t - a$ par t est une manière de mettre ce dédain en application.

Nous voilà arrivés aux deux tiers de nos efforts pour trouver comment spécifier les points de **AB** de façon analytique, l'équation générale d'une droite $y = mt + b$ recevant une caractérisation partielle sous la forme :

$$y = \frac{f(b)-f(a)}{b-a}(t-a)+b.$$

Reste à définir l'identité de b. Or, pour le théorème des accroissements finis, **AB** prend vie en a et la perd en b. Ce qui laisse supposer que la distance entre $t = a$ et l'axe des y est accessoire. Elle ne joue aucun rôle dans les calculs à venir. L'espace qu'elle englobe est mort. On peut la supprimer en déplaçant simplement l'axe des y pour le faire reposer en $t = a$.

Cela fait, il en découle que c'est $f(a)$ qui exprime la coordonnée y de la corde, et le projet visant à donner vie à

$$y = mt + b$$

est mené à bonne fin avec la formule

$$y = \frac{f(b)-f(a)}{b-a}(t-a)+f(a).$$

D'où la définition de h :

$$h(t) = f(t) - \left[\frac{f(b)-f(a)}{b-a}(t-a)+f(a)\right].$$

Quand on laisse le signe moins exercer son influence néfaste sur le signe d'addition situé à l'intérieur des crochets, on obtient la variante utile :

$$h(t) = f(t) - f(a) - \frac{f(b) - f(a)}{b - a}(t - a).$$

Il faut maintenant évoquer deux choses à propos de *h*. Premièrement, elle est continue sur [*a*, *b*] et, deuxièmement, elle est dérivable sur (*a*, *b*). Ces choses doivent elles aussi être prouvées mais leur démonstration est triviale. La fonction *h* est continue sur [*a*, *b*] parce qu'elle est la somme de *f* et d'un polynôme, et elle est dérivable sur (*a*, *b*) pour la même raison ; la force de la démonstration directe fait certes défaut, mais laissons simplement ces éléments entrer dans le débat comme de simples faits et leur statut dans la démonstration reposer sur ma parole.

Étant donné la façon dont *h* a été construite, il est clair que *h* doit valoir 0 aux points *a* et *b*, puisqu'il n'y a *aucune* différence entre la courbe *f*(*t*) et la corde **AB** aux endroits où elles se rencontrent. C'est évident quand on regarde la figure ; ça l'est aussi du fait de la définition de *h*. Ainsi, en *a*,

$$h(a) = f(a) - f(a) - \frac{f(b) - f(a)}{b - a}(a - a) = 0,$$

et en *b*,

$$h(b) = f(b) - f(a) - \frac{f(b) - f(a)}{b - a}(b - a),$$

ce qui, quand on supprime *b* – *a*, se réduit à

$$h(b) = f(b) - f(a) - f(b) - f(a) = 0.$$

Il s'ensuit que *h*(*a*) est *égale* à *h*(*b*), les deux évaluations de *h* en *a* et en *b* basculant ignominieusement dans le néant.

La nouvelle fonction *h* est continue sur [*a*, *b*] et dérivable sur (*a*, *b*), et qui plus est, *h*(*a*) = *h*(*b*) = 0 ; *h* satisfait donc les hypothèses du théorème de Rolle. D'après celui-ci, il doit exister quelque part dans (*a*, *b*) un nombre *c* tel que :

$$\frac{dh(c)}{dt} = 0.$$

La porte de la conviction commence à s'ouvrir. Une équation est un exercice de symétrie et d'équilibre dans lequel deux choses existent dans un état de stabilité précaire.

L'équation

$$h(t)=\left[f(t)-f(a)-\frac{f(b)-f(a)}{b-a}(t-a)\right]$$

implique que les dérivées des deux côtés de l'équation doivent être égales :

$$\boldsymbol{D}h(t)=\boldsymbol{D}\left[f(t)-f(a)-\frac{f(b)-f(a)}{b-a}(t-a)\right].$$

Pour évaluer $\boldsymbol{D}h(t)$, il suffit d'évaluer

$$\boldsymbol{D}\left[f(t)-f(a)-\frac{f(b)-f(a)}{b-a}(t-a)\right].$$

Vu la complexité de l'expression entre crochets, voilà qui peut sembler une tâche intimidante. Mais l'un des miracles secondaires du Calcul est qu'il fournit, pour la première fois dans l'histoire intellectuelle, un ensemble de procédures très semblables aux algorithmes et qui, si on les comprend correctement, permettent d'accélérer la définition de cette dérivée, une besogne qui serait autrement pénible et difficile. L'expression à dériver se compose de deux parties, que j'ai séparées par des crochets :

$$[f(t)-f(a)]-\left[\frac{f(b)-f(a)}{b-a}(t-a)\right].$$

Chaque partie possède à son tour une structure simple, la première exprimée comme une soustraction :

$$[f(t)-f(a)]=f(t)-f(a),$$

et la seconde comme un produit :

$$\left[\frac{f(b)-f(a)}{b-a}(t-a)\right]=\frac{f(b)-f(a)}{b-a}\times(t-a).$$

Le reste se fait mécaniquement. Le terme $f(a)$ est à valeur constante. La dérivée d'une fonction constante est 0 : $f(a)$ disparaît de nos préoccupations.

Puisqu'on ne sait rien de $f(t)$, on note *sa* dérivée $df(t)/dt$, une manière de la désigner *quelle* qu'elle soit.

Le rapport $f(b) - f(a)/(b - a)$ est constant, donc le produit de $f(b) - f(a)/(b - a)$ et de $t - a$ suit la règle de la dérivation qui veut que la dérivée d'une fonction de la forme générale $g(t) = at$ ne soit autre que a, ce qui donne :

$$\frac{df(t)}{dt} = \frac{f(b) - f(a)}{b - a}.$$

La tâche apparemment formidable consistant à dériver les deux côtés de l'équation

$$h(t) = \left[f(t) - f(a) - \frac{f(b) - f(a)}{b - a}(t - a) \right]$$

donne :

$$\frac{dh(t)}{dt} = \frac{df(t)}{dt} - \frac{f(b) - f(a)}{b - a}.$$

C'est une expression générale dans laquelle t fait office de variable. Au point c, cette équation se lit :

$$\frac{dh(c)}{dt} = \frac{df(c)}{dt} - \frac{f(b) - f(a)}{b - a}.$$

Le théorème de Rolle établit – il a *déjà* établi – que la dérivée de h en c est 0, si bien que

$$0 = \frac{df(c)}{dt} - \frac{f(b) - f(a)}{b - a}.$$

Le rapport bien connu

$$\frac{f(b) - f(a)}{b - a}$$

est maintenant ajouté aux deux côtés de cette équation, ce qui produit gracieusement :

$$\frac{df(c)}{dt} = \frac{f(b) - f(a)}{b - a},$$

et *c'est là* la conclusion souhaitée de la démonstration, l'affirmation du théorème des accroissements finis et l'endroit où le voyage avait commencé.

Aucune étape de cette démonstration n'est difficile bien que dans l'ensemble l'impression de complexité soit considérable.

CHAPITRE 20

Le chant d'Igor

Je les aimais bien, mes étudiants. L'un d'eux était un jeune homme musclé aux yeux tranquilles et au teint clair qui avait énormément d'appréhension à parler en public et dont le visage lisse se marbrait de rouge à chaque fois que je l'interrogeais. Il se détendit peu à peu. Il faisait partie de la police de la route de l'État de Californie et nous contait, dans son riche vocabulaire policier regorgeant de *suspects* et de *piétons*, des anecdotes, notamment comment un jour, en poursuivant un suspect à une vitesse dépassant facilement les cent cinquante kilomètres à l'heure, un piéton avait surgi devant le véhicule et ça n'avait même pas fait *boum*, vous savez, plutôt quelque chose comme *plof* et, ouais, on s'y fait. Quand je lui demandai pourquoi il ne s'était pas engagé dans la brigade à moto, vu son amour de la vitesse et du danger, il répliqua solennellement que sa maman ne le laisserait pas, ça la ferait flipper. J'avais dans ma classe des autochtones californiens d'origine modeste, des garçons gigantesques et boutonneux avec des cheveux blonds décolorés et une boucle dans l'oreille, des jeunes filles courtes sur pattes aux jambes épaisses, plus l'inévitable beauté aux cheveux de jais, aux yeux brillants, aux lèvres rouges comme des cerises, aussi provocante que possible. Tous ces adolescents habitaient encore chez leurs parents, des parents déracinés, avec une grand-mère qui vivait toujours dans l'Idaho dans une maison près d'un champ balayé par un vent soufflant de la plaine, une porte grillagée claquant par intermittence, une voix appelant indéfiniment *Rachel*. Ils se nourrissaient de fromage fondu industriel, de big macs, de chips, de pain de mie tartiné de mayonnaise, de coquillettes, de gâteaux au chocolat ; ils aspiraient à un métier dans la police, la comptabilité, la gestion ou *J'sais pas, un boulot, quelque chose.* Ils travaillaient à mi-temps et s'occupaient de leurs petits frères, des enfants encore au berceau car leurs mères ne se montraient pas d'un zèle excessif en matière de contrôle des naissances, oubliant leur diaphragme dans l'armoire à pharmacie et sujettes aux grossesses à l'âge de quarante ans ; ils ne lisaient pas, ne savaient pas écrire et ils étaient touchants, consciencieux, faciles à vivre et curieusement vieux jeu, dévoués à leurs mères qu'ils appelaient invariablement maman – *Maman elle est vraiment chouette.*

Quant au département de mathématiques, c'était un endroit assez malfaisant où le climat d'intimidation caractéristique de telles institutions se déployait dans des devoirs conçus pour abrutir même les plus capables des étudiants. De plus, une immense affiche dépeignait de célèbres mathématiciens dans des poses suggérant la bizarrerie la plus indéracinable (des images rappelant celles qu'on voit dans les commissariats de police), le grand Gauss louchant à qui mieux mieux et Newton lui-même, sa perruque de guingois, donnant l'impression de s'être levé avec une effroyable migraine. Le président du département se tenait tapi dans son bureau, telle une araignée. Complètement chauve avec une tête montée comme un œuf sur des épaules étroites, excessivement zélé, il était insupportablement écrasé par ses responsabilités ; c'est du moins ce qu'il me déclara à l'occasion de notre unique entretien en balayant la pièce d'un large geste de sa petite main, comme pour dire sur un ton de résignation furieuse *Regardez-moi ça*, la paperasse inhérente à la gestion du département empilée sur son bureau et répandue jusque sur le sol.

Le département abritait en outre un certain nombre d'excentriques. L'un de ces zèbres passait son temps à écrire des romans de science-fiction où des femmes étrangement voluptueuses se retrouvaient enchaînées à la treizième dimension de leurs sous-vêtements. Un autre était pilote professionnel de moto et aimait à apparaître en classe vêtu d'un casque et d'une combinaison de nylon moulante. Quelques immigrés russes avaient atterri dans l'université après d'incroyables péripéties et au prix de stratagèmes d'une difficulté inimaginable. Il y avait Igor M., par exemple, le M. suivi d'une ribambelle de sons cyrilliques sifflants mais peu accommodants, et plutôt que de risquer de l'indigner par une prononciation tarabiscotée et incorrecte de son nom, je pris l'habitude de le saluer avec une désinvolture toute californienne – *Hé Igor, comment ça va ?* –, la pure absurdité de s'entendre appeler Igor pour la première fois de sa vie d'adulte suffisant à neutraliser l'effronterie implicite. Il ne sembla jamais s'en offusquer et au bout d'un moment il répondit sur le même ton : *Va bien.*

Igor ne faisait guère plus d'un mètre cinquante ; il affichait un air maladif qu'il devait autant à une existence vécue dans la peur qu'à un régime alimentaire déséquilibré ; il parlait l'anglais avec un accent russe indéracinable, presque opaque, et maintenant qu'on lui avait miraculeusement accordé un poste de titulaire, il considérait ses collègues et ses étudiants avec un mépris à peine dissimulé et parfaitement mérité. C'était un mathématicien puissant et érudit formé à l'école de Moscou, un élève d'un élève du grand Kolmogorov. Ses cours étaient d'une difficulté effroyable. « Est rien », répondait-il quand on lui faisait observer qu'une fois de plus il avait recalé pratiquement tous les étudiants assez téméraires pour étudier le Calcul avec lui. Le président du département s'efforçait de s'interposer entre l'implacable Igor et ses élèves en fureur. « Voyons Igor, gémissait-il dans l'espoir de l'amadouer, n'oubliez pas que nous ne sommes pas au MIT. »

« Impossible oublier », entonnait Igor.

Et les choses en restaient là, tant et si bien qu'Igor finit par ne plus avoir d'étudiants du tout et qu'il fut libre de se consacrer entièrement à ses recherches sur les équations aux dérivées partielles. Il avait perdu huit ans en tout. Lorsqu'il avait demandé la permission d'émigrer, les autorités russes l'avaient dépouillé de son poste à l'université de Moscou ; il était resté chez lui dans son minuscule appartement. « Pas de livres, disait-il, pas de papier. Rien. » Il avait englouti quatre ans dans l'étude de son anglais bien particulier et quasi inutilisable. Maintenant qu'il avait laissé l'enseignement derrière lui, il travaillait furieusement pour rattraper le temps perdu. « Très difficile, disait-il. Tellement de choses a*rr*river. »

Traces différentielles

Dans la vie et dans la nature, il a*rr*rive parfois que les choses soient inversées. J'avance et je recule, et ces deux pas, l'un vers l'avant et l'autre vers l'arrière, s'annulent mutuellement, de sorte qu'après les avoir faits je me retrouve à mon point de départ, une métaphore valable pour de nombreuses activités de la vie. Ce va-et-vient se manifeste dans les mathématiques. Les opérations arithmétiques élémentaires, par exemple, se font et se défont mutuellement. La soustraction défait l'addition, si bien que 2 + 7, un pas en avant, est neutralisé par (2 + 7) – 7, un pas en arrière. De même, la division défait la multiplication, ce qui fait que 12 × 3, quand on le divise par 3, donne simplement 12 et qu'on revient à l'endroit où ont commencé les deux opérations.

Ce sont ces détails familiers (mais non triviaux) qui rendent possibles les tours de prestidigitation de l'algèbre élémentaire, comme quand

$$\frac{x^2 - 1}{x - 1}$$

est factorisé en

$$\frac{(x+1)(x-1)}{x-1},$$

ce qui indique que l'on a composé l'expression originale en multipliant $x + 1$ par $x - 1$ puis en divisant le tout par $x - 1$. C'est le caractère inverse de la division et de la multiplication qui permet au mathématicien de supprimer $x - 1$ du numérateur et du dénominateur en ne laissant que $x + 1$, de sorte que, si $x \neq 1$, $(x^2 - 1)/(x - 1)$ et $x + 1$ se révèlent brusquement être la *même chose*, exemple qui montre bien que les mystérieux pouvoirs des techniques algébriques résident parfois dans quelque chose d'aussi simple que la main gauche défaisant ce que fait la main droite.

La dérivation a été jusqu'à présent une opération entièrement tournée vers l'avenir. *Dérivation* comme dans l'activité qui consiste à prendre des limites, le nombre 4 servant de dérivée à la fonction $f(t) = t^2$ au point $t = 2$; mais aussi dérivation comme dans l'activité qui consiste à apparier une fonction t^2 avec une autre fonction $2t$, donc à apparier un processus avec un autre, *activité* qui effectue une liaison entre deux manières de coordonner l'espace et le temps. Le mouvement intellectuel se fait dans une direction. On donne une fonction et on l'évalue en un point ; on passe au nombre qui représente sa dérivée. Ou bien on donne une fonction en général, sans s'intéresser à l'un de ses arguments en particulier ; on passe à la fonction qui représente ses dérivées. La fonction de position $P(t)$ indique la distance. *Regardez devant vous !* Voici la fonction de vitesse **vel**(t), la dérivée de $P(t)$, qui éclate comme le tonnerre venu de Chine, à l'est. Et pourtant le schéma d'inversion qui est un trait si marquant de l'arithmétique et de l'algèbre élémentaires intervient aussi dans le Calcul. Il constitue en fait le mouvement mental caractéristique du Calcul, le grand geste de cette discipline.

Tout le monde sait ce qu'est une équation. C'est une expression qui affirme que deux choses ou plus sont égales, la langue ordinaire exprimant les équations ordinaires au moyen d'une copule ordinaire – *Benjamin Franklin est l'inventeur des lunettes à double foyer.* Les équations mathématiques acquièrent leur utilité majeure lorsqu'elles contiennent une *inconnue* car elles sont un moyen de l'identifier ; mais avant que la bouffée de consternation due au souvenir des problèmes de maths rencontrés et ratés ne devienne par trop fétide, permettez-moi d'offrir cette pensée lénifiante : une phrase aussi simple que « il est grand, beau, brun, porte une fine moustache et donne la réplique à Vivien Leigh dans *Autant en emporte le vent* » réussit également à caractériser une inconnue au moyen d'une adroite compilation de conditions et d'indices verbaux associés. L'inconnue dans cette phrase, c'est *il*, et la phrase permet d'identifier ce *il* en énonçant certaines conditions à remplir. Dans cet exemple, les conditions sont suffisamment évidentes pour reconnaître le personnage en question : *il* est Clark Gable.

Ce système stimulant et omniprésent dans lequel une inconnue est mise en équilibre avec certains conditions censément identificatrices réapparaît dans les mathématiques élémentaires. Les inconnues sont très souvent des nombres, comme dans l'équation $5x = 25$ qui dit tout simplement qu'un nombre inconnu, quand on le multiplie par 5, se trouve être égal à 25. L'extraordinaire réussite de l'algèbre élémentaire est d'offrir au mathématicien la possibilité de *manipuler* cette équation afin d'identifier en un clin d'œil la valeur de la variable. Divisez les deux côtés de l'équation par 5, disent les règles algébriques, et *hop !* la réponse est là, aussi lumineuse qu'un rayon de soleil : x vaut 5. C'est parce que $5x = 25$ est une *équation*, donc une spécification de l'identité d'une chose avec une autre, que la double division devient légitime ; c'est la généralité propre à l'utilisation de variables comme x, rendues dans la langue courante par des pronoms, qui permet à cette double division de connaître un heureux aboutissement.

Les exemples offerts par l'algèbre élémentaire sont souvent fort peu inspirants, ne serait-ce que parce que personne n'a vraiment envie de savoir quels nombres correspondent aux inconnues qui, dans les problèmes de maths, font invariablement référence à un fermier, étrangement méditatif, planté tristement sur ce qui passe pour une colline dans les illustrations du manuel, en se demandant d'une manière qui ne laisse rien entrevoir de la puissance des mathématiques combien de navets il pourrait faire pousser s'il avait deux tonnes d'engrais. Quand je repense à mes propres expériences, Dieu sait combien je *détestais* enseigner l'algèbre élémentaire, surtout à une pleine salle d'adultes tout à fait prêts à aborder les problèmes de maths avec la conscience aiguë du ridicule des exemples. Mais comme toujours dans tout grand art, la matière et la méthode ne sont pas obligées d'être les mêmes au départ, la matière étant triviale (les fermiers et leurs champs) tandis que la méthode, dans le cas de l'algèbre élémentaire, suggère par petites touches la puissance d'un système d'équations qui permet rien de moins que la description du monde.

La notion de fonction offre au mathématicien un outil d'une suprême utilité physique, un instrument manifestement destiné à refléter la coordination du temps et de l'espace, donc conçu par l'architecte du monde pour représenter les choses de la nature. Un catalogue complet des processus physiques lèverait le voile sur le fonctionnement du monde et donnerait au mathématicien une vue intime sur l'esprit de Dieu. Aucun catalogue de ce genre, j'ai le regret de le dire, n'est actuellement disponible et il n'en existe aucun en perspective. La nature se présente aux mathématiciens (et à tous les autres) comme un problème, une série d'énigmes frustrantes. Mais dans le cadre du Calcul, donc de la science en général, les problèmes comme les énigmes prennent une certaine forme caractéristique, un profil suggestif. Au loin, il y a une fonction inconnue qui *pourrait* ménager une corrélation spécifique entre le temps et l'espace, disons un lien perceptible entre la position et le temps, ou entre les deux aspects, spatial et temporel, de l'expérience. Par « spécifique », je veux seulement dire qu'une fois son identité dévoilée, la fonction émerge comme une créature mathématique particulière dont le mathématicien est en mesure de dire qu'elle *est* exponentielle ou trigonométrique ou logarithme ou autrement compliquée mais toujours reconnaissable comme s'insérant dans la collection de *ses* outils descriptifs familiers. Bien que la fonction soit initialement inconnue, elle répond dans une équation à une certaine description, de même que x répond à la description d'un nombre qui une fois multiplié par 5 donne 25. Tel un trésor espagnol submergé et incrusté, on peut extraire la fonction de ses profondeurs épistémologiques insondables par un effort contemplatif, cette extraction réalisée, quand elle l'est, grâce à une astucieuse combinaison de méthodes mathématiques conçues en association pour forcer la fonction à révéler son identité. Même ces ménagères douées mais déboussolées qui étudient les mathématiques pour quitter Milpitas et entrer en faculté de médecine – il est possible que j'aie peuplé de femmes insatisfaites et ambitieuses une salle tout entière en multipliant par inadvertance une telle ménagère rencontrée par le passé – devraient, quelle que soit leur réticence, prendre conscience de l'extraordinaire acte d'audace intellectuelle concrétisé dans l'art de l'équation, sa pure créativité qui permet d'évoquer une fonction, donc la représentation abstraite d'un processus, puis de la découvrir à l'aide d'une collection de contraintes verbales, d'une tournure de phrase.

Le son de ma voix

Quand on leur demande de me juger en secret, mes étudiants ne manquent jamais de faire observer que *M. Berlinski aime vraiment s'écouter parler*.

Et c'est ce que je suis en train de faire en savourant le son de ma propre voix. Cela fait une éternité que je soliloque. Igor M., à qui le président a demandé de venir observer mes cours, tambourine avec impatience sur son bureau en bois, seule personne de toute la classe à avoir l'air minuscule sur les chaises d'enfant.

Quelles descriptions, demandé-je, *conviennent* à la caractérisation d'une fonction inconnue ? Il n'y a pas de réponse unique à cette question, mais pour ce qui est du Calcul la description la plus pertinente fait intervenir les dérivées de cette fonction et l'identifie donc par ses traces différentielles. *Oui, c'est cela l'idée – le monde contient des indices différentiels, une série de signes.* C'est ainsi qu'apparaissent les équations différentielles dont la découverte aux XVIIe et XVIIIe siècles ouvrit soudain aux mathématiciens la porte d'un univers nouveau, d'une subtilité et d'une puissance imaginative éblouissantes, découverte qui renaît à la vie à chaque fois que la page imprimée est posée à plat et que le lecteur ensorcelé souffle sur la poussière des siècles pour permettre à ces symboles de prendre leur signification dense.

Je fais une pose pour observer l'effet de ce discours quelque peu fleuri sur ma classe.

Une fonction F est donnée ou négligemment invoquée, son identité enveloppée de mystère, opaque, aussi sombre qu'une nuit d'un noir d'encre. Tout ce qu'on sait d'elle, c'est que *c'est* une fonction, un outil de coordination. Et le fait qu'une fois dérivée elle donne la fonction $3t^2$. Cet indice et la question implicite qui l'a inspiré peuvent être présentés sous la forme de l'équation différentielle

$$\frac{dF}{dt} = 3t^2,$$

une équation reproduisant les fioritures verbales qui l'ont introduite. Une fonction inconnue F donne après dérivation la fonction $3t^2$, disent les symboles. Ce que l'on cherche, c'est l'identité de F. L'équation fournit un indice, rien de plus. Dans sa forme générale, elle s'apparente aux équations algébriques telles que $5x = 25$, avec pour seule différence que x répond à un nombre tandis que là-haut, dans le cockpit différentiel, F répond à une fonction ; mais les équations différentielles, même à ce niveau, ont un air de commandement froid dont l'algèbre est entièrement dépourvue.

Dans ce cas précis, l'intuition et le souvenir des règles de la dérivation suffisent à cerner l'identité de F avec une facilité gratifiante. Elle est, elle *doit* être, la fonction $F = t^3$. La preuve ? Simplement que, après dérivation, t^3 donne $3t^2$:

$$\frac{dt^3}{dt} = 3t^2.$$

La dérivée de *toute* fonction de la forme $F(t) = t^a$ est toujours at^{a-1}.

Au-delà des spécificités de cet exemple, on peut voir se contracter un muscle mental familier. L'identification de F passe par sa description comme la fonction ayant pour dérivée $3t^2$. En passant de F à sa dérivée, le mathématicien *avance*. Mais la solution de l'équation repose sur une inversion de direction. En allant de $3t^2$ à l'identification de F, le mathématicien *recule* vers la fonction originale. Si le mouvement vers l'avant incarne la dérivation, le mouvement vers l'arrière symbolise quant à lui *l'intégration*, tandis que la fonction $F(t) = t^3$ fait office d'anti-dérivée ou d'intégrale de la fonction $f(t) = 3t^2$. C'est l'intégration qui dissipe l'obscurité dont F était entourée pour lui donner son identité en tant que fonction bien particulière.

Igor M. interrompt tout à coup le plaisant sentiment que j'ai de me parler à moi-même.

– Vous donnez maintenant définition formelle.

– Très bien. Et j'écris au tableau : « Une fonction F est une intégrale de f… »

Un certain remous dans la classe me fait comprendre que j'ai perdu tout le monde, sauf Igor M., qui arbore maintenant un sourire rayonnant.

– Qu'est-ce qui ne va pas ? demandé-je en pointant ma craie vers F puis vers f. Hafez l'Intelligent met le doigt sur le problème.

– Ce sont deux fonctions différentes ?

– Eh bien, oui, dis-je. Deux fonctions *différentes*.

– Alors pourquoi vous appelez toutes les deux F ?

Et je vois soudain comment la distinction entre le f minuscule et le F majuscule peut sembler problématique à des étudiants peu habitués au symbolisme, car le professionnel choisit des symboles légèrement différents pour suggérer une relation entre les deux fonctions, tandis que les étudiants considèrent cette relation comme mal informée, donc les symboles comme déroutants.

Je jette un coup d'œil à Igor M. ; il est clair qu'il prend Hafez l'Intelligent pour un imbécile ; je ne jurerais pas qu'il n'en pense pas autant de moi. Plus tard, il me dira qu'accepter des questions de la part de mes étudiants est une erreur pédagogique : « Poser des questions à Kolmogorov ? », décrivant avec son doigt un cercle autour de sa tempe pour évoquer une folie naissante.

– Quoi qu'il en soit, dis-je résolument, pris entre deux regards furieux, cette fonction F – je tape sur le tableau – est une intégrale de f si pour tout t la dérivée de F en t est $f(t)$.

– Est incorrect, déclare Igor M. d'une voix forte.

Mes loyaux étudiants se tournent vers lui, ébahis de me voir dans la position où ils se trouvent généralement.

– Pourquoi incorrect ? demande Hafez l'Intelligent d'un ton belliqueux.

– Écoutez, répond patiemment Igor M., est incorrect parce que il oublier de dire pour tout t dans *domaine* de f.

Effectivement, j'ai oublié.

– Quel pinailleur, dit Mlle Klubsmond d'une voix basse mais audible.

Elle a toujours considéré comme mesquines mes tentatives pour la convaincre des vertus d'une définition simple mais soigneusement formulée et préfère faire référence aux fonctions continues comme à *vous savez, ces trucs*. Maintenant, son heure de triomphe est proche.

– Non, non, le professeur M. a raison, dis-je généreusement, bien que l'envie me démange de transpercer d'un pieu son cœur russe et savant. F est une intégrale de f si pour tout t *dans le domaine* de f, la dérivée de F en t est $f(t)$.

Abandonnant ces subtilités, je fais remarquer que l'intégration a un sens symbolique simple. Si F est une intégrale de f, alors – et là j'écris les formules avec le plat de la craie pour leur donner un aspect ombré :

$$\boldsymbol{D}F(t) = f(t)$$

ou

$$\frac{dF(t)}{dt} = f(t).$$

C'est quelque chose qui est vrai par décret. On a donné un sens aux symboles et dans ce cas précis, ils n'ont pas eu voix au chapitre.

Il reste au mathématicien à fournir une notation pour l'opération d'intégration, notation que le Calcul met à sa disposition. Supposez que $f(t)$ soit une fonction continue. Le symbole élégant et bien galbé :

$$\int f$$

sert à désigner son intégrale.

La sonnerie qui signale la fin de l'heure va retentir. « L'intégration est une opération qui implique un renversement de forme, dis-je, et si l'on devait en donner une image, on la tirerait du monde de l'escrime, comme quand le maître d'armes allonge une botte – *dérivation* – puis, après que son adversaire eut murmuré *touché*, recule avec un sourire énigmatique et ramène vers lui son élégant fleuret – *intégration.* »

Du coin de l'œil, je peux voir Igor M. tendre avec un mouvement délicat et hésitant son poing droit mollement fermé, le pouce doucement posé sur l'index.

Et revoilà le théorème des accroissements finis

La dérivation passe d'une fonction à une autre fonction ; de même pour l'intégration. Mais avec une différence. La dérivation passe d'une fonction à une autre fonction bien précise, une âme sœur tout à fait spécifique, $2t$ dans le cas de $f(t) = t^2$. D'un point de vue mathématique, c'est donc une opération puritaine. Ce n'est pas le cas de l'intégration, qui conserve un reste d'immoralité. $F(t) = t^3$ est une intégrale de $f(t) = 3t^2$ mais $F(t) = t^3 - 5$ ou $F(t) = t^3 + 217$ le sont aussi. Cette immoralité particulière provient des faits les plus élémentaires de la dérivation. La dérivée d'une somme est la somme de ses dérivées, révèlent les règles de la dérivation, et la dérivée d'une constante est 0. Ce qui laisse penser, déduction presque immédiate, que l'intégrale de $f(t) = 3t^2$ est en fait une *famille* de fonctions $F(t) = t^3 + C$, avec C prenant diverses valeurs – avec C devenant pour ainsi dire tout ce que vous voulez.

Par ailleurs, *aucune* fonction en dehors de cette famille ne peut être une intégrale convenable pour $f(t) = 3t^2$, et cette remarque découle directement du théorème des accroissements finis qui, dans une de ses nombreuses incarnations précédentes, révélait que si deux fonctions ont la même dérivée, comme c'est le cas pour $F(t) = t^3 - 5$ et $F(t) = t^3 + 217$, alors elles ne doivent différer que par une constante. La dérivation passe donc d'une fonction à une autre fonction, dans le plus général des cas, mais l'intégration passe d'une fonction à une famille et *uniquement* à une famille de fonctions. Ces détails capitaux admettent maintenant une expression symbolique. *L'intégration renverse la dérivation* :

$$\int \frac{dF}{dt} = F(t) + C,$$

des symboles qui disent que si la fonction F est dérivée puis intégrée, on obtient la même fonction mais accompagnée de toute sa famille.

De même, *la dérivation renverse l'intégration* :

$$\frac{d\int f}{dt} = f,$$

des symboles qui disent maintenant : allez-y, trouvez l'intégrale d'une fonction f puis dérivez le *résultat* ; vous retrouverez f – la fonction f et non la famille, notez bien.

Ces formules sont *moins* claires que leur explication purement linguistique : elles ne respirent pas. Mais elles sont une façon fabuleusement compacte de présenter l'information et, à terme, leur concision inquiétante en vient à apparaître comme une forme de beauté.

Mes étudiants se crispent quand je prétends qu'avec le temps ces symboles leur sembleront beaux.

« Avec beaucoup de temps, alors », affirme cordialement M. Waldburger.

Les fonctions élémentaires dont on a déjà défini les dérivées donnent un ensemble de fonctions dont les intégrales sont *forcément* connues. Si la dérivée de t^2 est $2t$, alors l'intégrale de $2t$ doit être $t^2 + C$. D'où cette liste d'intégrales entièrement coordonnée avec celle des dérivées des fonctions élémentaires présentée dans un chapitre précédent.

Dérivées	*Intégrales*
$\frac{d}{dt}[C]=0$	$\int 0=C$
$\frac{d}{dt}[at]=a$	$\int a=at+C$
$\frac{d}{dt}[af(t)]=af'(t)$	$\int af(t)=a\int f(t)\ dt$
$\frac{d}{dt}[f(t)\pm g(t)]=f'(t)\pm g'(t)$	$\int [f(t)\pm g(t)]=\int f(t)\pm\int g(t)$
$\frac{d}{dt}[t^n]=nt^{n-1}$	$\int t^n=\frac{t^{n+1}}{n+1}+C,\ n\neq -1$
$\frac{d[e^t]}{dt}=e^t$	$\int e^t=e^t+C$
$\frac{d[\ln t]}{dt}=\frac{1}{t}$	$\int \frac{1}{t}=\ln\lvert t\rvert+C$
$\frac{d}{dt}[\sin t]=\cos t$	$\int \cos t=\sin t+C$
$\frac{d}{dt}[\cos t]=-\sin t$	$\int \sin t=-\cos t+C$

La relation de réciprocité entre la dérivée et l'intégrale est une question de définition, et les définitions, si l'on en croit un cliché courant, sont arbitraires. Le mot même de *définition* implique que, pour compliquée ou délicate qu'elle soit, comme dans le cas de la limite, une définition ne saisit pas le monde réel, qu'elle ne peut pas le saisir et qu'elle doit donc rester enfermée à tout jamais dans le cercle fermé des mots courant après des mots. Et pourtant les définitions du Calcul parviennent brillamment à se libérer de ce morne manège de mots. L'intégration inverse les effets de la dérivation ; elle fournit également une notation sensuelle en la personne d'un symbole harmonieusement galbé. L'idée est puissante et la notation sensuelle s'ajoute à toutes ces choses qui sont plaisantes à regarder dans le monde. Mais tout cela ne fait apparaître qu'un paysage restreint : ce que je veux mettre en évidence (dans un élan de foi) c'est un panorama.

La multiplicité et l'unicité

L'équation différentielle

$$\frac{dx}{dt} = 3t^2 - 1$$

dit qu'une fonction inconnue, appelée maintenant x, a $3t^2 - 1$ comme dérivée. *Trouvez* x, réclame-t-elle. Voilà une injonction qui a quitté les sombres lisières de l'incohérence ; trouver x n'est qu'une question d'intégration,

$$\int 3t^2 - 1$$

désignant l'ensemble de la famille de fonctions qui répond à cet ordre. En effet, comme le montre la dérivation

$$\int 3t^2 - 1,$$

est égale à $F(t) = t^3 - t + C$, et cette révélation coïncide avec le moment de l'histoire humaine où un système mathématique acquiert une nouvelle faculté stupéfiante, celle de pouvoir, grâce aux équations différentielles, traiter les fonctions, avec toute leur aptitude irrésistible à représenter l'espace et le temps dans le monde réel, comme si elles étaient des inconnues algébriques, à l'instar du x qui désigne la production de navets du fermier. Cet élargissement des possibilités se fonde sur un système dans lequel les fonctions inconnues sont véritablement traquées et identifiées. C'est là, à l'instant même où l'on résout la première équation différentielle la plus triviale, que se dévoile la formule verbale secrète qui rend possible la science moderne.

Comme une œuvre graphique dont la simplicité apparente dissimule tout un monde d'une profondeur vibrante, les exemples sur lesquels je me penche produisent leurs richesses lentement. En parallèle avec la famille de fonctions, $F + C$ est une famille de courbes dans un repère cartésien, dont chacune est obtenue par translation verticale de l'autre et constitue un compte rendu vivant du temps qui passe et de l'espace qui change.

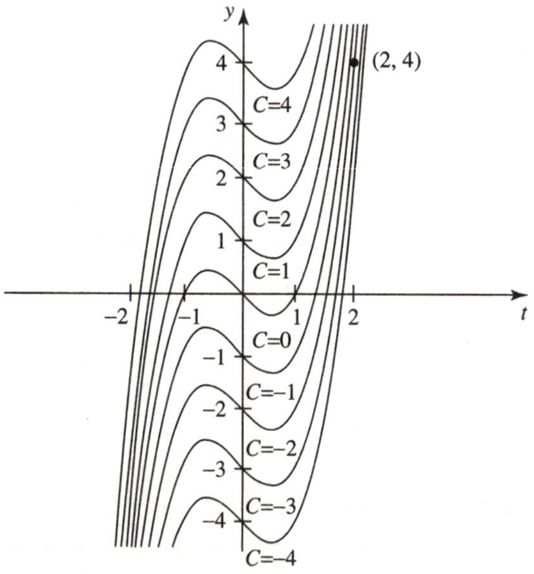

Ces courbes sont obtenues par translation parce que deux quelconques d'entre elles, *f* et *g*, disons, diffèrent par une constante *C* et que celle-ci, étant un nombre fixe, a simplement pour effet d'élever ou d'abaisser *f* jusqu'à ce qu'elle coïncide avec *g* (ou vice versa). Comme les fonctions qu'elles expriment, les courbes constituent une *famille* puisqu'elles partagent une forme essentiellement similaire, tout en se distinguant les unes des autres par leur relation variable avec le système de coordonnées. Mais avec l'apparition graphique de cette famille nous revenons en arrière pour retrouver une vieille affirmation, car la promesse sous-jacente du théorème des accroissements finis était que les mathématiques fourniraient des outils suffisamment souples pour être similaires dans leurs grandes lignes mais différents dans leurs détails.

Et là sur la page se trouve le résultat de cette promesse, qui fait émerger la métaphysique des mathématiques et donne une idée merveilleuse de ce que l'on entend précisément quand on parle d'unité dans la diversité et de diversité dans l'unité. La famille de courbes *dans son ensemble* constitue la solution générale de l'équation différentielle :

$$\frac{dx}{dt} = 3t^2 - 1,$$

mais chacune de ces courbes est ce qu'elle est et pas autre chose, elle est donc un compte rendu spécifique et une expression particulière de la façon dont le temps passe *maintenant* et dont l'espace change *ici*.

De cette figure se dégage donc une perception profonde de la nature même du changement. Celui-ci est incarné et représenté par une famille de fonctions, par un clan de courbes. Mais pourquoi *profonde* ? Qu'est-ce qui donne à cette vision du monde la profondeur que je lui attribue ? L'histoire de la philosophie est jonchée d'une multitude d'images frappantes mais stériles. Il y a la caverne de Platon, par exemple, avec ses ombres qui dansent indistinctement ; mais pour toute sa beauté obsédante et stimulante, *cette* image n'a pas avancé d'un pas en deux mille ans, fait que me rappelle souvent, lorsque j'enseigne la philosophie, une voix intérieure insidieuse et harcelante qui me murmure *et alors ?* et à laquelle fait instantanément écho la voix bien réelle d'un étudiant bien réel.

Mais dans la figure du mathématicien, dans son engagement sous-jacent en faveur d'une certaine vision du changement, les choses sont très différentes et la voix insolente réduite au silence par l'infinie richesse de cette figure. Au-delà de ce qu'elle montre, elle laisse entrevoir une manière de continuer la route – une manière spécifiquement *scientifique*.

Les objets en chute tombent vers le centre de la Terre. Cette loi bien connue de la nature répond au besoin irrésistible et légitime de décrire les choses de la façon la plus générale possible. Mais les processus naturels sont souvent intéressants justement parce qu'ils sont extrêmement particuliers. C'est au *début* de la bataille qu'on tire le canon et non *après*, et c'est de la *colline* et non de la *vallée* qu'on le tire ; c'est le soir que la Lune apparaît derrière les nuages *et non* le matin ; et dans le récit de Poe, c'est *maintenant* et non *alors*, *ici* et non *là*, que la silhouette masquée de la mort vient chercher le prince livide et sa foule de noceurs et de bons à rien.

Partant de la figure qui représente une famille de courbes, donc une congrégation de processus, existe-il un moyen de spécifier un processus particulier, de redonner vie au local et à l'individuel ? Le fait que la figure rende cette question possible relève de sa richesse même, ne serait-ce que parce que, associée à l'équipement analytique du mathématicien, elle fournit pour la première fois les distinctions qui permettent de poser cette question et d'y répondre.

L'équation différentielle est d'une nature accommodante : elle se satisfait de *n'importe laquelle* de ses solutions, donc de n'importe laquelle des fonctions de la forme $F + C$. Et cela est dans l'ordre naturel des choses, nous rappelle le théorème des accroissements finis. Une équation différentielle prend une solution particulière quand l'équation générale est astreinte à des conditions de temps et d'espace qui sont précises et locales.

Le mathématicien frappe d'un index raide l'intérieur d'un repère cartésien. Que se passe-t-il si les choses commencent *ici* et *maintenant* ? – un ici et un maintenant que désigne l'endroit où s'attarde son doigt. Mettons que ce ici et ce maintenant correspondent au point <2, 4>. Ce sont les coordonnées du point, 2 dénotant le temps et 4 la distance ; ces coordonnées sont les *conditions initiales* imposées à l'équation différentielle

$$\frac{dx}{dt} = 3t^2 - 1.$$

Conditions initiales ? Igor M. est parti, laissant la classe libre de grommeler à plaisir. *Comment ça ?* Baissez cette main, Mlle Klubsmond, *s'il vous plaît* ; je *vais* entrouvrir les rideaux pour laisser entrer un unique rayon de soleil ; mais laissez-moi dire, *je vous en prie*, que les choses sont *plus faciles* qu'elles ne semblent et que seule l'épaisseur du papier bible le plus fin vous sépare – oui, *vous* – d'une totale compréhension.

Cette équation différentielle ? Elle a une solution générale qui se présente sous la forme d'une fonction bien spécifique :

$$F(t) = t^3 - t + C.$$

Ceci nous le *savons*, et il nous a suffi pour cela de suivre en toute confiance les règles de la dérivation.

Très bien. C'est $F(t)$ que nous cherchons, $F(t)$ qui nous dira où vont les choses et où elles étaient ; car c'est $F(t)$, après tout, qui est une fonction, donc un outil permettant de décrire le changement. L'équation $F(t) = t^3 - t + C$ dévoile la forme générale que prend $F(t)$, mais elle est incapable de distinguer parmi les solutions et les traite toutes de la même façon, avec dans l'omniprésente constante C le signe même de ce manque de discernement.

Et pourtant nous savons aussi – *n'est-ce pas ?* – que l'intéressant, quel qu'il soit, *commence* au point <2, 4>. C'est-à-dire que nous savons que $F(2) = 4$, F agissant ici comme elle le fait partout pour envoyer ses arguments sur ses valeurs. Mais puisque

$$F(t) = t^3 - t + C$$

d'une manière générale, on en déduit que quand t prend la valeur 2,

$$F(2) = 2^3 - 2 + C = 4.$$

Et puisque $2^3 - 2 + C$ ne donne 4 que si C vaut -2, il en découle que, dans cette situation, C doit valoir -2.

Mais regardez ce que nous venons de faire. La solution générale de l'équation différentielle originale $F(t) = t^3 - t + C$ associée à la spécification des conditions initiales particulières $F(2) = 4$ a donné la solution particulière :

$$F(t) = t^3 - t - 2.$$

C'est *cette F – notre F*, Mlle Klubsmond – qui décrit, qui *exprime*, une courbe parmi tant d'autres et définit donc un processus possible parmi une famille de processus, et qui révèle ce faisant une méthode d'investigation absolument extraordinaire, méthode capable, comme nulle autre, d'allier à cet outil unique et efflorescent qu'est une équation différentielle un procédé par lequel le particulier s'impose comme un aspect du général et le général comme une expression du particulier.

Mlle Klubsmond est tout ouïe. « Cool », dit-elle.

Les mathématiques produisent une loi de la nature

L'accélération est un grand huit ou bien l'eau bleue d'une piscine qui se précipite à la rencontre de la plongeuse qui vient de basculer du grand plongeoir ; mais c'est *aussi* l'un des concepts du Calcul, donc une notion dotée d'une signification mathématique fixe, d'un rôle dans le cours des choses. La fonction $f(t) = t^3$, nous disent les règles de la dérivation, a comme dérivée la fonction $3t^2$, une fonction cédant la place à l'autre. Mais cette fonction $3t^2$ – y a-t-il une raison pour laquelle on ne pourrait pas *la* dériver à son tour ? Si la dérivée de $f(t) = t^3$ est $3t^2$, alors la dérivée de $3t^2$ est simplement $6t$, un nouvel objet mathématique et indiscutablement une nouvelle fonction. C'est ce que l'on appelle la *dérivée seconde* de $f(t) = t^3$.

La dérivée seconde d'une fonction à valeurs réelles possède une interprétation physique spectaculaire. La fonction qui marque la position d'un objet suit l'évolution de la distance par rapport au temps. Sa dérivée donne la vitesse instantanée. Sa dérivée seconde doit donc donner son changement instantané de vitesse qui n'est autre que la notion familière d'accélération, le rythme auquel change la vitesse (et non la distance). Si la vitesse prend des unités exprimées, disons, en kilomètres par heure, celles que prend l'accélération sont exprimées en (*kilomètres par heure*) *par heure* – le rapport de la vitesse au temps. Dans tout cela, les mathématiques restent fidèles au mode de développement déjà établi car la notion d'accélération, loin d'être entièrement nouvelle, n'est qu'un élargissement de la définition de la dérivée, la vitesse et l'accélération apparaissant dans le Calcul comme des concepts ayant subi cette étrange transmigration que connaissent les notions ordinaires qui se trouvent soudain investies d'une signification mathématique.

Et pourtant, c'est dans le jeu entre un phénomène physique isolé et les concepts du Calcul qu'est forgée la première des grandes lois de la physique. L'*accélération* d'un objet – *tout* objet depuis la balle de base-ball jusqu'à la ballerine – qui tombe en chute libre est une constante g valant environ –32 pieds par seconde dans la plupart des endroits. Il convient de souligner ici une distinction linguistique capitale. Le physicien parle de l'accélération comme d'une constante ; le mathématicien en parle comme d'une *fonction* constante. Si l'accélération est exprimée par une fonction **acc**(t) = g, cela signifie que l'une des intégrales de **acc**(t) = g doit être la fonction **vel**(t) qui exprime la vélocité. L'accélération est *définie* comme la dérivée de la vitesse.

L'intégrale générale

$$\int \mathbf{acc}(t)$$

de la fonction constante **acc**(t) est une famille de fonctions de vitesse mais l'identité de **vel**(t) reste obscure. Elle dénote la vitesse, c'est certain, elle est donc à l'origine de l'accélération, mais quelle est sa forme mathématique ? L'intégration suffit pour trouver la réponse. L'identité cachée de **vel**(t) est $gt + C_1$.[1] La preuve ? Simplement que la dérivée de $gt + C_1$ est g et que **acc**(t) = g. Quelle conclusion remarquable est-ce là ! L'opération *mathématique* d'intégration a révélé que la vitesse d'un objet en chute est définie par une simple fonction **vel**(t) = $gt + C_1$, le Calcul étendant maintenant ses bras pour établir en partie comment fonctionne le monde.

La même manœuvre peut être refaite et pratiquement dans les mêmes termes. Dans les pages précédentes, on a défini la vitesse comme la dérivée d'une fonction marquant le changement de position en fonction du temps. L'une des intégrales de la vitesse doit être la fonction de position $P(t)$.

L'intégrale générale

$$\int \mathbf{vel}(t)$$

1 Cette constante porte l'indice C_1 parce qu'une autre constante va venir.

de la fonction de vitesse est une famille de fonctions de position, mais l'identité de $P(t)$ reste obscure. Elle dénote la position, c'est certain : elle est donc à l'origine de la vitesse, mais quelle est *sa* forme mathématique ? L'intégration suffit pour trouver la réponse. La fonction de vitesse $\mathbf{vel}(t)$ a déjà été dotée d'une identité en tant que $gt + C_1$. L'intégrale

$$\int gt + C_1$$

d'une fonction de la forme $gt + C_1$ doit à son tour avoir la forme[2]

$$\frac{1}{2}gt^2 + C_1t + C_2,$$

puisque *cette* fonction, quand on la dérive, donne $gt + C_1$.[3] Ce qui est une fois encore une conclusion remarquable. L'opération *mathématique* d'intégration a révélé que la vitesse d'un objet en chute est définie par une simple fonction $\mathbf{vel}(t) = gt + C_1$ mais aussi que la position de ce même objet est déterminée par une autre fonction simple :

$$P(t) = \frac{1}{2}gt^2 + C_1t + C_2,$$

si bien qu'une seule et même opération abstraite définit non seulement la vitesse d'un objet mais aussi sa place dans le monde.

Et les deux constantes C_1 et C_2 ? Elles ressortent de tout cela comme les rebuts des opérations mathématiques. L'accélération est la dérivée seconde de la position. Pour retrouver la position à partir de l'accélération, l'intégration doit être exécutée deux fois. Chaque exécution produit une constante. Mais ces

2 La deuxième constante C_2 arrive.

3 La dérivée de C_2 disparaît en 0. La dérivée de C_1t est C_1. Et la dérivée de $(1/2)gt^2$ se réduit simplement à gt (rappelez-vous que la dérivée de x^2 est $2x$). Donc la dérivée de $(1/2)gt^2 + C_1t + C_2$ est bien $gt + C_1$, comme annoncé.

constantes ont une signification *physique* autant que mathématique et elles offrent ainsi un autre exemple des mathématiques en train de tendre vigoureusement les bras pour entrer en contact avec le monde réel. La magie noire qu'on vient de pratiquer montre que **vel**(t) prend ses incarnations terrestres sous la forme $gt + C_1$. Si aucun temps ne s'est écoulé **vel**(0) est tout simplement C_1, gt disparaissant dans l'anéantissement de la multiplication par zéro. Cette observation suffit pour doter C_1 de son identité physique comme la *vélocité initiale* d'un objet en chute. Une plongeuse s'approche du bord du grand plongeoir, s'accroupit, bondit vers le haut, ramasse son corps en boule à l'apogée de ce saut splendide puis tombe dans la piscine et vers le centre de la Terre. C'est C_1 qui exprime sa vitesse initiale au moment où elle se jette en l'air.

Ce raisonnement peut être répété indéfiniment avec le même résultat. Une double intégration envoie l'accélération sur la position. La magie noire ayant été pratiquée deux fois, $P(t) = 1/2\, gt^2 + C_1t + C_2$. Mais en $t = 0$, $P(0)$ n'est autre que C_2, la *position* d'un objet avant que celui-ci se mette à tomber. C_2 reçoit donc une interprétation simple comme étant notre vieille connaissance la hauteur, ou **H**, pour reprendre le symbole.

Il est de fait que l'accélération d'un corps en chute libre est constante. L'art puissant du mathématicien permet de subordonner un phénomène simple et isolé à une forme symbolique capable de contrôler *toutes* les situations où un objet tombe vers le centre de la Terre avec une vélocité initiale bien précise et d'une hauteur initiale bien précise, cette forme symbolique tenant en équilibre l'accélération, la vitesse et la position dans un délicat miracle de coordination.

Interrogation surprise

Qu'y a-t-il entre le *fait* brut que l'accélération est constante et la *loi* générale de la chute des corps ?

Alors ? *Ah !* personne ne le sait, peut-être parce que j'ai à nouveau succombé à cette pénible manie pédagogique qui est de poser des questions dont je suis le seul à connaître la réponse. Mais cette réponse je la connais *bel et bien* et elle vaut la peine d'être connue. Il n'y a *rien* entre le fait et la loi, hormis la double opération d'intégration, opération qui se fait jour au sein du Calcul et qui est entièrement définie par lui. C'est ici, comme en tant d'autres endroits, qu'un ensemble austère de règles, une étrange collection de définitions et une élégante notation symbolique se rejoignent pour permettre, par une implacable série d'étapes déductives, de passer du fait intéressant mais brut que l'accélération gravitationnelle est une constante à une loi de la nature, une formule verbale qui exerce sa domination sur l'espace et le temps.

Une dernière chose

On peut dériver les fonctions élémentaires à l'aide de règles élémentaires, processus qui produit des fonctions qui sont elles-mêmes élémentaires. L'intégration est possible *par définition* pour les dérivées de chacune des fonctions élémentaires. La boucle est bouclée. Mais l'intégrale d'une fonction élémentaire est-elle à son tour nécessairement élémentaire ?

Eh non ! malheureusement. Nombreuses sont les fonctions élémentaires à rater le test de l'intégration si l'on prend pour critère de réussite que l'intégrale obtenue doit être une fonction élémentaire. Les fonctions

$$\frac{e^t}{t}, \frac{\mathbf{sin}\,t}{t}, \frac{1}{\mathbf{ln}\,t},$$

et bien d'autres encore, résistent à l'intégration en termes élémentaires. Il n'existe *aucune* fonction élémentaire $f(t)$ dont la dérivée soit $\mathbf{sin}\,t/t$. Ce n'est pas une énigme, c'est comme ça, tout simplement. Bouclée d'un côté par la dérivation, la boucle est ouverte de l'autre par l'intégration. L'espoir de voir l'intégration d'une fonction élémentaire donner une autre fonction élémentaire s'inscrit dans un système d'illusions enfantines qui domine les mathématiques élémentaires. C'est ici, quand on prend toute la mesure de cette réalité, que, comme le premier amour, les mathématiques élémentaires passent à l'état de souvenir.

Annexe

Petit sermon pour M. Waldburger

Tout comme il y a des algorithmes qui font de la dérivation une opération quasi mécanique, il y a des règles qui agissent ainsi pour l'intégration. De fait, certaines techniques d'intégration s'inspirent des techniques de dérivation. La règle des fonctions composées en fournit un exemple[4]. En tant qu'algorithme de dérivation, elle dit que

$$\frac{dF}{dt} = \frac{dF(g(t))}{dg(t)}\frac{dg(t)}{dt}.$$

Rien n'empêche de coller une intégrale indéfinie des deux côtés de cette équation :

$$\int\frac{dF}{dt} = \int\frac{dF(g(t))}{dg(t)}\frac{dg(t)}{dt}.$$

L'intégrale de *dF*/*dt* est simplement la fonction *F* originale assortie d'une constante qu'elle traîne lourdement dans son sillage étroit. Mais *F* est à proprement parler une fonction de $g(t)$, donc la fonction et son encombrante constante ont la forme $F(g(t)) + C$, d'où il découle que

$$\int\frac{dF(g(t))}{dg(t)}\frac{dg(t)}{dt} = F(g(t)) + C.$$

Et malgré son aspect rébarbatif, cette formule conduit à une règle d'intégration exprimée sous la forme d'un petit théorème. Disons (comme je l'ai fait moi-même mais de manière implicite) que *f* et *g* sont des fonctions telles que $f(g)$ et la dérivée de *g* soient toutes deux continues sur un intervalle *I*. Je traite maintenant la dérivée de *g* comme une fonction à part entière. Si *F*

4 Un exemple étudié au chapitre 17.

est l'intégrale de f sur I, on déduit de la formule ci-dessus que

$$\int f(g(t))\frac{dg(t)}{dt} = F(g(t)) + C.$$

J'ai remplacé ici l'humble fonction $f(g(t))$ par la dérivée de F en me fondant sur le fait que F est une intégrale de f sur I.

Cette petite formule est appelée règle d'intégration par changement de variable. Elle permet dans certains cas de trouver l'intégrale d'une fonction autrement impénétrable – $f(t) = (t^2 + 1)^2 (2t)$, par exemple.

Un silence de mort enveloppe la pièce. « *Quelqu'un* peut-il spécifier cette intégrale :

$$\int (t^2 + 1)^2 (2t) \text{ ?»}$$

M. Waldburger se prépare à gémir théâtralement, son signe habituel de respect intellectuel, mais le gémissement ne s'impose pas vraiment ici comme une stratégie possible et la question que je pose possède une signification culturelle aussi bien que mathématique. Elle illustre la nécessité d'une technique au sein du Calcul, d'un moyen de trouver les choses.

– C'est la règle de changement de variable qui se charge de ce cas, affirmé-je à mes étudiants qui donnent déjà des signes d'agitation. Je tape le tableau avec la jointure de mes doigts. Quelques changements *rapides* suffisent.

– *Ben voyons*, dit M. Waldburger, déprimé à la vue du tableau couvert de pattes de mouches.

– Non, c'est vrai, il suffit *réellement* de quelques changements rapides. En particulier, mettons que la fonction $(t^2 + 1)$ soit représentée par $g(t)$. Alors la dérivée de g représente automatiquement la fonction $2t$ –

Les gémissements de M. Waldburger se font plus forts.

– Parce que $2t$ est dérivée de $(t^2 + 1)$ et $g(t)$, *elle*, représente $(t^2 + 1)$, interrompt brutalement Hafez l'Intelligent. Si tu ne mangeais pas autant de beignets, peut-être tu comprendrais.

Ces derniers temps, M. Waldburger a pris l'habitude d'apporter en classe un plein carton de beignets à la confiture pour se réconforter.

– Et puis, dis-je, si $g(t)$ représente $(t^2 + 1)$, disons que $f(g(t))$ représente $(g(t))^2$, si bien que $f(g(t))$ est simplement une autre façon de dire $(t^2 + 1)^2$.

Une pause pour examiner l'effet de ces remarques sur la classe. M. Waldburger tente plus ou moins de *cacher* son beignet derrière une de ses mains. De temps à autre, il mastique silencieusement.

– Il ressort de ces changements que

$$\int (t^2+1)^2(2t)$$

est une *illustration* de la formule

$$\int f(g(t))\frac{dg(t)}{dt},$$

– *d'accord ?* – de sorte que

$$\int (t^2+1)^2(2t) = F(g(t)) + C,$$

où F est une intégrale quelconque de f.

– *Tout le monde suit ?*

Allez savoir pourquoi je pose cette question. *Personne* ne suit.

– Mais il est facile de voir…

– Pour vous peut-être, dit Mlle Klubsmond, convaincue une fois encore que tout, jusqu'à la poussière de la craie sur le tableau, trempe dans une conspiration contre elle.

– Facile de voir que $F(g(t)) = 1/3(g(t))^3$ est intégrale de f, lance Hafez l'Intelligent, parce que dérivée de $1/3(g(t))^3$ est $g(t)^2$ et que f est fonction de la forme $f(g(t)) = g(t)^2$.

– Tout à fait, Hafez, dis-je. Donc pour en revenir au problème original, la réponse à ma question est :

$$\int (t^2+1)^2 2t = \frac{(t^2+1)^3}{3} + C.$$

– *Youpi !* s'écrie M. Waldburger, les vestiges de son beignet ornant le duvet de sa lèvre supérieure.

Je ne peux pas lui en vouloir. La règle de changement de variable est un goût *acquis*.

Un peu plus tard, je montrai à Igor les problèmes sur l'intégration par changement de variable que j'avais préparés pour ma classe. Il les parcourut rapidement et les résolut tous en un clin d'œil. Je remerciai le ciel que M. Waldburger eût échappé à cette démonstration de ses pouvoirs intellectuels.

Trop facile, dit Igor. Et, avec un ricanement sinistre, il s'approcha du tableau de la salle des mathématiciens pour y écrire rapidement plusieurs intégrales vraiment monstrueuses, de grandes formules denses et compliquées. D'après ce que je pouvais voir, chacune était plus ou moins destinée à rendre impossible toute application des règles classiques.

– Si je leur donnais ce genre de choses en examen, fis-je observer, la moitié de mes étudiants seraient recalés.

Igor M. resta un long moment sans rien dire, féroce et minuscule.

– Est rien, répondit-il finalement. À Moscou, tous *rr*ecalés.

CHAPITRE 21

Aire

Il vous faut maintenant imaginer Lyndon Johnson – entre tous ! – en train d'arpenter d'un pas lourd son affreux ranch texan, une meute de journalistes dans son sillage, et d'ouvrir largement les bras pour englober les collines desséchées et arrondies, les pacaniers et le petit ruisseau, en aboyant abondamment dans le V formé par ses bras tendus : *Tout ça, c'est à moi.*

Mais c'est quoi, le tout ça qui est à vous ?

À ce ton péremptoire, le Président s'arrête net, se tourne, fixe son interlocuteur en plissant les yeux au-dessus de son grand nez et lui répond : *Tu te fous de moi, fiston ?*

Bégayant dans le soleil brûlant, le mathématicien debout parmi la foule explique qu'il est seulement curieux d'en savoir plus sur ce concept, sur cette chose abstraite que désignent ses bras tendus et dégingandés – des bras qui embrassent dans leurs lignes de prolongation imaginaire une région de la Terre, un morceau de territoire, une étendue, les termes *région de la Terre*, *morceau de territoire* et *étendue* exprimant tous la notion abstraite d'*aire*.

En entendant cela, le Président se redresse de toute la hauteur de son mètre quatre-vingt-quinze : *T'as pas intérêt à te foutre de moi, fiston.* Sans un mot de plus, il s'éloigne d'un air digne dans la lumière brutale du soleil.

Les mathématiques d'un samedi pluvieux

D'une autre manière et dans un autre monde, le graphe d'une fonction positive continue $f(t)$ apparaît dans un repère cartésien comme posée sur pilotis entre deux droites qui prennent naissance aux points *a* et *b* :

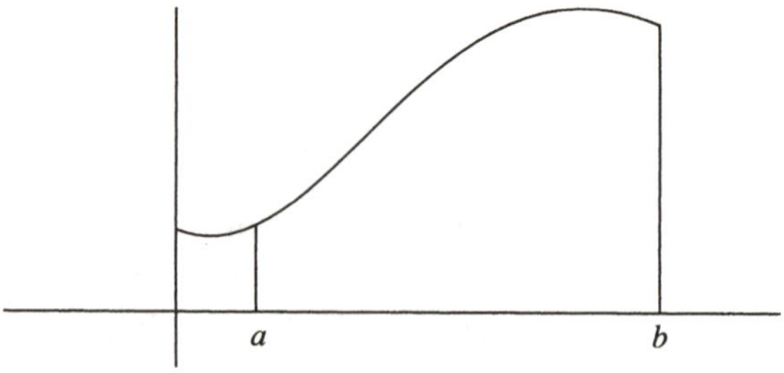

La courbe est un agent actif, un serpent qui, en se glissant entre $f(a)$ et $f(b)$, *englobe* une portion de l'espace, une sorte de territoire. Si c'est un territoire – donnez-lui le nom que vous voulez – qui se trouve sous la courbe, *quelle est son aire ?* C'est avec cette question simple mais divinement énigmatique que commence la deuxième partie du Calcul. C'est une question simple, parce que la forme de la réponse a déjà été prédite : quoi que le mathématicien propose, mieux vaut que ce soit un *nombre* positif qu'il attribue à tout ce *vide* ; et je profite de ce moment pour saluer l'audace qui motive cette exigence, la folle conviction qu'il *existe* un nombre *pouvant* exprimer notre appréciation entièrement sensuelle du fait qu'il y a un *truc* étalé en dessous de la courbe. C'est en même temps une question divinement énigmatique, parce qu'elle se trouve à cheval entre une demande péremptoire, celle d'une découverte – *dites donc, allez me trouver l'aire sous la courbe* – et une autre non moins péremptoire, celle d'une définition – *dites donc, qu'est-ce que vous entendez par aire sous la courbe ?* –, ce qui suggère une fois encore que les mathématiques ont fondamentalement pour effet de donner le jour à quelque chose par un simple choix de mots.

L'aire est la deuxième des grandes notions du Calcul et le deuxième endroit où le monde réel tend les bras pour mettre en application une construction mathématique. De même que la vitesse donne naissance à la dérivée d'une fonction à valeurs réelles, l'aire donne naissance à son *intégrale définie.* Telle une feuille pliée le long de son axe, le Calcul est divisé en deux moitiés conceptuelles, les dérivées d'un côté, les intégrales de l'autre. Mais rien dans le développement du sujet n'a encore justifié la symétrie implicite que laisse entendre cette image. Qu'est-ce que la vitesse a à voir avec l'aire ? L'avantage du Calcul est que les grands axes de son élaboration sont assez remarquables pour donner une indication de la réponse, laquelle est bien entendu : *tout.*

Les définitions du calcul différentiel sont délicates ; elles présentent souvent un mélange exquis de fragilité et de force conceptuelles. Celles du calcul intégral, elles, sont dominées par ces manœuvres mentales bien plus familières que sont l'approximation, l'ajustement et la subdivision. Si la dérivation consiste en grande partie à mettre des papillons en laisse, l'intégration ramène le mathématicien au monde de la menuiserie, du briquetage et de la maçonnerie – un monde dans lequel les choses sont bougées ou bâties. Mais quelles que soient leurs différences de texture, la dérivation et l'intégration se ressemblent par un aspect fondamental : les idées dans lesquelles elles se matérialisent en définitive transcendent leur origine pour atteindre à une existence purement formelle.

L'approximation est un acte intellectuel des plus familiers, comme quand le boucher, le pouce posé sur un plateau de la balance, évalue le poids du chateaubriand défendu placé sur l'autre plateau. C'est vers elle qu'on se tourne quand on remplace une chose dont les propriétés ne sont pas connues par une autre dont les propriétés le sont. C'est l'aire qui nous intéresse ici, mais le domaine des objets dont on connaît l'aire est petit et il est dominé presque entièrement par une série étrangement restreinte de figures planes : le carré, le rectangle, le cercle, un ou deux aimables parallélogrammes et guère plus. Il est surprenant, maintenant que le besoin s'en fait sentir, de voir que la géométrie euclidienne plante la tente de ses théorèmes sur un cadre si dépouillé, une scène si curieusement vide. Néanmoins, le calcul intégral retourne avec gratitude vers les formules éprouvées et éculées de la géométrie euclidienne, car, après tout, une formule est une expression qui *marche*.

L'aire sous la courbe n'est pas informe, mais par rapport aux normes de la géométrie euclidienne elle est dangereusement amorphe, avec une forme qui se modifie suivant de petites variations dans la fonction qui la produit. Ainsi est-il d'autant plus remarquable qu'on puisse l'*approcher* sommairement à l'aide d'une succession de rectangles qui apparaissent sur le plan comme autant de gratte-ciel modernistes.

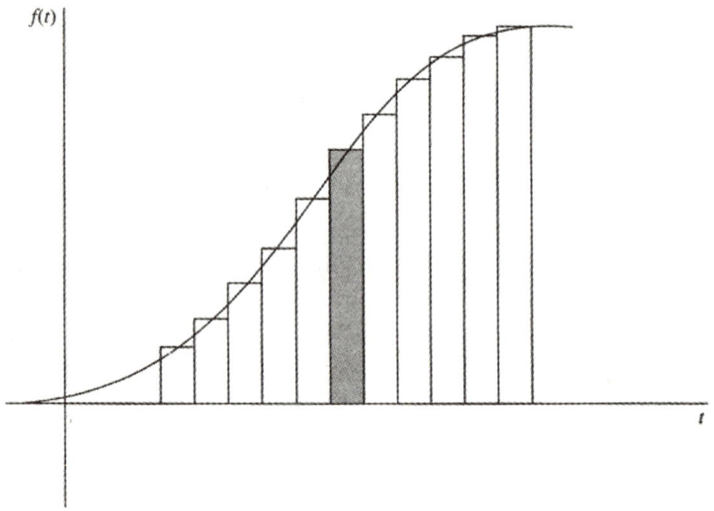

Si cette approximation semble grossière, il n'est pas inutile de rappeler qu'elle est précieuse dans la mesure où l'aire d'un rectangle est une chose que nous savons calculer comme étant le produit de sa base et de sa hauteur.

La démarche caractéristique du calcul intégral, qui consiste en une approximation imprévue suivie d'un retour à la géométrie euclidienne, se déploie dans toute son innocence rose bonbon ; il ne manque plus que les détails. Les rectangles apparus jusqu'à présent comme des illustrations doivent être organisés convenablement et l'approximation qui en résulte rendue de plus en plus fine. L'image d'un affinement sans fin rappelle celle d'un peintre fou en train de retoucher indéfiniment un portrait académique, mais elle laisse également augurer l'éventualité d'une *limite*, d'un endroit où cet affinement arrive calmement à son terme. C'est un augure auquel Leibniz resta aveugle : n'ayant pas recours aux limites, il suivit son imagination fertile jusqu'au bout et amincit chaque rectangle jusqu'à le faire littéralement disparaître en le rendant pas plus épais qu'une droite, une droite recouvrant une aire *infinitésimale*. La somme de tous ces rectangles sans aire, Leibniz la présenta comme étant l'aire sous la courbe, conscient, j'en suis certain, qu'il exhibait une sorte de monstre. Car rien ajouté à rien ne donne rien.

L'aire qui se trouve sous la courbe $f(t)$ est délimitée par $f(t)$ et par l'axe des t ; ses extrémités de part et d'autre sont caractérisées par les droites qui s'élèvent à partir de a et de b. C'est le truc situé *à l'intérieur* qui représente l'aire, c'est ce truc qui réclame un nombre positif, une identité numérique. Si les fioritures verbales habituelles – *aire, truc, territoire, étendue* – semblent d'une imprécision déconcertante, c'est la preuve qu'une certaine facette de l'aire reste mal comprise, le travail conceptuel du Calcul étant autant une question d'*éclaircissement* que de découverte ou de définition.

La construction du calcul intégral a quelque chose des plaisirs de l'enfance par un samedi après-midi pluvieux : le radiateur qui siffle, un chocolat chaud à portée de la main avec un marshmallow bulbeux qui flotte doucement sur sa surface grisâtre ; et une pleine boîte de Lego éparpillée sur le sol en linoléum. La droite par ailleurs banale qui s'étire entre a et b – l'axe des t – se transforme en une plate-forme où s'élèvent ces gratte-ciel approximants. Quantité de rectangles peuvent être nécessaires et chacun d'eux a besoin d'un espace où établir ses fondations. Cet espace, le doigt potelé de l'enfance le fournit en divisant la distance entre b et a en parts égales au moyen des n points d'une partition :

$a = t_0 < t_1 < t_2 < \ldots < t_{n-1} < t_n = b$.[1] Ces points fractionnent la distance entre a et b en intervalles espacés de manière régulière. Ils s'échelonnent *de a* à b, donc a est assimilé au premier et b au dernier. En partant de a, chaque point se trouve à gauche de celui qui lui succède, t_1 étant inférieur à t_2 et ainsi de suite.

L'espace entre a et b est un intervalle divisé en sous-intervalles par les points de la partition. Le premier est simplement celui qui va de $a = t_0$ à t_1, le deuxième celui qui s'étend de t_1 à t_2. Toute cette collection de sous-intervalles, le mathématicien la symbolise naturellement comme $[t_0, t_1]$, $[t_1, t_2]$, …, $[t_{n-1}, t_n]$:

La figure et les symboles expriment la même évidence : la longueur du segment de droite entre a et b a été coupée en morceaux égaux.

La division de ce segment de droite en n sous-intervalles est une activité variable car le nombre de sous-intervalles augmente à mesure que n croît, de sorte que l'impérieux architecte de cette affaire peut ordonner à la ligne de se diviser en une, deux, trois ou dix mille parties. Quel que soit le nombre de sous-intervalles, la *longueur* de chacun d'eux est symbolisée par Δ, assorti d'un indice qui indique tout naturellement la longueur du premier intervalle (Δ_1), puis du deuxième (Δ_2), puis du troisième (Δ_3).

Quelle *est* la longueur de chaque sous-intervalle ? Facile. La longueur du premier sous-intervalle $[t_0, t_1]$ est la mesure de la distance entre les deux nombres t_0 et t_1. Et sur la droite, la distance bascule simplement dans la différence, ce qui fait

1 Il est parfois pratique de commencer une suite en prenant 0 comme premier indice plutôt que 1. Cette notation ne renferme aucune signification cachée.

que la longueur du sous-intervalle $[t_0, t_1]$ n'est autre que la différence numérique entre t_1 et t_0. Maintenant, je suppose que la partition est *uniforme* : chaque sous-intervalle est de la même longueur. Ce qui permet une mesure numérique bien commode. La longueur de tout sous-intervalle donné est la distance entre *a* et *b* divisée par le nombre d'intervalles, c'est-à-dire $(b - a)/n$.

Une fois la partition accomplie, le travail d'organisation est à moitié fini ; reste à réaliser la *construction* proprement dite des rectangles approximants. Reprenons maintenant la boîte de Lego, dont l'inscription voyante sur le couvercle assure que la construction d'un gratte-ciel, d'un dinosaure ou d'un pont suspendu n'est l'affaire que de quelques minutes, et consultons les discrètes instructions figurant sur le côté, instructions qui, dans mon souvenir, se terminent invariablement pour tout projet intéressant par ces mots : *Peut nécessiter la supervision d'un adulte.* Ici aussi.

Chaque sous-intervalle, dit l'étape un, *sert de base pour ériger un rectangle.* L'étape deux suit avec obligeance : *La hauteur de chaque rectangle est définie par la valeur de la fonction f.*

La valeur de la fonction *f* ? Laissez-moi revoir ces instructions. La valeur de la fonction *f où* ? Ça n'est pas marqué.

Ça n'a *pas besoin* d'être marqué, ce qui signifie que *f* peut prendre ses valeurs *en tout point* d'un intervalle donné.

L'aire du premier rectangle, m'informe l'étape trois, est simplement le produit de sa base et de sa hauteur, cadeau offert rétrospectivement par l'univers euclidien. Ce sont des quantités connues, comme l'indique clairement l'étape quatre, la base étant Δ_1 et la hauteur $f(t)$, si bien que l'aire du premier rectangle est $f(t) \times \Delta_1$. Ce qui vaut pour le premier rectangle vaut pour le deuxième et le troisième ; il vaut pour *tous* les rectangles pour la simple raison que ce *sont* des rectangles.

Il ne reste plus qu'une dernière étape à négocier. Ces rectangles euclidiens qui surgissent du sol ont pour but d'approcher l'aire sous la courbe. L'approximation est réalisée grâce à cette collection de rectangles, la voix de l'équilibre murmurant *in petto* que l'aire sous la courbe est à peu près identique à celle de ces rectangles pris dans leur ensemble ou fusionnés les uns avec les autres ou autrement amalgamés. C'est la plus simple des opérations mathématiques qui se charge de cette union. L'aire des rectangles pris dans leur ensemble est la *somme* de chacune de leurs aires. S'il y a n rectangles en tout, leur aire collective vaut

$$f(t_1)\Delta_1 + f(t_2)\Delta_2 + \ldots + f(t_n)\Delta_n.$$

C'est ce qu'on appelle une *somme de Riemann*, et c'est ainsi que la boîte de Lego assimile cette construction enfantine aux rêves du grand Bernhard Riemann et les fait devenir réalité.

Un dernier détail. Un symbole peut faire à lui tout seul le travail de beaucoup. C'est le cas de la lettre grecque *sigma*, opérateur qui désigne une somme, l'expression

$$\sum_{i=1}^{n} f(t_i)\Delta_i$$

disant exactement la même chose que

$$f(t_1)\Delta_1 + f(t_2)\Delta_2 + \ldots + f(t_n)\Delta_n.$$

La variable i sous le sigma est un *indice* qui passe de 1 à 2 à 3 et ainsi de suite jusqu'au tout dernier n ; par un effet stroboscopique, elle change prestement de valeur à chaque nouveau terme qui se présente pour l'inspection, la notation communiquant l'idée qu'en $i = 1$, c'est $f(t_1)\Delta_1$ qui passe l'examen, puis que c'est le tour de $f(t_2)\Delta_2$ quand i devient 2, chaque terme inspecté venant s'ajouter à ceux qui l'ont précédé.

Les symboles s'accumulent, et s'ils *ne peuvent pas* en dire plus que le fait la langue courante, ils commencent à faire penser que, dans un certain sens, leur prolifération sur la page imprimée est un signe de vitalité sauvage.

CHAPITRE 22

Ces Lego disparaissent

En 1854, Georg Friedrich Bernhard Riemann obtint à Göttingen un poste similaire à celui de maître assistant ; on lui demanda de prononcer un exposé liminaire devant le corps enseignant du département de mathématiques. Il n'avait que vingt-sept ans ; il lui restait douze ans à vivre.

La conférence eut lieu dans une grande pièce, avec un parquet qui résonnait sous les pas des mathématiciens et des physiciens, des grains de poussière qui dansaient dans l'air lourd, de hautes fenêtres à claire-voie qui laissaient filtrer une faible lumière oblique. Enfin, la salle se remplit, et là, au milieu, il y a le grand Gauss en personne, un vieil homme austère assis droit comme un i, la tête haute, le tissu de lin de sa chemise blanche empesée effleurant les lobes de ses oreilles poilues de vieillard ; il a les paupières lourdes. Les autres hommes remuent de temps à autre sur les bancs en bois inconfortables. Quelqu'un tousse.

Vêtu d'une lourde redingote noire et de pantalons informes de la même couleur, Riemann se lève et s'avance vers le pupitre, manquant de trébucher quand il monte les marches qui conduisent à l'estrade ; sa lèvre supérieure est humide. Remontant ses lunettes sur son nez avec son index, il place sur le pupitre la liasse de feuilles qui contient son discours et il commence à parler, un tremblement audible dans sa voix grêle de ténor, les yeux fixés sur les papiers qui se trouvent devant lui. Il se propose, dit-il, d'examiner les hypothèses qui servent de fondement à la géométrie. Il toussote, puis reprend ; il parle avec circonspection mais sans hésitation ; il parle pendant près d'une heure. Et tandis qu'il parle, ses auditeurs commencent à percevoir que, par ces quelques phrases calmes et mesurées, ce petit jeune homme rondouillard est en train d'ouvrir des perspectives intellectuelles entièrement nouvelles, un horizon vaste et grandiose, un monde géométrique ayant coupé le dernier lien qui le rattachait à la géométrie euclidienne. Quand Riemann se tait enfin, la grande horloge de la découverte intellectuelle, qui est réglée de tout temps sur avant ou sur après, se trouve alors sur après. Gauss se lève en regardant à peine les hommes qui l'entourent, s'arrête dans l'allée pour rajuster son col et s'approche solennellement de l'estrade pour féliciter Riemann, leur poignée de main marquant l'un de ces moments singuliers dans l'histoire de la pensée où la série de gestes brillants qui constitue la vie de l'esprit est, assez curieusement, *à la fois* terminée *et* poursuivie.

Une accrétion infinie de détails

Le travail d'approximation est maintenant approximativement achevé. La région sous la courbe acquiert son identité arithmétique par procuration en prenant comme mesure de son aire la première somme de Riemann disponible. Mais comme le produit final d'un après-midi de travail qui, contrairement aux images sur le couvercle, ne ressemble en *rien* à un gratte-ciel ni à un *Tyrannosaurus rex*, l'approximation de l'aire sous la courbe semble jusqu'à présent terriblement grossière. Pas étonnant. Il n'y a rien de nouveau dans tout cela, il n'y a en vérité rien qui dépasse la portée conceptuelle des anciens Grecs, sinon la notation.

Dans le calcul intégral, l'approximation est suivie d'un affinement. Il est de la nature même de l'approximation de pouvoir être rendue de plus en plus fine, comme le cercle de l'artiste se change progressivement en portrait au moyen d'une accrétion de détails ; mais les principes qui guident la main du peintre lorsqu'il transforme une forme géométrique en un visage de jeune femme légèrement souriant, personne ne les connaît, car chaque artiste en apprend les secrets en silence. Les mathématiques sont plus simples, ne serait-ce que parce que leurs principes sont plus explicites, et le mystère en est d'autant plus troublant qu'il est si souvent flagrant. Dans le cas de l'aire sous la courbe, l'affinement se fonde sur le principe simple qui veut que *quand le nombre de rectangles augmente, l'approximation devient de plus en plus précise*.

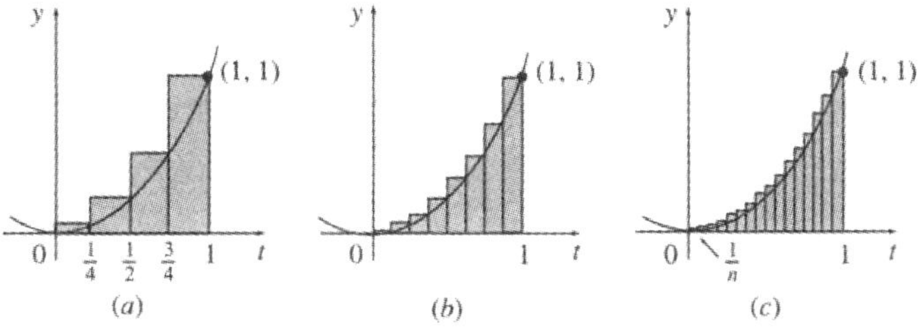

Pour augmenter le nombre de rectangles, on laisse n devenir de plus en plus grand, ce qui a pour effet de réduire la largeur de chaque sous-intervalle Δ_i. On peut exprimer le même principe en disant que *quand la largeur de chaque sous-intervalle diminue, l'approximation devient plus précise*. Quelle que soit la formulation, c'est un principe qui ne devrait pas susciter de réelle surprise. Il tombe sous le sens, puisqu'en laissant les rectangles se multiplier on diminue le degré auquel ils se trouvent au-dessus ou au-dessous de la courbe ; il saute aussi aux yeux quand on regarde la figure et il était de la compétence des Grecs qui calculaient l'aire par une méthode d'exhaustion ne présentant pas de différence marquée avec le système que je viens d'exposer.

Il est rare qu'on puisse, même rétrospectivement, discerner clairement le moment où quelque chose est près de changer, l'ancien en train de se dissiper, le nouveau sur le point de prendre vie ; mais dans le développement du calcul intégral, c'est ici l'endroit, le moment exact. L'innovation conceptuelle nécessaire survient quand l'imagination reconnaît tristement qu'on aura beau raffiner l'approximation, le processus simple qui consiste à redimensionner les rectangles pour qu'ils épousent de plus en plus étroitement l'espace sous la courbe est désespérément inadéquat, ne serait-ce que parce qu'il est désespérément infini. Si fin que soit l'affinement, on peut le rendre toujours plus fin en laissant Δ_i devenir toujours plus petit, devenir d'une petitesse sans fin mais jamais sans largeur.

Le langage dans lequel on exprime l'affinement fait penser à un processus irrésistible, ces largeurs étant régulièrement réduites, précipitées vers une fin inexorable, écrasées jusqu'à la non-existence. Cette façon de présenter les choses évoque le grand concept instrumental du Calcul, car l'idée d'un processus qui s'approche de plus en plus de quelque chose d'inaccessible suggère bien sûr que le but et la fin de l'approximation pourraient prendre corps dans une *limite* mathématique. Avec l'introduction d'une limite, le nouveau s'avance pour revivifier l'ancien et, ce faisant, le transforme complètement, tandis que le monde grec, séculaire, riche et intuitif recule dans l'ombre.

Une limite, rappelez-vous, est une chose fixe vers laquelle convergent d'autres choses. Dans le calcul intégral, ce sont les sommes de Riemann qui convergent et qui le font quand n devient de plus en plus grand, quand $n \to \infty$, en fait. La limite des sommes de Riemann, si elle existe, est exprimée par la formule

$$\lim_{n \to \infty} \sum_{i=1}^{n} f(t_i)\Delta_i ,$$

symboles compacts et élégants qui désignent le nombre réel et fini vers lequel tend une suite de sommes finies[1]. Notez la double description de cette formulation : *un nombre réel et fini* et *une suite de sommes finies*. Par son appel à l'infini,

1 Vu l'étrangeté de la notation sigma, il est bon de se souvenir que la limite en question est celle de la somme par ailleurs prosaïque $f(t_1)\Delta_1 + f(t_2)\Delta_2 + \ldots + f(t_n)\Delta_n$ quand n croît.

l'invocation d'une limite semble venir effleurer une fois encore la lisière de l'ineffable, mais quand on étudie les symboles posément tout semble se transformer miraculeusement en une chose fixe et finie. Car, après tout, une limite est un nombre comme les autres ; et à tout moment donné, une somme de Riemann ne désigne rien de plus que l'aire collective d'un ensemble fini de rectangles, chose également exprimée par un nombre fixe et fini. Que le temps avance et les rectangles se multiplient, mais seulement en quantité finie et la somme de Riemann qui en résulte devient l'aire collective d'un ensemble de rectangles un peu plus nombreux. Et cela aussi est exprimé par un nombre fixe et fini. C'est seulement quand l'alchimiste mathématicien exige que ce processus soit poursuivi en augmentant indéfiniment le nombre de points de partition que l'ombre de l'infini tombe sur l'expérience ; mais à peine cette ombre est-elle apparue qu'elle s'efface devant la limite en personne, si bien que, comme un secret profondément caché, la magie de l'infinitude reste enterrée sous une surface finie.

L'approximation dépend maintenant de l'*existence* de ces limites. Chose remarquable, il est de fait que si f est continue et positive sur $[a, b]$, la limite requise existe. C'est cette situation qui motive la *définition* de l'aire, c'est elle qui soutient la construction d'un concept. Une fonction f continue et positive étant donnée et disponible, l'aire délimitée par le graphe de f, par l'axe des t et par les droites qui s'élèvent à partir de a et de b est déterminée par une aire approximante poussée à sa limite :

$$\text{AIRE} = \lim_{n \to \infty} \sum_{i=1}^{n} f(t_i)\Delta_i ,$$

où t_i est *tout* point de Δ_i et où Δ_i vaut toujours $(b - a)/n$.

L'aire se dégage donc de ces considérations comme une notion entièrement nouvelle, une *création* mathématique, la limite d'une suite de sommes ; et puisque c'est une notion nouvelle, elle est exprimée au sein du Calcul par un symbole nouveau qui trouve son origine dans l'atténuation délibérée du signe désignant une somme : l'élégante *intégrale définie*

$$\int_a^b f = \lim_{n \to \infty} \sum_{i=1}^{n} f(t_i)\Delta_i$$

d'une fonction à valeurs réelles f entre les bornes a et b.

L'intégrale en personne

L'intégrale définie est la deuxième des nouvelles notions du Calcul, la première étant la dérivée d'une fonction à valeurs réelles. Comme la dérivée, l'intégrale d'une fonction donne un nombre, mais sa structure conceptuelle laisse supposer une affinité implicite avec le concept de vitesse moyenne plutôt que celui de vitesse instantanée. L'intégrale définie ne semble pas produire un nombre qu'on puisse facilement exprimer comme la valeur d'une fonction. En outre, elle se distingue de la dérivée d'une manière profonde et suggestive. La dérivée d'une fonction à valeurs réelles est intensément *locale*, car elle prend une vie frémissante en un point et au voisinage de ce point. Le nombre qui exprime l'intégrale définie, par contraste, est censé caractériser toute une région du plan. L'intégrale définie est un concept *global*, quelque chose qui transcende totalement les problèmes d'ici et de maintenant, de ceci et d'alors.

Comme son nom le laisse entendre, l'intégrale définie a une qualité bien pragmatique qui tranche quelque peu avec sa définition au moyen d'une limite ; son apparence terre à terre doit beaucoup au fait qu'elle est un nombre et qu'elle sert donc le but recherché, à savoir élargir le programme ancien qui consiste à remplacer les aspects géométriques du monde – la distance et l'aire – par des étiquettes exceptionnellement fécondes, des symboles tirés d'un monde numérique étranger. Mais bien que le nombre possède une tangibilité rassurante, c'est un nombre auquel on est parvenu par le biais d'un processus de passage à la limite, donc de quelque chose de nouveau dans l'expérience intellectuelle. Si l'aire d'un parallélogramme dans le plan euclidien et l'aire sous une courbe sont unies par un concept commun, celui d'aire, elles ne sont nullement liées par une méthode commune, et les deux nombres qui en résultent représentent ainsi deux visions différentes.

La définition de la dérivée, donc la notion de vitesse instantanée, repose sur ce tour de passe-passe qui fait partie intégrante de tout passage à la limite. On fait appel à une série d'opérations discrètes qu'on laisse s'accumuler en grande quantité, un peu comme dans ces films du XIXe siècle où l'on faisait défiler de plus en plus vite une série de fragments pâles et répétitifs jusqu'à ce que le spectateur ait l'étonnante impression de voir ces unités discrètes, ces fragments successifs, fusionner et devenir continus, tandis que surgissait devant son œil stupéfait une grassouillette baigneuse victorienne en train de s'extraire timidement de son formidable corset. Le même processus intervient dans la définition de l'intégrale définie. Ces rectangles imaginaires s'élèvent l'un après l'autre ; leurs aires respectives sont calculées ; puis elles sont totalisées. Le tout est aussi discret qu'il est possible de l'être, une série de formes toutes faites aussi dures que le *clac clac* des diapositives (ou je ne sais quoi) insérées dans ce projecteur du XIXe siècle. Mais passez à la limite, et ces formes deviennent floues, leurs bases de plus en plus étroites, l'approximation de l'aire de plus en plus fine, alors que ces pauvres rectangles commencent à venir toucher la courbe qui oscille et que, *là,* à la limite même, ils tendent les bras pour l'épouser en un point de coïncidence parfaite.

Malgré tout, l'intégrale définie est un nombre. Il en résulte que l'aire subit une contraction inévitable, la quantité (ou la qualité) s'évanouissant devant le nombre qui la décrit, tandis que ce quelque chose, tout cet espace, la rivière Pedernales, les pacaniers cèdent la place à un symbole et que la singularité luxuriante de cet endroit, de ces arbres, de cette rivière en crue est rétrogradée puis limogée.

Mais il en va de même pour toute tentative de description du monde, car celui-ci restera toujours plus varié que les symboles servant à le contenir.

L'intégrale souhaite une valeur moyenne

La lumière du théorème des accroissements finis clignote sur le Calcul ; elle clignote sur l'ensemble des mathématiques élémentaires et, vu son importance, il est naturel de se demander si quelque chose d'analogue à ce théorème vaut pour l'intégrale définie.

C'est le cas. Le résultat est un théorème dont la structure conceptuelle est d'une évidence peu commune. Vu sous le bon éclairage, le théorème de la moyenne pour les intégrales est une conséquence directe du théorème des accroissements finis. Soit f une fonction positive continue sur $[a, b]$ et m et M ses valeurs minimum et maximum sur cet intervalle. Puisqu'elle est continue, f prend l'une et l'autre de ces valeurs.

Deux rectangles entrent maintenant en jeu. Le rectangle supérieur est formé par le produit de M et de $b - a$ et le rectangle inférieur par celui de m et de $b - a$; de deux choses l'une : soit ces rectangles contiennent l'aire sous la courbe $f(t)$, soit ils sont contenus par elle.

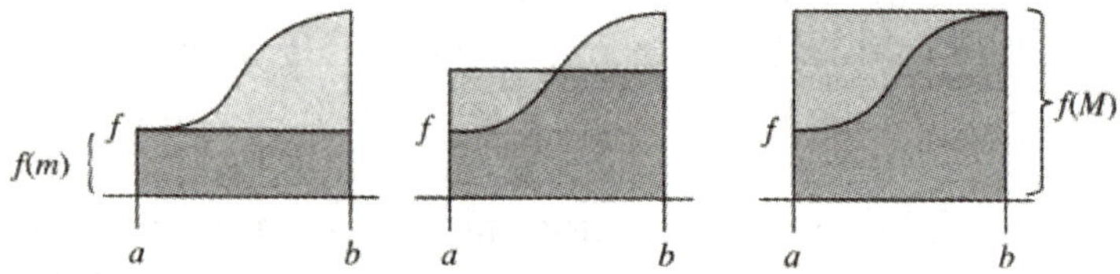

RECTANGLE INSCRIT (PLUS PETIT QUE L'AIRE)

RECTANGLE DE LA MOYENNE (ÉGAL À L'AIRE)

RECTANGLE CIRCONSCRIT (PLUS GRAND QUE L'AIRE)

L'aire sous la courbe est exprimée par l'intégrale définie de a à b :

$$\text{AIRE} = \int_a^b f,$$

et tout cela ne fait que prendre appui sur quelques concepts familiers.

Deux faits entrent maintenant dans la discussion sans démonstration. Quelle que soit l'aire sous la courbe, elle est *au moins* aussi grande que celle du rectangle inférieur mais *pas plus grande* que celle du rectangle supérieur, ces deux rectangles faisant office de marges grises et inflexibles au-delà desquelles elle ne peut pas aller et ne continuera pas.

Ce détail est évident quand on regarde la figure et il l'est aussi de par la définition même de M, de m et de l'intégrale définie.

L'intégrale définie est l'expression suprême dans les mathématiques de l'approximation poussée à sa limite, sa contribution au Calcul étant de démontrer sans conteste que cette approximation peut être poursuivie jusqu'au point où la coïncidence devient parfaite. Et pourtant, l'approximation repose sur une chose aussi simple qu'une série de rectangles, figures euclidiennes séculaires incongrûment associées aux calculs concernant les courbes. Dans ce contexte, il est naturel de se demander si l'aire d'un *certain* rectangle ne pourrait pas exprimer parfaitement l'aire sous la courbe.

Pas n'importe quel rectangle, bien entendu, car alors la question serait triviale et elle serait tranchée trivialement. Elle est bien plus spécifique que cela. Existe-il un point s de $[a, b]$, demande maintenant cette question calme et précise, tel que le rectangle dont la hauteur vaut $f(s)$ et la longueur vaut $b - a$ coïncide avec l'aire sous la courbe ? Toujours le même refrain obsédant : *Existe-il une chose ? Cette chose suffit-elle ?* Question et refrain détournent l'attention de l'aire sous la courbe pour la reporter sur les figures stables de la géométrie euclidienne. La consultation d'une figure suffit généralement pour provoquer un acquiescement insouciant : il *existe* un nombre ; il suffit *bien* ; et dans ce cas précis, les faits analytiques bruts justifient cet acquiescement insouciant. Si f est continue sur un intervalle fermé $[a, b]$, il *existe* un nombre s de $[a, b]$ tel que

$$\int_a^b f = f(s)(b-a).$$

Tel est le théorème de la moyenne pour les intégrales ; sa démonstration guillerette passe par une succession d'étapes sautillantes qui font l'effet d'un torrent froid cascadant à flanc de montagne[2].

Dans le cours du temps

Newton et Leibniz comprenaient la nécessité de l'intégrale définie, et c'est Leibniz, homme d'une grande inventivité en la matière, qui créa la notation qu'on utilise aujourd'hui ; mais Leibniz concevait l'intégration comme il concevait la dérivation – dans des termes empreints d'une incohérence logique. Les quantités infinitésimales qui apparaissent dans sa définition de la dérivée se manifestent également dans sa définition de l'intégrale et trouver l'aire sous la courbe impliquait pour lui de totaliser une infinité de fragments infiniment petits. Vous pouvez imaginer les hochements de tête et les mouvements de mains particulièrement réjouissants qui accompagnaient la démonstration par Leibniz de la façon dont une infinité d'objets sans aire pouvait, par un mystère étrange, se transformer en une somme positive finie.

Mais Newton et Leibniz étaient des hommes de génie et le fait qu'ils aient eu recours à des procédés qui nous semblent absurdes aujourd'hui montre à quel point la route après eux allait être longue. Non que Euler ou Lagrange ou Monge ou encore Maupertuis eussent fait mieux. Outre sa brillance, le

2 Pour cette sautillante démonstration, voir l'annexe 2.

grand cercle étincelant qui apparaît dans la culture française entre la fin du XVIIe siècle et la fin du XVIIIe siècle avait cette caractéristique : il se composait d'hommes qui, pour la dernière fois dans l'histoire des mathématiques, se sentirent autorisés à répondre avec un haussement d'épaules quand on leur demandait ce qu'ils voulaient dire précisément : *Ah ! ça, messieurs, nous n'en avons aucune idée.*

Assis dans une pièce sombre et lambrissée dans ce qui est aujourd'hui le 16e arrondissement, c'est l'actif, l'infatigable Cauchy qui formula la définition moderne de l'intégrale dans la première partie du XIXe siècle, et c'est également lui qui, grâce à ses extraordinaires pouvoirs d'organisation, vit ce qu'il fallait faire et le fit. Mais aussi étonnant que cela paraisse, une étape capitale fait défaut dans sa construction de l'intégrale. Il manquait à Cauchy un concept – la *continuité uniforme*, en l'occurrence. Une grande idée mathématique s'élabore bien souvent par étapes et, s'il revint à Cauchy de purger la notion d'aire de son désordre métaphysique pour lui donner une forme essentiellement moderne, il revint à Riemann de doter ce concept de toute sa formalité mathématique.

Né en 1826 dans un village près de Hanovre, Riemann s'impose rétrospectivement comme l'une des figures les plus désespérément poignantes du XIXe siècle, semblable à Schubert par son talent étrange et irrésistible mais aussi par son horrible malchance, car si Schubert mourut jeune, Riemann mourut plus jeune encore, toussant calmement ses derniers souffles de vie sous un figuier italien.

Dans son éducation, Riemann subit l'influence de la grande culture mathématique allemande ; il fut après tout l'élève du grand Gauss qui loua sa thèse de doctorat dans des termes d'une chaleur quasi exceptionnelle. Il fut également influencé à distance par les lueurs brillantes et éparpillées de la culture mathématique de langue française du XVIIIe siècle, Legendre, Lagrange, Euler et Monge lui parlant tout bas à travers leurs livres et leurs articles à leur manière malicieuse et captivante. Si Gauss lui offrit l'exemple des mathématiques comme une entreprise sublime reposant sur l'exploration de l'intellect par lui-même, les Français les montrèrent à Riemann comme un jeu fascinant pratiqué sur un plateau étincelant avec des coups tactiques pareils à de l'argent au clair de lune.

Mais Riemann n'était pas plus identique aux Français qu'il n'était totalement un disciple de Gauss. Géomètre par tempérament, platonicien par affiliation, visionnaire dans l'âme, il discernait derrière les apparences un monde moins sensuel et moins complexe que le monde réel, mais plus ordonné, plus harmonieux, plus stable, plus beau. Beaucoup de mathématiciens, il est vrai, sont platoniciens et la plupart se considèrent comme des visionnaires. Mais Riemann reste unique. À tout ce qu'il toucha, il apporta un don étrange et lumineux. Il donna à la théorie des fonctions complexes, cette discipline des plus exquises, l'une de ses formes durables ; il arracha la géométrie à son ancien port d'attache euclidien ; il supposa que les propriétés de l'espace se révéleraient être des aspects de sa courbure. Il formula la notion de variétés riemanniennes et se pencha sur la distribution des nombres premiers. Il s'intéressa à la physique théorique et même à la psychologie. Et, cependant, rien de tout cela ne cerne réellement l'homme. Seul parmi les mathématiciens du XIXe siècle, il vit ce qu'il avait besoin de voir avant même d'acquérir l'équipement symbolique qui lui permettrait d'exprimer cette vision ; la conviction qu'il affichait à propos de chacune de ses découvertes était pleinement justifiée mais exotique et un peu effrayante. Si d'autres mathématiciens reconnurent ses accomplissements, il resta seul, isolé par la *singularité* de son imagination. Sa vision d'une physique fondée sur la géométrie attira le jeune Einstein qui, avec la candeur que seul le génie peut conférer, reconnut Riemann comme son prédécesseur. Un courant de perspicacité visionnaire traverse leur œuvre à tous deux, une façon de revêtir la vision de certaines facettes d'une forme symbolique qui fait que l'on finit par discerner la nature des choses simplement parce qu'on les voit.

Comme Don Quichotte ou comme un saint-bernard, Riemann est entré dans la mythologie de l'Occident. Le visage rond, portant lunettes, affreusement timide, bègue, il est néanmoins un personnage infiniment touchant, à la fois honnête, gentil, docile, affectueux et doux ; malgré sa mort, les mathématiciens le voient traverser les années d'une démarche hésitante de somnambule, un léger sourire jouant sur ses lèvres enflées ; avec ses yeux marron écarquillés et fixes, il semble continuellement perplexe jusqu'à ce que, apercevant quelque chose que nul autre ne peut voir, il s'arrête, murmure *noch so was* d'un ton de voix suggérant la reconnaissance plus que toute autre chose, puis, le regard vif, limpide et toujours bienveillant, sourit et poursuit son chemin.

ANNEXE 1

L'intégrale souhaite une existence plus formelle

Définie simplement pour exprimer l'aire sous la courbe, l'intégrale définie est en réalité une création d'ingénieur ; elle est d'une structure trop simple, trop facilement accessible pour être totalement satisfaisante aux yeux des mathématiciens que nous sommes. Permettez-moi d'énumérer les objections les plus évidentes : la fonction f qui fait l'objet de l'intégration doit être positive, elle doit être continue et les partitions qui servent à définir l'intégrale doivent être uniformes, partagées en sous-intervalles de la même taille. Un certain sens de la généralité renâcle devant ces restrictions. L'intégrale souhaite une existence plus formelle.

Les restrictions que je viens de recenser peuvent être assouplies : lorsqu'elles le sont, un objet mathématique plus formel et bien plus digne prend vie. La fonction f est maintenant vidée de son contenu au point d'en être anonyme et de n'exister qu'autant qu'elle est définie sur l'intervalle fermé $[a, b]$, où elle envoie les arguments sur des valeurs sans jamais montrer précisément comment elle le fait. Comme précédemment, on partage la distance entre b et a en sous-intervalles de largeur Δ_i mais sans faire d'effort particulier pour les rendre égaux ; quand au point t_i, on le laisse être *tout* point de l'intervalle numéro i.

L'expression

$$\sum_{i=1}^{n} f(t_i)\Delta_i$$

désigne comme avant une somme de Riemann pour f, et si une telle somme est familière, la voilà aussi sombrement énigmatique : en effet, f est désormais anonyme et les diverses partitions de $[a, b]$ n'ont pas toutes la même largeur.

L'idée essentielle de la définition par l'ingénieur de l'intégrale définie est le *raffinement*, les partitions qui deviennent de plus en plus fines, le nombre n de rectangles qui croît indéfiniment. L'ingénieur fait confiance au raffinement, car toutes les partitions qu'il considère divisent l'intervalle en sous-intervalles égaux. Mais cette exigence a été assouplie dans l'intérêt de la généralité, et laisser le *nombre* de sous-intervalles augmenter indéfiniment ne garantit nullement que ceux-ci vont *tous* subir la contraction voulue et que certains ne vont pas se contenter de rester plantés là stupidement[3].

On peut obtenir l'effet souhaité en exigeant que la largeur du sous-intervalle *le plus grand* tende vers 0. Supposons que la largeur de ce sous-intervalle soit notée $\|\Delta\|$; on peut maintenant définir l'intégrale de Riemann comme la limite des sommes de Riemann quand $\|\Delta\|$ se réduit au néant :

$$\lim_{\|\Delta\|\to 0}\sum_{i=1}^{n} f(t_i)\Delta_i = \int_a^b f.$$

Une fois cette intégrale mise au monde, *f* est dite *intégrable* sur $[a, b]$.

L'intégrale de Riemann est l'intégrale définie du professionnel endurci, elle est le concept du professionnel endurci. Sa relation avec la notion d'aire est désormais formelle et conçue à grande distance. Si *f* est positive et continue, alors *cette* intégrale, comme toute autre, représente l'aire sous la courbe entre les bornes de l'intégration. Mais rien n'oblige *f* à être continue et positive et ce que fait l'intégrale dans ce cas est maintenant une affaire entre elle et sa conscience.

Le grand mérite de l'intégrale de Riemann réside dans sa généralité, mais comme c'est toujours le cas en mathématiques (et dans la vie), les avantages obtenus d'un côté sont neutralisés par les inconvénients subis de l'autre. Quand les engagements pris par l'intégrale de Riemann sont explicités, un concept auparavant simple, clair et lumineux devient d'une complexité irritante. Examinez ainsi la signification de la limite dans la définition de l'intégrale de Riemann – celle qui veut que pour tout $\in > 0$, il existe un $\delta > 0$ correspondant tel que pour $\|\Delta\| < \delta$,

$$\left|\int_a^b f - \sum_{i=1}^{n} f(t_i)\Delta_i\right| < \epsilon,$$

ce qui signifie par contrecoup que l'intégrale définie peut être approchée à

3 Supposez par exemple que l'intervalle entre 0 et 1 soit partagé comme suit :

$$0 < \frac{1}{2^n} < \frac{1}{2^{n-1}} < \ldots < \frac{1}{8} < \frac{1}{4} < \frac{1}{2} < 1$$

La largeur du plus grand sous-intervalle de cette partition est 1/2 et elle reste 1/2 aussi grand que soit *n*.

tout degré de précision par une somme de Riemann.

Pour une fois, la langue est plus claire que le formalisme qu'elle vise à exprimer, car les mathématiques dissimulent une double dépendance. Les sommes de Riemann sont sensibles au choix de t_i dans le sous-intervalle numéro i. Il est important pour la formation de la somme de savoir si, dans un sous-intervalle, f est évaluée à son maximum, à son minimum ou en un point intermédiaire. Et pourtant, pour que la définition de l'intégrale définie ait un sens, cette dépendance doit disparaître et la limite se matérialiser *quel que soit* le choix de t_i dans le sous-intervalle numéro i.

De même, l'approximation exprimée par l'inégalité est sensible en même temps à la partition et au choix de t_i dans un sous-intervalle donné. La définition de la limite n'exige pas que l'approximation soit couronnée de succès quelle que soit la façon de partager l'intervalle ; seulement qu'elle le soit à chaque fois que la partition a été affinée. C'est pour cette raison que la définition ne fait appel qu'aux partitions dont la *norme* $\|\Delta\|$ est inférieure à δ.

Cette double dépendance fait qu'il est techniquement difficile de travailler avec l'intégrale de Riemann.

ANNEXE 2

Théorème de la moyenne pour intégrales

Une fonction f continue sur un intervalle $[a, b]$ prend sur cet intervalle un maximum M et un minimum m de sorte que $f(t)$ se trouve quelque part entre ces deux extrêmes[1].

Il est évident que l'intégrale de f sur $[a, b]$ se trouve entre les rectangles supérieur et inférieur suivants :

$$m(b-a) \leq \int_a^b f \leq M(b-a).$$

En divisant par $b - a$, on obtient

$$m \leq \frac{1}{b-a}\int_a^b f \leq M.$$

Voici venir le point sautillant de la démonstration. L'équation ci-dessus affirme que

$$\frac{1}{b-a}\int_a^b f$$

est un nombre entre m et M.

Mais puisque f est continue, elle *prend* quelque part les valeurs m et M. Et le théorème de la valeur intermédiaire, faisant ici une apparition spéciale en vedette américaine, nous rappelle qu'une fonction f qui prend des valeurs extrêmes prend aussi des valeurs intermédiaires. Il existe un point s, dit ce théorème, tel que

$$f(s) = \frac{1}{b-a}\int_a^b f.$$

1 Le Signe des trois, encore lui.

Multipliez maintenant les deux côtés de cette équation par $b - a$ et cela donne

$$f(s)(b-a) = \int_a^b f,$$

mais c'est là justement ce qu'affirme le théorème de la moyenne pour les intégrales. Voilà la figure justifiée par quelques manipulations insouciantes et ces manipulations rendues évidentes par la figure.

Du gâteau, comme nous le disons dans le métier. Mais peut-être sommes-nous les *seuls* à le dire.

CHAPITRE 23

L'intégrale souhaite calculer une aire

L'intégrale te permet de faire
Ce qui n'est pas nécessaire.
Tu le comprendras grâce à un théorème
Fait pour t'épargner toute peine...

VERS DE MIRLITON DU MATHÉMATICIEN

La fonction $f(t) = t^3$ se hisse à partir de l'origine et traverse l'espace d'un repère cartésien pour venir croiser une droite verticale qui prend naissance sur l'axe des t en 1.

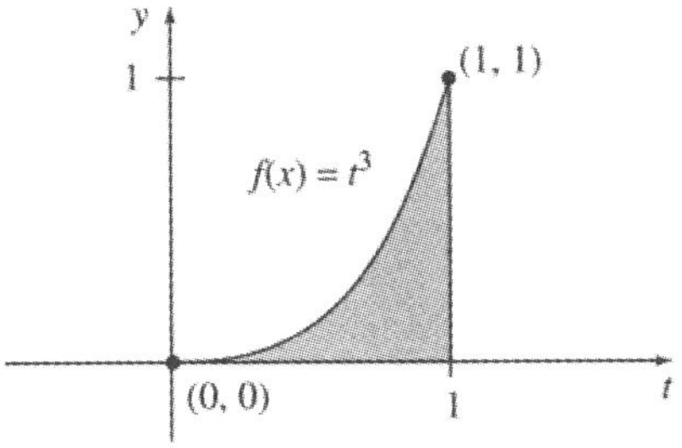

C'est à l'origine que la courbe débute son activité et c'est à la droite $t = 1$ que son intérêt en tant qu'exemple s'épuise. L'étendue délimitée par l'axe des t, l'axe des y, cette droite et la courbe elle-même forme manifestement une chose à laquelle, dans la nature des choses, un nombre devrait être attribué comme étant son *aire*.

Arrive donc l'intégrale pleine de suffisance

$$\int_0^1 f,$$

prête à se voir investie de sens. Un investissement qui passe tout d'abord par l'imposition d'une partition, avec l'intervalle [0, 1] sous-divisé en n intervalles égaux, de sorte que Δ_i vaut $1/n$. Puisque f est continue et positive, on peut l'évaluer en tout point de chaque sous-intervalle, l'évaluation étant en fait réalisée au point i/n.

Ce qui veut dire que si [0, 1] est partagé en trois, $n = 3$ et $i/3$ vaut dans le premier cas 1/3, dans le deuxième 2/3 et dans le troisième 3/3, soit 1. L'indice i prend simplement les valeurs 1, 2 et 3 tour à tour et à chaque nouvelle valeur on obtient une nouvelle fraction.

L'intégrale définie décrit l'aire sous une courbe ; elle décrit donc l'aire sous *cette* courbe-*ci*, et elle réalise cette description au moyen de certaines sommes menées à leur limite :

$$\lim_{n\to\infty}\sum_{i=1}^{n} f(t_i)\Delta$$

Mais la forme que prend Δ_i est déjà déterminée : Δ_i est égal à $1/n$. Et la forme de $f(t)$ est, elle aussi, déterminée par la décision d'évaluer f aux points $t_i = i/n$. La limite porte donc sur une somme remaniée pour prendre en compte ces identités :

$$\lim_{n\to\infty}\sum_{i=1}^{n}\left(\frac{i}{n}\right)^3\left(\frac{1}{n}\right).$$

Or, le produit de $(i/n)^3$ et de $1/n$ est équivalent au produit de $1/n^4$ et de i^3 ; aussi peut-on réécrire la formule ci-dessus sous la forme

$$\lim_{n\to\infty}\sum_{i=1}^{n}\left(\frac{1}{n^4}\right)(i^3)$$

en se servant simplement des règles de manipulation des fractions.

Comment ? La fraction $(i/n)^3$ n'est autre que $(i/n) \times (i/n) \times (i/n)$. Effectuez ces opérations en multipliant le haut par lui-même trois fois et le bas par lui-même trois fois et vous obtenez i^3/n^3. Maintenant multipliez le tout par $1/n$ et vous avez i^3/n^4. Ce qui est la même chose que $i^3 \times 1/n^4$.

Vous *voyez* ? Vous voyez *vraiment* ? *Bien sûr* que vous voyez.

Une fois ce produit en notre possession, une deuxième reformulation des symboles est en vue quand $1/n^4$ est placé *devant* le signe somme :

$$\lim_{n\to\infty} \frac{1}{n^4} \sum_{i=1}^{n} i^3.$$

J'ai le droit de faire ça ?

Bien sûr. Après tout, $(2 \times 3) + (2 \times 4)$ peut aussi s'exprimer $2 \times (3 + 4)$ en sortant le nombre 2 et en le collant devant. C'est ce que j'ai fait avec $1/n^4$ – je l'ai sorti des parenthèses pour le coller devant. En algèbre, on appelle cela le vieux truc de la distributivité, membre du clan des lois pleines de bon sens.

S'ensuit quelque chose que personne ne connaît sauf nous autres vieux routiers du Calcul : le fait que la somme de i^3 quand i vaut d'abord 1, puis 2, puis 3, puis n soit exprimée par une formule toute simple, un sortilège combinatoire :

$$\sum_{i=1}^{n} i^3 = \frac{n^2(n+1)^2}{4}.$$

(Cette formule peut être vérifiée – mais non démontrée – en prenant $n = 2$. Dans ce cas, $1^3 \times 2^3$ vaut 9, de même que $2^2 \times 3^2$ divisé par 4.)

Quand on remplace la somme dans

$$\lim_{n\to\infty}\frac{1}{n^4}\sum_{i=1}^{n} i^3$$

par $n^2(n + 1)^2/4$, l'expression que l'on vient d'obtenir, on a :

$$\lim_{n\to\infty}\frac{1}{n^4}\left[\frac{n^2(n+1)^2}{4}\right].$$

Avant-dernière re-formulation :

$$\lim_{n\to\infty}\frac{n^2(n+1)^2}{4n^4},$$

cette dernière expression apparaissant quand on demande à $1/n^4$ de venir fusionner avec $n^2(n + 1)^2/4$.

Cette fusion mathématique, je m'empresse de le dire, consiste tout simplement à *multiplier* deux fractions. On obtient le dénominateur en multipliant n^4 par 4 et le numérateur en multipliant $n^2(n + 1)^2$ par 1.

Enfin, une ultime re-formulation,

$$\lim_{n\to\infty}\frac{n^2(n+1)^2}{4n^4}$$

devenant

$$\lim_{n\to\infty}\left(\frac{1}{4}+\frac{1}{2n}+\frac{1}{4n^2}\right),$$

cette dernière étape prenant appui sur une déconstruction algébrique. Pour commencer, $n^2(n + 1)^2$ *et* $4n^4$ sont tous deux divisés par n^2. Ce qui laisse $(n+1)^2$ au numérateur et $4n^2$ en dessous. Puis le terme $n + 1$ est multiplié par lui-même, avec pour résultat :

$$\frac{n^2+2n+1}{4n^2}.$$

Mais cette fraction, quand on la remanie pour tenir compte de l'addition dans le numérateur, n'est autre que

$$\frac{n^2}{4n^2}+\frac{2n}{4n^2}+\frac{1}{4n^2},$$

qui, une fois simplifiée, donne simplement

$$\frac{1}{4}+\frac{1}{2n}+\frac{1}{4n^2}.$$

Toute cette re-formulation de formules prend fin avec le souvenir que l'intégrale définie est égale à une certaine limite, elle-même bien définie :

$$\int_0^1 f=\lim_{n\to\infty}\left(\frac{1}{4}+\frac{1}{2n}+\frac{1}{4n^2}\right).$$

Pour trouver cette limite, donc un nombre, il ne reste qu'à passer les symboles au crible pour voir où ils tendent.

Ce qui est plus facile que ça n'en a l'air. Quand n croît, $1/2n$ et $1/4n^2$ diminuent progressivement ; à la longue, ils se réduisent jusqu'à devenir relativement insignifiants. Cela laisse 1/4 comme la seule expression durable à la limite, la seule source d'identité mathématique.

Une limite ayant été trouvée et ratifiée, l'intégrale définie prend une valeur définie :

$$\int_0^1 f=\frac{1}{4}.$$

Mais l'intégrale ayant été conçue comme la mesure de l'aire, 1/4 ressort de ces considérations comme le nombre qui désigne l'étendue sous la courbe $f(t) = t^3$ entre 0 et 1.

Il faut maintenant dévoiler un secret. Ce calcul a été extrêmement laborieux, ce qui pourrait faire naître le soupçon que l'intégrale définie est un concept qui occupe une place importante mais ne pèse pas lourd. Ce soupçon s'avère justifié à cet égard : si l'intégrale définie a été définie, sa définition ne précise pas comment l'*appliquer*. Mais le théorème fondamental du Calcul fournit la technique d'application et comble par là même cette lacune dans la définition, le jeu entre la définition et le théorème rappelant que, même en mathématiques, les divisions formelles entre une définition et un théorème pourraient ne rien refléter d'important sur le monde qu'ils ont tous deux pour but de décrire.

CHAPITRE 24

L'intégrale souhaite devenir une fonction

Comme une ville étrangère en plein midi, les concepts du Calcul paraissent étranges même quand on les voit clairement. La limpidité inhérente aux mathématiques n'est souvent d'aucun secours et les relations qui pourraient permettre de saisir la signification des choses difficiles à distinguer dans la lumière aveuglante du Soleil. L'intégrale de Riemann, par exemple, laisse curieusement entrevoir l'apparition dans le Calcul d'une formule sophistiquée, quelque chose d'analogue aux formules euclidiennes pour l'aire d'un carré ou d'un cercle et ne se distinguant de celles-ci que par son recours à la notion de limite. Et pourtant, il y a *mon* allégation selon laquelle l'aire et la vitesse dominent cette vaste arène qu'est le Calcul. Cependant, entre la formule et l'allégation, le sens tend à disparaître et le système de panneaux et de magasins sur lesquels on compte pour s'orienter dans un étrange réseau de rues refuse avec impudence de se disposer selon la configuration souhaitée et brièvement aperçue, l'allée qui conduit dans la mémoire à une esplanade inondée de soleil menant en fait à une interminable série de cours intérieures ou à une place sinistre dominée par une église laide et trapue.

La grande caractéristique de l'intégrale définie, c'est simplement qu'elle est un nombre ; et au bout du compte, après que détails et définitions sont venus s'accumuler, elle reste un nombre et demeure donc liée, du fait de son identité, au plus fondamental des objets mathématiques. De même, la vitesse instantanée – celle que le mathématicien attribue à un point du temps – est un nombre, mais c'est un nombre obtenu par le biais d'un ensemble de définitions et de contraintes complexes et variées et c'est un nombre qui figure *aussi* dans le Calcul comme l'une des valeurs d'une fonction à valeurs réelles. Bien que l'aire et la vitesse *soient* les deux notions capitales du Calcul, elles sont asymétriques dans leur mise au point et répondent à des impératifs très différents. Par essence, l'aire ressemble davantage à la distance qu'à la vitesse. Elle tient lieu de simple mesure d'une étendue élémentaire – *étendue* parce qu'on évalue une certaine quantité de trucs et *élémentaire* parce que le fait même de donner à la droite une structure arithmétique ou de doter l'espace des propriétés d'un repère cartésien donne naissance aux intervalles sur la droite ou aux régions du plan qui *ont* une distance ou *possèdent* une aire.

Toutefois, il est également vrai que pour ce qui est des questions abstraites, le Calcul est le partenaire de la fonction, car il subordonne le plus souvent possible toute autre considération à sa volonté d'exprimer des relations, de forger des liens, d'unir dans un même outil mathématique les facettes si diverses et si variées de l'expérience. L'aire est un nombre absolu, mais elle suppose également une fonction, dans laquelle la vieille affirmation qui veut que *telle* région possède une aire mesurée par *tel* nombre finit par céder la place à l'assertion bien plus subtile selon laquelle l'aire est une quantité susceptible de changer avec le temps, donc d'apparaître *aussi* comme l'ensemble des valeurs d'une fonction à valeurs réelles.

Le vieil entraîneur grisonnant

Faisant les cent pas sur la touche, un coupe-vent bleu sur ses épaules encore massives et un morceau de chewing-gum passant d'un côté à l'autre de sa mâchoire carrée, le vieil entraîneur grisonnant observe le terrain où son équipe a pris possession du ballon sur sa propre zone de but. Donnant l'impression que sa tension est en train d'atteindre des niveaux astronomiques, il continue à arpenter la ligne de touche, tandis que son équipe commence à remonter le terrain, d'abord en passant – sur quoi l'entraîneur frappe du poing avec enthousiasme dans la paume de sa main –, puis en courant. Après s'être emparé du ballon, l'ailier laisse ses poursuivants derrière lui par une accélération foudroyante qui l'amène jusqu'à la ligne médiane, puis passe à nouveau, en une spirale haute et parfaite reprise dans la zone de fond par le receveur costaud et agile qui se saisit du ballon au moment où celui-ci lui filait tranquillement au-dessus des épaules.

À la fin du match, les commentateurs sportifs interviewent le vieil entraîneur grisonnant dans les vestiaires.

– Alors, ce match ?

– Dans la dernière action, on a assez bien contrôlé le terrain, assène-t-il d'un air satisfait.

– Coller aux principes fondamentaux, c'est ça ?

– Contrôler le terrain, contrôler le ballon, reprend-il.

Plus tard, le commentateur sportif et son sous-fifre, un ancien athlète en vue, passent dévotement en revue les remarques de l'entraîneur.

– Alors Ed, il a parlé des principes fondamentaux. Est-ce que ça cadre avec ce que vous avez vu sur le terrain aujourd'hui ?

– Eh bien, Ted, les statistiques confirment ses propos.

– Tout à fait. Mais à votre avis, qu'est-ce qu'il voulait dire par *contrôler le terrain* ?

– Probablement faire de l'aire une fonction à valeurs réelles du temps.

– Vous croyez ?

– Forcément, Ted. Après tout, il s'y connaît en Calcul.

Si je tire charitablement le rideau sur cette scène, c'est uniquement parce que les remarques succinctes d'Ed sont improbables et non parce qu'elles sont inexactes, car le vieil entraîneur grisonnant, imitant en cela l'exemple des théoriciens militaires, a précisément à l'esprit une vision du terrain dans laquelle ses joueurs, par un jeu dominant, étendent leur emprise d'abord sur une partie du terrain puis, progressivement, sur des parties de plus en plus grandes, jusqu'à ce qu'ils finissent par contrôler la totalité du terrain en dominant son *étendue* et en plaçant son *aire* sous leur autorité et leur gestion. Mais ce que l'entraîneur voit en termes de gaillards éléphantesques en train de parcourir un terrain de football, le mathématicien le voit en termes plus abstraits, les joueurs et le ballon disparaissant en même temps que la foule des spectateurs, le terrain et l'entraîneur, jusqu'à ce que rien ne demeure, hormis l'idée du terrain comme une étendue régulière, quelque chose qui prend position dans un repère cartésien sous la forme d'un rectangle aligné tout contre l'un des axes de coordonnées. Pendant que le match se déroule dans la vie réelle, le match fantomatique du mathématicien ne révèle que les éléments abstraits essentiels du jeu entre le temps et l'aire, la progression vers la ligne des vingt mètres laissant place à l'aire accumulée jusqu'à cette ligne, les actions suivantes représentées par une variation de l'aire accumulée.

Le temps est représenté comme il l'a toujours été mais l'espace auquel s'intéresse maintenant le mathématicien est une *étendue* spatiale ou un truc exprimé, dans le cas du terrain de foot rectangulaire, par le produit de sa base par sa hauteur. Le vieil entraîneur blanchi sous le harnais arpente la ligne de touche en rêvant, comme tous les entraîneurs, de formations en T et d'ailiers ; bien loin de lui, du moins en esprit, le mathématicien fait remonter le doigt de l'attention le long du terrain et voit cette quantité abstraite qu'est l'aire se développer et s'étendre à la suite d'une série d'opérations algébriques simples.

L'instinct qui pousse à subordonner les nombres aux fonctions se manifeste dans la création de la vitesse instantanée, car la vitesse moyenne disparaît tout simplement en raison de sa non-sensibilité à l'expression fonctionnelle. Cet instinct à l'œuvre dans le cas de la vitesse moyenne se retrouve dans le cas de l'aire et de l'intégrale définie. Si l'intégrale définie mesure l'aire sous la courbe, sa fonction associée mesure l'aire sous la courbe *jusqu'à un certain point variable* –

d'abord jusqu'à t, puis jusqu'à un point situé un peu après t, puis jusqu'à un autre un peu plus éloigné encore, de sorte qu'à chacun de ces instants l'intégrale définie donne un nombre particulier, les nombres ainsi obtenus formant les valeurs de la fonction à valeurs réelles associée.

Partant donc de l'intégrale définie

$$\int_a^b f$$

d'une fonction f définie sur $[a, b]$, on crée une fonction G en faisant varier la borne supérieure de l'intégration :

$$G(t) = \int_a^t f.$$

Vous remarquerez un changement de notation infime mais de la plus haute importance : la borne supérieure de l'intégration est maintenant réglée sur la variable t et *non* sur le paramètre b ; comme auparavant, l'intégration repose sur une accrétion de sommes, mais le processus, qui débute en a, est désormais variable puisque $G(t)$ exprime à chaque instant t l'étendue de l'intégration jusqu'à ce point. C'est ce qu'on appelle *l'intégrale indéfinie* de f, et, bien que les deux intégrales, définie et indéfinie, partagent un point commun dans la mesure où ce sont l'une comme l'autre des intégrales, elles diffèrent par leurs aspects les plus élémentaires. L'intégrale définie dénote un nombre spécifique, quelque chose de fixe, et appartient ainsi au monde des choses et de leurs propriétés. L'intégrale *in*définie est une fonction variable, qui change en même temps que t, et elle appartient par là même au monde des choses et de leurs *relations*. Si l'intégrale définie représente l'aire, l'intégrale indéfinie mesure ce que l'on pourrait appeler l'*aire jusqu'à un point donné*, expression maladroite qui rappelle la formulation non moins maladroite *vitesse maintenant*. Et pour la même raison, car cette maladresse provient dans les deux cas de l'absence dans la langue courante d'un vocabulaire permettant d'exprimer la domination qu'exerce le Calcul au moyen de la notion de fonction.

L'intégrale indéfinie prend maintenant place parmi les concepts fondamentaux du Calcul, dernier maillon d'une chaîne qui devait être forgée et qui l'est maintenant grâce à elle. Mais son arrivée, je le crains, n'a pas pour effet d'établir une fois pour toutes la relation entre les notions déjà en place. À quoi sert donc ce nouveau concept ?

La réponse est claire mais inattendue. Le grand intérêt de l'intégrale indéfinie est qu'il s'agit d'un outil qui permet de créer de nouvelles fonctions, le développement simple et prosaïque de l'aire en son sein agissant dans ce qui va suivre comme une source féconde de création, un endroit où l'on crée du neuf à partir du vieux.

Dans le catalogue cosmique des fonctions élémentaires, rares sont les grands éléments à avoir été présentés par ce qui ressemble de près ou de loin à une définition formelle, les fonctions trigonométriques, logarithme et exponentielles étant apparues comme un mélange de souvenir et d'intuition additionné de quelques remarques explicatives. L'intégrale indéfinie permet de *créer* ces fonctions, de leur faire prendre vie par un sortilège géométrique.

La fonction $1/t$, examinée pour les valeurs positives de t, décrit une gracieuse courbe hyperbolique dans un repère cartésien :

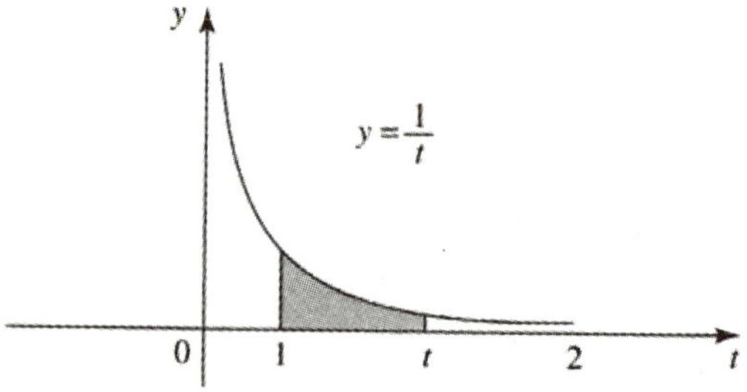

Cette fonction est continue, elle admet donc l'intégration entre les bornes 1 et 2 :

$$\int_1^2 \frac{1}{t}.$$

Puisque la fonction est continue et positive, cette intégrale offre une évaluation de l'aire sous la courbe. Quand l'évaluation varie, cela entraîne l'apparition de l'intégrale indéfinie

$$\int_1^t \frac{1}{t},$$

résultat d'une toute nouvelle fonction *G* qui prend ses arguments dans l'intervalle entre 1 et 2 et dont les valeurs sont déterminées par celles de l'intégrale indéfinie suivante :

$$\int_1^t \frac{1}{t} = G(t).$$

Chose remarquable, la fonction *G* définie par ce processus d'intégration indéfinie possède une identité claire et reconnaissable : elle est en fait le logarithme naturel, l'une des fonctions élémentaires, l'une des parties du catalogue cosmique, de sorte que

$$\mathbf{ln}t = \int_1^t \frac{1}{t}$$

se présente comme une *définition* du logarithme pour les valeurs de t supérieures à 0, une vieille fonction familière créée au moyen d'une opération mathématique nouvelle et audacieuse.

Ce recours simple et spectaculaire à l'aire sous une courbe parvient non seulement à créer une nouvelle fonction – *cela* était garanti par la définition même de l'intégrale indéfinie –, mais à en créer une qui soit dotée précisément des propriétés requises par le logarithme naturel, si bien que le recours à la fonction $1/t$ et à l'intégrale indéfinie évoque plus que toute autre chose un acteur qui se barbouille de maquillage apparemment au hasard, mais apparaît sur scène quelques instants plus tard en ressemblant trait pour trait au personnage shakespearien dont le visage saisissant figure sur le programme.

Si

$$\mathbf{ln}t = \int_1^t \frac{1}{t},$$

alors **ln**1 – le logarithme en 1 – doit être

$$\mathbf{ln}1 = \int_1^1 \frac{1}{t};$$

mais l'aire sous la courbe entre 1 et 1 vaut 0, donc **ln**1 vaut également zéro. C'est justement la propriété que doit posséder une fonction logarithme et c'est ici une propriété dont elle prend possession sans effort.

Mais il y a plus. En 1, la fonction logarithme vaut 0. Ailleurs, elle s'élève comme une majestueuse fonction croissante et continue. Quelque part, elle croise la droite $y = 1$:

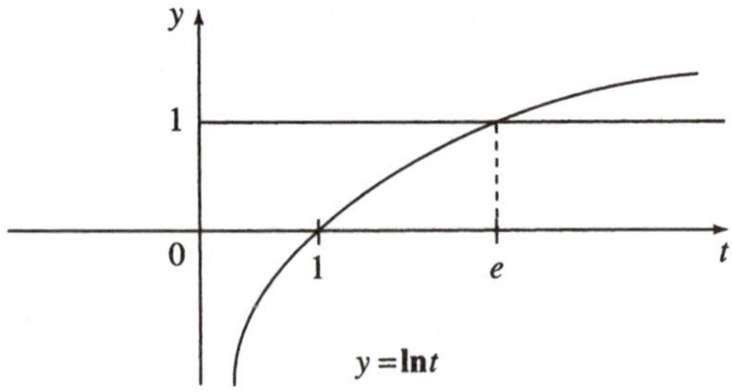

Le joyau noir du Calcul

La continuité vient ici au premier plan pour garantir, *via* une variante du théorème de la valeur intermédiaire, qu'il existe un argument pour lequel le logarithme prend cette valeur, un endroit dans son mouvement mesuré tel qu'*en cet endroit* le logarithme vaut 1. Le nombre en question, les mathématiciens le notent *e* – et ô *surprise !* il s'agit justement du *e* rencontré dans un chapitre passé, de ce nombre mystérieusement transcendant qui figure dans la définition de la fonction exponentielle. Ici, il n'est pas tant défini que *découvert*, découverte qui consiste surtout à balayer les débris pour que ce nombre apparaisse sur la ligne de touche, objet inattendu mais familier et immédiatement reconnu pour ce qu'il est.

L'intégrale souhaite offrir un mot de réconfort

Il y a bien longtemps, j'ai suivi un cours de logique mathématique d'Alonzo Church pour lequel je n'étais pas préparé – pas préparé, en d'autres termes, pour la discipline que demandent les mathématiques, ni pour les exigences du raisonnement, ni pour le style glacial et réservé de Church. Celui-ci était un mathématicien extrêmement distingué. Le sujet était très difficile, si difficile qu'un jour quelqu'un eut l'occasion de se *plaindre* de la complexité d'une démonstration.

Church détourna son large torse du tableau pour faire face à la dizaine d'entre nous assis dans la salle de conférence. « *N'importe quel* imbécile, déclara-t-il calmement mais avec une immense conviction, peut apprendre n'importe quoi en mathématiques. Ce n'est qu'une question de patience. » Il semblait curieusement ému ; ses yeux s'embuèrent. « Mais *créer* quelque chose, ajouta-t-il, c'est une autre histoire. » Dans l'un de ces étranges éclairs d'intuition qu'il est parfois donné aux très jeunes gens de ressentir, je compris immédiatement que Church ne se réjouissait nullement de ses propres compétences, mais, les yeux fixés sur les objectifs inaccessibles auxquels *il* avait aspiré, nous avouait indirectement, à nous simples blancs-becs, qu'en matière de mathématiques lui aussi figurait parmi les imbéciles de l'humanité.

Comme nous tous.

CHAPITRE 25

Entre les vivants et les morts

Au moins autant que tout art de la civilisation, un grand théorème est un acte de mise en relation entre les vivants et les morts. Les formulations simples et les définitions claires et précises qui expriment *aujourd'hui* son sens doivent toujours être considérées comme le produit d'un raccourci historique, et chaque affirmation comme renfermant les restes de ces longues années de tâtonnement anxieux et de recherches vaines menées par des hommes qui ignoraient comment tout cela finirait. Étudiant seul dans la nuit à la lueur jaune d'une unique lampe de bureau, chaque lecteur recrée dans sa propre expérience des siècles de travail. Dans ce chapitre, je suis comme Newton et Leibniz, Euler, Lagrange et Legendre, Cauchy, Riemann, Dedekind, Weierstrass, Kronecker et Cantor : je m'adresse à MM. Waldburger et Ingelfinger, à Mlle Klubsmond et à Mlle Ackeroyd, à Hafez l'Intelligent, à une ménagère de Santa Clara, à la fille aux cheveux crépus d'un ami français en train de cracher son aversion pour les mathématiques en quelques phrases bien senties, et je m'adresse à *vous*, bien sûr, de sorte que, comme le vieux marin de Coleridge, je semble prêt à m'agripper au premier venu pour lui dire avec une lueur de folie dans le regard, *écoutez, écoutez, écoutez.*

Le roulement du tonnerre

Le théorème fondamental du Calcul se divise en deux parties dont chacune permet d'unifier à sa manière un ensemble de concepts extrêmement divers et variés. Ce théorème est une grande déclaration *synthétique* qui confirme ce que tout le monde est maintenant en mesure de sentir : que les concepts du Calcul sont liés les uns aux autres et qu'ils le sont d'une manière qui n'a rien de trivial.

Le metteur en scène commence par une supposition simple et directe qui invite à une suspension de l'incrédulité. Soit f une fonction continue à valeurs réelles sur $[a, b]$. Ah ! mais notez bien les restrictions : une *fonction*, *continue*, *à valeurs réelles* et faisant salon sur l'intervalle *fermé*. Voilà le cadre où le théorème est mis en scène, voilà donc l'univers à partir duquel le monde réel émerge ou est représenté.

Le Calcul débute par une évaluation rêveuse et méditative de la continuité en tant qu'élément marquant de l'expérience ; c'est l'intégration qui investit cette méditation de sens et lui donne le caractère d'une *théorie* de grande envergure. L'intégrale définie de f représente une opération active entreprise au moins en imagination : *réduction* des partitions d'un intervalle, *édification* de ces rectangles à la Mies van der Rohe, *apparition* de l'évaluateur renfrogné chargé de calculer leurs aires et enfin arrivée du mathématicien, ce noble et impérieux Prince intellectuel qui envoie les sommes vers leur limite convenue. Il est bon de rappeler que toute cette activité débouche pour finir sur un nombre et rien de plus, tandis que les palais couronnés de nuages qui ont été bâtis sur les diverses partitions s'évanouissent une fois leur mission accomplie.

Si l'intégrale définie est numériquement momifiée dans la mort, elle prend en revanche dans la vie la forme d'une intégrale *in*définie quand les bornes supérieures de l'intégration varient ; le résultat est une fonction $G(t)$ *définie* par intégration :

$$\int_a^t f = G(t),$$

définition qui permet à l'intégrale de réintégrer une communauté de formes symboliques vivantes.

La fonction $G(t)$ naît de l'intégration de f et entretient donc avec elle une relation ancestrale. Sans f, il n'y a *pas* de G ;

mais dire cela, c'est encore rester emprisonné dans la cage étincelante des concepts abstraits. Ce qui suit revêt les atours de l'inexorabilité. La partie I du théorème fondamental affirme que G est une fonction dérivable de t, et il affirme aussi – c'est *ici* que le lecteur doit guetter le roulement du tonnerre – que la dérivation de G *fait revenir au monde rien de moins que la fonction f en personne*. L'expression précise du théorème acquiert maintenant cette densité caractéristique du symbolisme mathématique. Si f est une fonction à valeurs réelles continue sur $[a, b]$, alors

$$\frac{d\int_a^t f}{dt} = f(t).$$

La dérivation et l'intégration sont deux opérations *inverses* : l'une défait ce que fait l'autre, et réciproquement. Ces deux manœuvres mentales qui semblaient très différentes au départ prennent, sous l'influence du théorème fondamental, l'apparence sinueuse d'un unique écoulement liquide qui comme un courant réversible va tantôt dans un sens, tantôt dans l'autre. La force de cette remarquable caractéristique ne peut être pleinement appréhendée que si l'on a évalué au préalable son improbabilité. L'addition et la soustraction sont l'inverse l'une de l'autre mais la soustraction est définie *par rapport* à l'addition et toute inversion qui en résulte est entièrement due à la définition. Le théorème fondamental traduit un lien entre l'intégration et la dérivation, entendues maintenant comme des opérations autonomes, des choses que *fait* le mathématicien (ou le lecteur). L'intégration et la dérivation sont *indépendantes* : chacune donne une impression et possède un caractère qui lui sont propres. Bien que toutes deux reposent sur cet outil omniprésent qu'est la limite, elles appartiennent à deux parties largement séparées de l'expérience mathématique ; et pourtant elles sont intimement liées, produisant le même effet étrange et merveilleux que la découverte de l'identité commune et inattendue du papillon et de la chenille. L'intégration et la dérivation s'unissent dans un personnage mathématique homogène où une fonction donne naissance à une autre, qui donne à son tour naissance à la première, et même ceux pour qui les mathématiques sont une calamité peuvent voir avec un soupir explosif propre à cette discipline que c'est *cela* la conclusion suggérée depuis si longtemps et enfin dévoilée en pleine lumière.

Ce que dit le tonnerre

Une fois dérivée, l'intégrale indéfinie d'une fonction f retourne à son point de départ, en f. C'est ce qu'affirme la partie I du théorème fondamental du Calcul ; mais qu'est-ce que ça veut dire ? Et si j'ai déjà posé cette question, souvent dans les mêmes termes, c'est uniquement parce que l'énonciation d'un théorème mathématique suggère ce qu'il ne dit pas et que, comme tout autre objet culturel, il ne prend vie que par l'attention introspective que lui porte son interprète.

Imaginez un instant le paysage du Calcul *sans* le théorème ; tout n'est que nuages noirs, pluie et brouillard gris et tourbillonnant. La nuit est emplie de formes étranges : changements de position, changements de temps, quotients différentiels et vitesses moyennes, dérivées et anti-dérivées, grandes créatures indistinctes possédant une aire, intégrales définies et indéfinies ; et chaque éclair qui déchire le ciel nocturne semble illuminer une scène changeante et confuse, peuplée de concepts qui ne cessent de se réorganiser en réponse à la pression perceptible mais invisible de divers théorèmes puissants faisant éruption comme des volcans sous la surface de la Terre. À ce sombre paysage sorti tout droit d'un tableau de Bosch, le théorème fondamental du Calcul apporte une lumière, un rayonnement dû à l'élimination spectaculaire de tout ce qui occupe l'arène conceptuelle, hormis les instruments essentiels, les outils absolument fondamentaux de l'analyse – ces *fonctions* qui dominent toute la scène, immobiles et songeuses ; et c'est justement grâce à cette évacuation drastique que le théorème impose l'ordre à l'univers conceptuel.

La relation réciproque entre la dérivation et l'intégration entraîne une impression d'enfermement, impression dont on peut prendre pleinement conscience en suivant la vitesse à travers ses diverses incarnations. Il y a pour commencer la *position*, un sentiment de lieu, la fonction de position indiquant où un objet était, donc révélant quelle distance il a parcouru. La différence de position évaluée par rapport au temps donne la vitesse, une mesure du rythme de déplacement d'un objet, sa ligne de conduite dans le monde. Exprimez la vitesse sous la forme d'une fonction et le résultat est la vélocité instantanée, la première des notions étincelantes du Calcul, la vitesse brute se transmutant en dérivée de la position. Mais, ensuite, la porte s'ouvre en grand pour révéler un repère cartésien, et là, la vitesse se retrouve inscrite comme une courbe dans l'espace, le graphe de la fonction de vélocité filant à travers une étendue plate ou la chevauchant. L'intégrale définie dénote l'aire sous cette courbe et l'intégrale indéfinie donne à cette aire un nouveau rôle, celui d'une cible mobile, d'une chose qui se développe ou se réduit avec le temps.

Ces manœuvres, bien qu'exotiques, ont lieu au seuil du théorème fondamental. C'est grâce à ce dernier que l'intégrale indéfinie de la vitesse réapparaît brillamment comme une fonction dérivable à part entière, une fonction qui retourne inéluctablement à la vitesse. Mais *cette* intégrale indéfinie possède une identité déjà fixée et figée. Elle n'est autre que la fonction qui mesure la position d'un objet et détermine sa place dans le monde.

Un système d'impulsions éparpillées se rassemble maintenant en un cercle conceptuel. La dérivée de la position est la vélocité, qui mesure à quelle vitesse se déplace un objet. L'intégrale indéfinie de la vélocité est donc la distance, qui mesure jusqu'où est allé cet objet à cette vitesse. Et la dérivée de la distance est à nouveau la vélocité, qui mesure à quelle vitesse cet objet est allé jusque-là. Ces relations n'apparaissent, elles ne sont vues clairement, que lorsque les formes symboliques qui les expriment existent en tant que fonctions mathématiques, si bien que le théorème fondamental a pour effet de révéler une série de liens qui sans lui seraient restés obscurs. Son action et la portée de son influence vont du particulier au général. Il met en lumière la relation entre la position et l'aire et entre la vitesse et la distance, et il est par là même presque directement lié à ce monde dur mais familier où les motards filent en vrombissant sur une route au milieu du désert ; mais il met aussi en évidence la relation entre les fonctions continues qui représentent la position et l'aire, la vitesse et la distance, et donne ainsi corps à une découverte qui porte sur la nature même de la continuité.

Dans leurs dimensions les plus générales, la dérivation et l'intégration reflètent les vagues de contraction et d'extension intellectuelles correspondant à deux systèmes de description fondamentalement différents. La dérivée d'une fonction concentre l'esprit en un point ; le paysage qu'elle dévoile est local. L'intégrale d'une fonction permet à l'esprit de contempler une région de l'espace ; le paysage sur lequel elle plane est global. Et la partie I du théorème révèle que sur la nature intérieure de la continuité on peut retrouver un système local à partir d'une description globale continue et un système global à partir d'une description locale continue.

À certains égards, ce remarquable échange entre la description locale et globale constitue la manœuvre fondamentale qui nous amène à comprendre la réalité, la danse même de la vie. Chacun de nous occupe le centre d'une sorte de zone ou de région au sein de laquelle notre conscience rayonne comme une lumière rouge immuable. Quand la région a un centre, c'est là que *nous* sommes ; au-delà, il y a d'autres lumières rouges qui brillent chacune de leur côté comme des lueurs sur la mer. C'est en ce centre unique, brûlant et électrisé de la conscience que le monde s'imprime sur nous. Mais le monde *transcende* les limites de ma conscience. Le plus simple des schémas épistémologiques semble mettre en œuvre une distinction entre ce qui est local et particulier et ce qui est global et général.

Et qu'est-ce que cette distinction sinon une description *grossière* et *vulgaire* de la dérivation et de l'intégration ? Le miracle du Calcul, c'est que dans le royaume des nombres réels le va-et-vient entre le local et le global est à la fois possible et nécessaire, si bien que lorsque la dérivation fait surgir une collection incandescente de points locaux, d'endroits qui rayonnent dans leur pleine singularité, l'intégration retrouve un tableau global, un panorama. Et lorsque l'intégration produit un panorama, le portrait de toute une région, il y a toujours un processus contraire qui permet de récupérer et de redécouvrir ces points locaux incandescents.

Reflets du Livre de la nature

Le Calcul est une théorie mathématique, un ensemble de concepts liés les uns aux autres, mais il surgit dans l'histoire humaine comme l'expression d'une ambition fantastique et sans précédent, rien de moins que la représentation ou la recréation du monde réel au moyen des nombres réels. Il n'est pas inutile de rappeler que même au plus profond de l'âge des ténèbres, quand la glace recouvrait l'Europe, que les forêts s'étendaient de la Manche aux steppes d'Asie et qu'une brume grise s'élevait des marais et des marécages, des hommes et des femmes observèrent le monde naturel et réglèrent le rythme de leur vie sur les grandes phases du Soleil et de la Lune. Ils comptèrent et calculèrent, tirèrent certaines conclusions des phénomènes qui se manifestaient à leurs sens et mirent ces déductions à l'épreuve du jugement dur et amer de l'expérience. Appelez le système qui en résulte *empirisme animal*, avec dans le terme *animal* le signe du caractère naturel de ces conclusions. C'est cette vision ancienne et établie des choses que le Calcul rejette.

L'empirisme animal décrit l'univers tel qu'il apparaît aux créatures qui se contentent d'élaborer des théories répondant à l'évidence. Le monde qu'il met en relief est celui des individus et de leurs propriétés, des relations primitives, des choses, des événements ; c'est le monde douloureusement humain, celui que nous décrivons et chérissons, celui où ce qui est réel est familier et ce qui est familier est réel. C'est un monde coordonné par des relations *qualitatives* : les objets se déplacent lentement ou non, les choses tombent, le soleil décrit une courbe dans le ciel de l'après-midi, les espaces s'étendent sur une certaine distance, le temps passe. Les théories auxquelles il donne naissance sont sans fioritures, une compilation de clichés et de généralisations.

Plutôt que ces théories, le Calcul tient devant le visage de la nature un miroir froid et aveuglant. Les liens qu'il approuve, le réseau secret de nerfs qu'il passe en revue sont des relations *quantitatives* entre des nombres réels. La fracture caractéristique de la sensibilité moderne entre le monde tel qu'il apparaît aux sens et tel qu'il apparaît à la science s'ouvre comme une crevasse en fusion à l'instant précis où la première formule du Calcul est gribouillée sur une feuille de papier. Le monde que reflète le Calcul ne peut être discerné par les sens, et celui qui peut l'être, ce miroir ne le reflète pas.

Au-delà de n'importe laquelle de ses conclusions, le Calcul offre le compte rendu extraordinaire d'une nouvelle représentation de l'espace et du temps et c'est en cela qu'il réalise la rupture la plus radicale et la plus dislocatrice avec le passé, le vieux monde habituel et confortable.

Le système de description imposé par l'empirisme animal applique le sens commun aux choses communes. Nous autres êtres humains ne voyons que les surfaces. Une intelligence capable de regarder directement à l'intérieur de la nature, que dirait-elle pour donner une idée de ce qu'elle a vu ? Peut-être ne fournirait-elle rien de plus qu'une liste, comme quand nous décrivons le contenu d'une pièce. *Ceci*, dirait cette intelligence, est *cela*, l'investigation même renouant ainsi avec cet acte séculaire qui consiste à nommer les choses. Les grandes affirmations centrales du Calcul, par contraste, n'expriment ni les clichés de la banalité ni les noms de l'ineffable. Ce sont des équations. Elle prennent la forme suivante : *il existe une fonction x inconnue dont la dérivée est f*. Et cela ne peut que sembler mystérieux. *Pourquoi* les expressions du Calcul sont-elles exprimées comme des équations, pourquoi, en d'autres termes, les mathématiques doivent-elles s'appuyer sur un système de descriptions infiniment exaspérant et infiniment indirect, et qu'on peut utiliser seulement après que les indices sont décodés et les contraintes déchiffrées ?

La réponse représente la grande découverte involontaire du Calcul. Elle possède, cette réponse, toute la brusquerie de l'inéluctable. Ces étranges formes symboliques sont entrées dans le monde de la pensée parce qu'elles le *devaient* : aucun système plus simple n'est suffisant pour décrire le réseau de nerfs mathématiques du monde ; les êtres humains n'ont pas directement accès aux choses en soi.

Les affirmations du Calcul sont des équations, et il rend également compte de la méthode qui permet de définir l'identité des inconnues. La procédure la plus générale pour retrouver une fonction à partir de sa dérivée est l'intégration, comme quand $f(t) = t^3/3$ est donnée comme une intégrale de t^2. L'équation $dx/dt = t^2$ est donc débarrassée de son inconnue par l'intégration, son unique indice se résolvant en une identification rapide. La fonction inconnue x est $f(t) = t^3/3$. Cependant, la facilité de cet exemple ne fait que déplacer le brouillard intellectuel qui s'est accumulé sur l'opération au lieu de le dissiper. L'intégration se présente dans le Calcul comme un exercice de définition, un jeu verbal. Étant donné une fonction f, son intégrale est *dite* être une autre fonction F telle que la dérivation de F ramène le mathématicien à f. L'accent est sur le *dire*. Mais qu'est-ce qui prouve, qu'est-ce qui garantit qu'il existe une fonction quelconque *répondant* à la définition de l'intégration ? *Rien encore*, est la réponse brutale ; et par ce *rien encore* le Calcul se retrouve dans la position d'une sorte de théologie où quantité d'assertions sont faites sur la divinité mais où toutes les tentatives pour déterminer s'il *existe* une divinité reviennent du vide non vérifiées et non vérifiables. Étant donné l'équation $dx/dt = t^2$ ou une autre du même genre, il est tout à fait possible que *rien du tout* soit la réponse aux contraintes de l'équation et que ces affirmations concises et fécondes cachent non pas tant une inconnue qu'un vide affreux, les équations du Calcul alignées imperturbablement les unes derrière les autres évoquant dans leur stérilité un long cri silencieux.

C'est le théorème fondamental du Calcul qui établit, qui *déclare* que l'intégrale indéfinie d'une fonction est l'une des intégrales de cette fonction. Si f est continue, il existe une fonction G qui vérifie l'équation, qui la rend vraie. Qui plus est, G possède une interprétation définie comme l'aire jusqu'à un certain point et une identité définie comme l'une des intégrales de f. Rien ne garantit que l'intégrale indéfinie de f sera à son tour une fonction élémentaire ; mais l'intégration est une technique de création des fonctions, une manière de les faire venir au monde, et même si l'intégrale de f n'est pas élémentaire, le théorème fondamental du Calcul établit, il *garantit* qu'elle existe en tant que partie intégrante du riche appareil symbolique du mathématicien.

Le Calcul est donc une porte ouverte par miracle ; mais les plus complexes et les plus profondes des théories physiques portent fidèlement la trace de ses équations différentielles simples et de son architecture globale. Quelles que soient ces théories, le schéma est toujours le même. Une série d'équations sert à décrire un aspect du monde, physique indirectement, par le biais de contraintes mathématiques, si bien que les affirmations les plus fondamentales de la théorie sont exprimées dans un langage de murmures et d'allusions donnant une idée de ce qui répond aux inconnues de l'équation, mais souvent sans le dire nettement. Dans toute théorie, deux méthodes ou procédures différentes portant sur deux sortes d'expériences intellectuellement distinctes et largement séparées sont, par un tour de prestidigitation, révélées comme étant coordonnées. Et dans toute théorie, quelque chose d'analogue au théorème fondamental du Calcul montre que ce tour de prestidigitation est justifié.

L'idée que le Calcul fait naître une nouvelle méthode de description investit de sens un certain nombre de métaphores. La détermination de la loi galiléenne de la chute des corps commence par le *fait* que leur accélération est toujours constante. Le propos des mathématiques n'est pas de définir l'accélération des objets en chute – *cela dépasse leur pouvoir.* Elles ont pour objet de permettre au mathématicien d'exploiter ce fait. Elles peuvent paraître ainsi reléguées à un rôle secondaire. Erreur. C'est le Calcul qui isole le nerf secret entre l'accélération et la fonction qui représente la position d'un objet en chute ; et par-dessus tout, c'est le théorème fondamental du Calcul qui *anime* ce nerf en montrant qu'un courant d'énergie vitale relie le fait et la fonction.

Le reflet du monde réel que renvoient les mathématiques est foisonnant, luxuriant au-delà de tout besoin. Le Calcul donne l'impression de ne pas offrir une représentation de notre monde, le monde réel avec ses particularités et ses singularités, mais plutôt de tous les mondes possibles, aussi bien imaginaires que réels, et qu'il renvoie ce reflet par un acte d'insouciance imaginative, ces équations n'évoquant qu'une idée du monde réel comme des marins qui essaient de deviner le nom d'une côte par le parfum des fruits dont les premiers effluves leur parviennent très loin en mer.

Cependant, cette image d'abondance laisse finalement entrevoir la pleine portée du théorème fondamental dont l'objectif le plus profond n'est pas de révéler les lois de la nature mais de permettre à ces lois de se révéler.

Et c'est en ce sens que le théorème fondamental du Calcul démontre non pas que la science mathématique moderne est vraie mais qu'elle est *possible.*

L'éternel cocher

Le théorème fondamental du Calcul était connu de Newton comme il l'était de Leibniz, car les pouvoirs lumineux de ces deux hommes leur permirent de voir le cœur des ténèbres bien avant que l'une quelconque de ces idées essentielles eût été exprimée sous sa forme moderne ou précisée par des mathématiciens tels que Cauchy. L'histoire du théorème est celle d'une saga prophétique. Une partie de cette histoire est particulièrement poignante. Le professeur de Newton à Cambridge, Isaac Barrow, comprit manifestement la relation entre la dérivation et l'intégration, et il fut le premier à la comprendre.

Dans un vieux manuel de Calcul, une gravure en couleurs maladroite mais touchante montre Barrow comme un jeune homme joyeux. Le haut de son visage est calme, régulier et symétrique mais la pureté de ses traits s'effondre lorsqu'on arrive à son nez large et charnu et à sa mâchoire surbaissée qui tend à repousser vers le haut sa lèvre inférieure ; cependant, c'est un visage doux et attirant et c'est le *seul* dans toute l'histoire des mathématiques à donner l'impression que la personne qui l'habite pourrait, face à un problème difficile, avouer ne pas avoir la moindre idée de la solution. C'est le visage détendu d'un homme toujours prêt à s'amuser et pourtant Barrow était un bon mathématicien, incontestablement l'un de ces individus marqués dès leur plus jeune âge par une intelligence conciliante et générale. Le voilà au milieu du XVIIe siècle professeur à Cambridge, personnage d'un certain talent, excellent linguiste et géomètre passionné, une *figure* de la vie académique. Puis Newton entra dans sa vie professionnelle. Une personne de la sensibilité de Barrow aura, j'en suis certain, pris conscience que l'attraction et la poussée de ses intérêts et relations seraient menacés d'emblée par l'extraordinaire influence gravitationnelle exercée par l'intelligence de Newton. Imaginez-vous en train de contempler une salle pleine d'adolescents, des jeunes hommes boutonneux au cou serré dans un col de pasteur amidonné, et croiser le regard fixe, noir et charbonneux que vous renvoie Newton depuis la rangée du milieu !

Avec le noble sentiment qu'il faisait une noble chose, Barrow renonça à la chaire lucasienne au profit de Newton et abandonna les mathématiques pour se consacrer à la théologie. Ses contemporains soulignèrent la bonne grâce dont il fit preuve en reconnaissant le génie de Newton mais en réalité que pouvait-il faire d'autre ? Il était bien trop intelligent pour l'ignorer, mais pas assez pour rivaliser avec lui.

Et voici le point désespérément poignant. Barrow connaissait l'idée générale du théorème fondamental du Calcul ; il devait aussi savoir que lorsque les hommes mentionneraient ce grand théorème et le nom des premiers mathématiciens à l'avoir mis en évidence, ils reconnaîtraient abondamment le rôle joué par Newton et Leibniz mais en viendraient au fil du temps à se demander les uns aux autres avec un soupçon d'aspérité dans leur voix collective : mais qui *diable* était ce Barrow ?

Le grand raccourci

La première partie du théorème fondamental établit la nature d'un mouvement intellectuel ; elle précise les vagues de dérivation et d'intégration. La seconde partie a un caractère différent. Elle montre au mathématicien comment calculer facilement un nombre insaisissable ; c'est un outil de calcul stupéfiant, le premier des grands algorithmes à transcender l'algèbre et l'univers algébrique.

La partie I du théorème fondamental a vidé le paysage de tout sauf des fonctions ; dans la seconde partie, des idées éliminées ou oubliées reviennent à pas de loup dans le cours des choses pour rétablir leur droit à la légitimité conceptuelle. Pour prendre un exemple typique, il y a l'intégrale *définie*, élément négligé par le théorème fondamental au profit de l'intégrale *in*définie, la fonction régnante. Quelle que soit sa définition, l'intégrale définie a au moins le mérite de proposer un nombre ; mais la chose curieuse et gênante, c'est que jusqu'ici on ne peut obtenir ce nombre qu'en faisant appel à la définition de l'intégrale définie, procédé aussi ardu que frustrant et peu performant.

La partie II du théorème fondamental montre qu'il existe un lien rédempteur entre les deux intégrales, définie et indéfinie ; une fois ce lien établi, une technique est créée qui permet de calculer sans effort l'intégrale *définie*. Si c'est replacer le Calcul dans un paysage plus vaste que celui occupé uniquement par les fonctions, cela ne doit pas empêcher de voir celles-ci comme les impressionnantes pièces d'artillerie qu'elles sont ; le lien rédempteur entre les deux intégrales n'est en effet possible *que parce que* les fonctions appropriées existent déjà.

L'intégrale définie d'une fonction à valeurs réelles

$$\int_a^b f$$

se trouve entre les bornes de l'intégration où *f*, si elle est positive, se livre à son travail utile qui est d'exprimer l'aire sous la courbe ; mais quel que soit le travail, tous ces efforts débouchent sur un *nombre* et c'est l'un des points où le Calcul renoue avec ses racines en la personne du plus simple des objets mathématiques.

L'intégrale indéfinie

$$\int_a^t f = G(t),$$

quant à elle, est une fonction, et elle envoie donc des nombres sur des nombres. Mais si *f* est continue sur $[a, b]$, affirme la seconde partie du théorème fondamental, l'intégrale définie entre *a* et *b* doit être à jamais représentée comme la différence entre $F(a)$ et $F(b)$, où *F* est une intégrale *quelconque* de *f*.

Le théorème met l'accent sur le *quelconque* ; il est bien sûr banalement vrai que

$$\int_a^b f = G(b) - G(a),$$

puisque *G* a été consciencieusement *définie* par rapport à l'intégration. Ôter $G(a)$ de $G(b)$ ne peut rien laisser d'autre que l'aire mesurée par l'intégrale définie. Le théorème fondamental va au-delà de G pour englober *toute* intégrale F ; et il affirme que ce qui vaut pour G vaut aussi pour F :

$$\int_a^b f = F(b) - F(a).$$

Voilà un résultat puissant et productif. D'un côté de l'univers conceptuel, il y a une série extrêmement compliquée de sommes, une configuration *globale* qui s'étend sur toute une région de l'espace ; de l'autre côté de ce même univers, il y a deux points, deux trous d'épingles lumineux, brillants et solitaires. Le théorème fondamental affirme, *contre toute attente raisonnable*, qu'on peut déduire à partir de ces deux points de lumière tout ce qui concerne l'étendue globale.

Un lapin excessivement douteux tiré d'un chapeau excessivement élimé, me direz-vous. Mais le sentiment rassurant de la puissance du théorème se fait jour quand on en fait un usage judicieux. Notre bonne vieille fonction $f(t) = t^3$ en est un exemple. Les efforts pour calculer l'aire sous le graphe de cette fonction de 0 à 1 ont donné lieu à une série de calculs pénibles, tous orientés vers l'évaluation d'une certaine limite, de *cette* limite, en fait :

$$\lim_{n\to\infty} \sum_{i=1}^{n} f(t_i)\Delta_i.$$

Ces sommes, cette limite, ces calculs laborieux s'avèrent déplacés et superflus. Tout ce qu'il faut pour déterminer l'aire sous cette courbe, c'est connaître une intégrale de f, *toute* intégrale de f. Rien de plus facile. La fonction

$$F(t) = \frac{t^4}{4},$$

une fois dérivée, donne $f(t) = t^3$. Cette fonction, soutient le théorème fondamental du Calcul, peut être évaluée en 1 puis en 0 pour définir l'aire sous la courbe. L'évaluation achevée, le résultat est 1/4 – 0 = 1/4. Et chose surprenante, c'est bien la réponse qu'on avait trouvée auparavant mais cette fois-ci elle n'a nécessité qu'un calcul facile tenant sur une seule ligne.

Quiconque a le sens de la dureté de la justice dans le monde sera enclin à penser que tout cela est trop beau pour être vrai.

Et pourtant ça l'est.

Ce calcul et le grand théorème qui le rend possible illustrent, même maigrement, un thème qui résonne dans le Calcul mais aussi dans toute la science mathématique. Le théorème fondamental dit qu'un calcul entrepris en seulement deux points suffit pour définir l'aire sous la courbe. L'opposition se fait entre l'aire, cette chose qui s'étend sur toute une région de l'espace, et ces deux points isolés qui brillent dans un ciel par ailleurs vierge et vide, ces deux points solitaires et détachés qui contiennent on ne sait trop comment assez d'informations pour caractériser une région tout entière du plan, pour contrôler la nature de ce truc énigmatique étalé sous la courbe.

Nombre à nombre

La partie I du théorème fondamental établit un lien entre les *fonctions*, la partie II entre les *nombres* ; mais comme des projecteurs éloignés qui balaient un rivage désert, les deux moitiés du théorème s'éclairent mutuellement.

Une pierre en chute, déclare la loi de Galilée, voyage à une vitesse proportionnelle au temps écoulé ; sa vélocité est de trente-deux pieds par seconde, **vel**$(t) = 32t$. L'intégrale indéfinie de **vel**$(t) = 32t$, j'ai nommé

$$\int_a^t 32t,$$

décrit une fonction dérivable de t qui est, révèle la partie I du théorème fondamental, la fonction de position $P(t) = 16t^2$.

C'est elle qui crée une relation vivante entre la position d'un objet en chute alors qu'il traverse une région du repère cartésien et le temps durant lequel il tombe[1].

La fonction de position permet de retrouver la distance – mesure qui dépasse le simple *endroit* où cet objet est tombé pour préciser *jusqu'où* il a été. En trois secondes seulement, un objet en chute consomme 16 × 9 = 144 pieds.

Il suffit d'une petite série de pas pour franchir le fossé entre la position en tant que fonction et la distance en tant que nombre. Ces pas, le mathématicien les fait du côté droit du champ conceptuel que divise la partie II du théorème fondamental. Du côté gauche de ce champ, c'est l'aire qui tient la vedette, plus précisément l'aire sous la courbe délimitée par le bord inférieur du repère cartésien et le graphe de la fonction de vélocité entre l'origine et 3. L'intégrale *définie* de la vélocité

$$\int_0^3 32(t)$$

dénote le *nombre* requis. Mais les divers calculs que nécessite la détermination de cette intégrale peuvent être exécutés instantanément en étudiant n'importe quelle intégrale de la fonction de vélocité entre l'origine et 3. C'est la charge qui incombe à la partie II du théorème fondamental. La position est définie comme une intégrale de la vélocité. Le *calcul* approprié consiste simplement à soustraire $P(0)$ de $P(3)$. Il correspond précisément à celui réalisé pour déterminer la distance. L'aire sous cette courbe est ainsi exprimée par 144.

Aussi étrange que cela puisse sembler au premier abord, l'exercice est assez simple mais, comme une surface de verre polie où la lumière rebondit en clignotant, cet exemple dissimule dans une explosion lumineuse ce qu'il était censé refléter. Appliqué à la distance, à la vitesse et à l'aire, le théorème fondamental du Calcul démontre qu'*en tant que fonctions* ces

1 Pour les détails, voir le chapitre 12.

concepts sont coordonnés. Mais le calcul ci-dessus conduit en fin de compte à un nombre particulier, 144, nombre qui représente *aussi bien* la distance parcourue par un objet en chute que l'aire sous la courbe. Un seul nombre en vient donc à exprimer deux notions très différentes, la distance *et* l'aire.

D'un côté, cela n'a rien de surprenant. Après tout, la distance est définie comme le produit de la vitesse et du temps, et qu'est-ce que l'intégrale, sinon une version plus sophistiquée de ce produit ? Mais, d'un tout autre côté, l'identification de la distance avec l'aire ne peut qu'être source de stupéfaction. La distance est, en effet, une notion unidimensionnelle, la mesure de quelque chose qui s'étend de tel endroit à tel autre, tandis que l'aire est une notion bidimensionnelle liée à celle de territoire ou d'étendue. La distance résulte d'une opération mathématique simple : la distance entre deux nombres est leur différence. L'aire, elle, demande une construction mathématique très élaborée avant de transcender ses origines dans les formules de la géométrie euclidienne. Et pourtant la distance et l'aire sont liées, ne serait-ce que par les nombres qui servent à les désigner.

En ce sens, le théorème fondamental du Calcul témoigne d'un brouillage de la limite entre ce qui est purement mathématique et ce qui est purement physique. La dérivation commence par un phénomène physique, le déplacement de position d'un corps physique. Elle finit par un objet mathématique, la dérivée d'une fonction à valeurs réelles introduite afin d'exprimer la vitesse instantanée. L'intégration commence par un objet mathématique, l'aire sous la courbe. Elle finit par un phénomène physique, le déplacement de position d'un corps physique. Ce schéma et la subtile déstabilisation des catégories établies à laquelle il donne lieu reflètent l'œuvre du Calcul à son niveau le plus profond.

Annexe

Le théorème fondamental

Partie I

Démontrer le théorème fondamental du Calcul est un jeu d'enfant. La pleine force de ce théorème réside dans ce qu'il dit et non dans la manière dont on le déduit ; le raisonnement demande uniquement de ne pas perdre de vue certains faits.

C'est sur la fonction G que le théorème fait valoir ses prétentions ; et vu la forme que ces prétentions sont susceptibles de prendre, il est bon d'avoir son quotient *différentiel* à portée de main dès le départ[2] :

$$\frac{G(t+h)-G(t)}{h}.$$

Voilà qui laisse entrevoir la stratégie à venir ; $G(t + h)$ et $G(t)$ ont *toutes deux* une interprétation directe en termes d'intégration, donc, si f est positive, en termes d'aire. Mon raisonnement se déroule *comme si* f était positive et je mentionne l'aire *comme si* c'était un fait acquis, mais rien – *absolument rien* – de ce que je dis ne dépend de cette supposition qui apparaît dans ce qui suit comme une allègre concession à l'intuition.

Les déductions appropriées se succèdent en cascade. L'aire sous la courbe entre les points a et $t + h$ est décrite simplement comme :

2 Dans ce qui suit, je remplace Δt par h uniquement par souci de commodité typographique et de clarté de présentation.

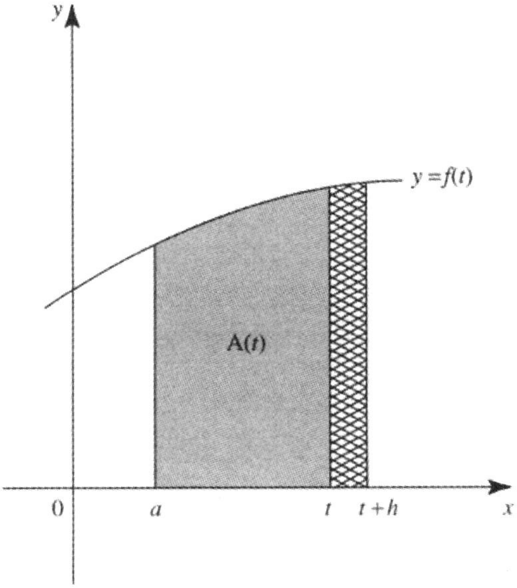

$$\int_a^{t+h} f.$$

Étant donné la définition de G,

$$\int_a^{t+h} f = G(t+h).$$

L'aire sous la courbe de a à t est exprimée comme :

$$\int_a^t f.$$

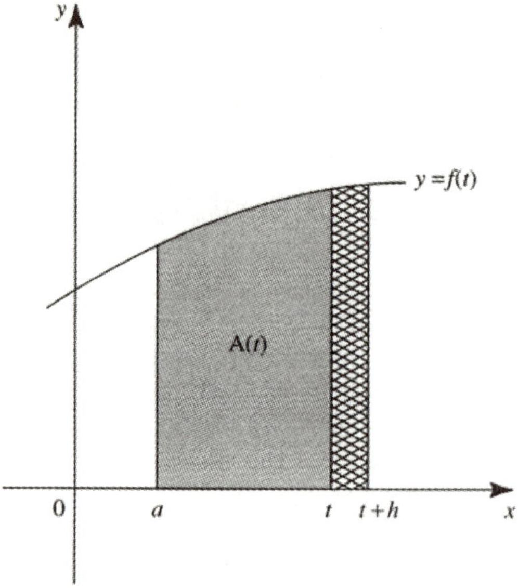

Mais à nouveau en vertu de la définition de G,

$$\int_a^t f = G(t).$$

Pour représenter la différence entre $G(t + h)$ et $G(t)$, il suffit d'aligner les symboles

$$G(t+h) - G(t) = \int_a^{t+h} f - \int_a^t f,$$

et cette expression exprime effectivement l'aire sous le graphe de f dans une mince bande dont la base est h. Ce qui donne à penser, les symboles *invitant* à cette interprétation avec un sourire aguichant, que quand on passera à la limite, le côté gauche de cette équation verra cette différence se fondre en une dérivée, alors que le côté droit réapparaîtra sous les traits de $f(t)$ en personne.

Dans un premier temps, on divise les deux côtés de l'équation par h :

$$\frac{G(t+h) - G(t)}{h} = \frac{1}{h}\left(\int_a^{t+h} f - \int_a^t f\right).$$

Dans un second temps, on transforme la différence entre les deux intégrales en une unique intégrale :

$$\left(\int_a^{t+h} f - \int_a^t f\right) = \int_t^{t+h} f.$$

Substituer la nouvelle intégrale à l'ancienne donne :

$$\frac{G(t+h)-G(t)}{h} = \frac{1}{h}\int_t^{t+h} f.$$

Tout cela n'est rien d'autre que le jeu entre les définitions et quelques notions d'algèbre élémentaire.

C'est en pensant à cet instant précis que l'on a conçu le théorème de la moyenne pour les intégrales. Il existe un argument de f – appelons-le c pour garder les symboles clairs – tel qu'en c la valeur de f soit

$$f(c) = \frac{1}{h}\int_t^{t+h} f.$$

En remplaçant des égaux par des égaux, on obtient :

$$\frac{G(t+h)-G(t)}{h} = f(c),$$

l'apparence de cette formule étant suffisante, je l'espère, pour que les personnes sensibles au symbolisme ressentent les signes avant-coureurs d'un frisson dans le dos.

Un dernier détail se met maintenant en place pour mener le théorème à son terme. Parmi les suppositions faites à propos de f figure le fait qu'elle soit continue. De par la nature de la continuité, en sa limite $f(c)$ tend vers $f(t)$, conclusion qui surgit en grondant du cœur même des choses. Ce qui veut dire que

$$\lim_{h\to 0}\frac{G(t+h)-G(t)}{h} = f(t).$$

Mais

$$\lim_{h\to 0}\frac{G(t+h)-G(t)}{h}$$

est la dérivée de G, laquelle, révèle maintenant le théorème, n'est autre que f en personne.

Partie II

La démonstration de la seconde partie du théorème est très facile et très rapide. La fonction G est par définition l'intégrale indéfinie de f :

$$G(t) = \int_a^t f.$$

Mais G a déjà établi son identité comme étant une intégrale de f. Soit F *toute* autre intégrale de f, de sorte que la dérivée de F et celle de G viennent coïncider en f. Le théorème des accroissements finis faisant comme d'habitude une habile apparition, on en déduit que F et G ne diffèrent que par une constante :

$$G = F + C.$$

Mais $G(a)$ *doit valoir* 0. Après tout, G est définie comme l'intégrale de a à t et si $t = a$ il n'y a pas d'aire à calculer, rien à ajouter, et cette intégrale ne va nulle part. Ainsi,

$$0 = G(a) = F(a) + C.$$

Ce qui veut dire que C est égal à $-F(a)$, si bien que quel que soit t

$$G(t) = F(t) - F(a).$$

Quand on évalue G en $t = b$, à l'endroit même où l'intégrale définie et l'intégrale indéfinie coïncident momentanément :

$$G(b) = \int_a^t f = \int_a^b f = F(b) - F(a).$$

Voilà la démonstration rondement expédiée.

CHAPITRE 26

L'adieu à la continuité

C'est donc là mon histoire et, comme toutes les histoires, elle ne peut faire rien de plus qu'enfermer le lecteur dans un cercle de voix humaines.

Le Calcul est la grande méditation de l'humanité sur le thème de la continuité, sa première et plus audacieuse tentative pour représenter le monde, ou pour le créer, au moyen de formes symboliques dont le pouvoir *dépasse* les descriptions désespérément limitées que nous employons habituellement. Il y a plus que le théorème fondamental dans le Calcul et plus que le Calcul dans les mathématiques. Aussi le Calcul a le singulier pouvoir de mobiliser l'attention d'hommes et de femmes cultivés. Il recèle toute l'innocence d'une quête abstraite menée à bonne fin. Cette grande et puissante théorie est née à l'instant précis où l'homme a contemplé l'infini pour la première fois : des suites sans fin, des additions infinies, des limites clignotant au lointain. Rien dans notre expérience ne laisse penser que ce type de mathématiques puisse fonctionner, et la capacité du Calcul à unifier les divers aspects de l'expérience est la preuve alléchante mais incomplète que, parmi les portes de la perception, certaines au moins peuvent s'ouvrir et certaines peuvent mener plus loin.

Ayant rendu la science mathématique moderne possible, il ne fait aucun doute que le Calcul l'a également rendue inévitable. Aucune théorie purement physique ne s'est jamais affranchie de ses liens avec le Calcul ni de sa dépendance envers les tours de prestidigitation que celui-ci exige et incarne. Mais pour toute la puissance et la réelle grandeur intellectuelle des schémas scientifiques contemporains portant sur la description de cordes ou sur l'inflation cosmique qui, en un tournemain, a mené l'univers du bang à la bulle, l'entreprise dont ils sont l'expression suprême ne bénéficie plus aujourd'hui d'une large adhésion en tant que foi séculaire. Cette remarque n'est pas un manque de respect de ma part. C'est tout simplement la réalité. Il existe une fracture dans la pensée contemporaine, avec, d'un côté, les physiciens qui prétendent que chaque avancée les conduit plus près d'une théorie finale, et, de l'autre, le reste d'entre nous qui fait observer que la différence entre ce qui a été accompli et ce qui reste à faire demeure ce qu'elle a toujours été, c'est-à-dire infinie. La vérité simple et mélancolique, c'est qu'en dehors du cercle enchanté de ceux qui travaillent sur les frontières courantes plus personne ne croit que la physique ou *quoi que ce soit de tel* puisse offrir aux êtres humains contemplatifs une arche théorique assez solide pour soutenir un système de pensées et de sentiments cohérent.

Et pourtant les hommes sont une espèce naturellement inquisitrice, et si les questions que nous nous posons aux confins de notre expérience – *comment tout cela a-t-il commencé et pourquoi ?* – semblent creuses et empreintes d'autodérision, un peu comme si l'univers était conçu pour décourager ce genre de spéculation, quantité d'autres questions suscitent notre curiosité ; et l'abandon des grandes préoccupations de la théorie physique pourrait indiquer autant un changement d'attitude et d'intérêt qu'une défaite intellectuelle.

Les biologistes, par exemple, semblent posséder ce qui manque aujourd'hui aux physiciens : une méthode communément admise, des priorités acceptées et un ensemble de thèmes de recherche accessibles tant sur le plan économique que sur le plan intellectuel. Voilà une remarque qui ne susciterait qu'un haussement d'épaules, n'était le fait étrange que la biologie est une discipline bien différente de ce que l'on pourrait penser. Pas de mathématiques, pour commencer. Malgré quelques tentatives isolées de la part des mathématiciens pour participer à la vie des sciences biologiques, les mathématiques n'ont joué *aucun* rôle dans la biologie moléculaire, et semblent destinées à n'en jouer aucun. Nul accomplissement dans ce domaine ne demande quoi que ce soit de plus compliqué que de savoir compter sur ses doigts. Mais il y a plus étrange encore : pour l'essentiel, le monde de la pensée en biologie moléculaire est immédiatement accessible à une personne ne connaissant rien de la science, ni de la physique moderne, ni de Newton, ni de la continuité, ni du Calcul. La compréhension des systèmes vivants passe par celle de leurs éléments constitutifs. En allant du plus grand au plus petit, on rencontre ainsi les systèmes organiques, les organes, les tissus, les cellules, les éléments cellulaires, puis, à une échelle d'organisation bien plus petite, les constituants moléculaires dont les plus importants sont les protéines et une molécule maîtresse, l'ADN. Mais *là*, contrairement à la physique, les choses prennent fin. Plutôt que de profondeur, le biologiste a besoin d'une extension intellectuelle. Il s'emploie à établir des liens entre les constituants biologiques en suivant des chemins à travers un système vivant et en comprenant comment se transmettent les influences.

Si c'est là faire une simplification excessive, il ne reste à ajouter que les détails. Les grandes lignes sont assez claires. Elles révèlent un paysage intellectuel bien plus simple que celui qu'habitent les mathématiciens. La science mathématique se nourrit de *théories*, la biologie moléculaire de *faits*. Alors qu'un siècle cède la place à un autre, la nature même de la science en tant qu'activité humaine spécifique subit une transformation inéluctable.

L'opposition entre le mathématicien et le biologiste repose sur deux attitudes intellectuelles différentes, deux stratégies face à l'expérience. Dans l'une, la justesse de la description est remplacée par la *profondeur* de l'intuition – c'est la stratégie adoptée par la science moderne et la philosophie occidentale. C'est celle qui reçoit son expression suprême dans le Calcul, car partout dans cette discipline le fouillis de l'expérience est impitoyablement rejeté au profit d'un monde recréé dans l'optique des nombres réels et des fonctions qui les mettent en correspondance. Cette façon de faire a le mérite de révéler l'essentiel ; son inconvénient est qu'elle le fait au détriment de la nature de l'expérience. Les théories peuvent donner un nouvel éclairage aux faits, lorsqu'elles font des prédictions qui se révèlent exactes ; elles peuvent intervenir, elles interviennent *effectivement* de manière décisive dans la manipulation de la nature sur une petite échelle, lorsque, par exemple, les mathématiques sont *appliquées* ; elles peuvent exercer une autorité intellectuelle écrasante. Mais elles ne sont pas, *elles ne peuvent pas* être adaptées à la nature de l'expérience telle qu'elle est vécue dans la vie courante, en d'autres termes, elles ne peuvent pas être adaptées aux milliers de liens chatoyants bien qu'évanescents qui relient une personne et une autre, un lieu et un autre, un temps et un autre.

Énumérer ce que la science mathématique est incapable de faire revient à dégager rapidement une seconde stratégie intellectuelle dans laquelle la profondeur est remplacée par la justesse de la description. Le but de cette stratégie n'est pas de recréer le monde mais de le décrire. Elle puise ses origines dans l'empirisme animal immémorial qui éclaire notre représentation directe et naturelle du monde réel. C'est une stratégie qui trouve son expression suprême dans la biologie moderne, car partout en biologie on note une indifférence aux causes ultimes et aux éléments irréductibles – aucun biologiste n'aurait l'idée d'expliquer le métabolisme de la chauve-souris en se fondant sur les quarks –, mais, en revanche, une curiosité passionnée pour les relations, les modes d'influence, la manière dont *fonctionne* un système biologique.

Il est tout à fait possible que l'homme, en raison de la manière dont il est fait, ait un penchant pour les explications biologiques et soit instinctivement porté vers l'accumulation des faits, se donnant ainsi l'impression solide et rassurante qu'il s'occupe de détails qui comptent. À cet égard, la biologie moléculaire ne fait que poursuivre une tradition ancienne.

Au-delà de la biologie, qu'y a-t-il ? Nous vivons tous au sein d'un réseau dense et réticulé de rapports et de causes, de contingences et de correspondances, un réseau vivant et frémissant de passions et de sensibilités humaines. C'est dans ce tissu de dépendances que nous naissons, et c'est lui que nous quittons à notre mort. Une description de ce tissu, une perception instantanée, accessible et mise à la disposition de chacun de ses membres, auraient fort peu de rapport avec la science mathématique moderne et il n'y aurait rien dans leurs origines qui pourrait faire penser au Calcul. Elles permettraient quasiment de décrire les apparences, les multiples façons dont les choses sont coordonnées et reliées : ce serait une théorie portant presque exclusivement sur les faits, les choses telles qu'elles nous sont données ici et maintenant, là où nous vivons, respirons et passons le temps. Comprendre les choses de cette façon dynamique est un rêve inscrit par intermittence dans les aspirations intellectuelles de l'homme depuis des temps immémoriaux. Ce fut en partie le rêve de Leibniz, dont l'étrange génie lumineux vient maintenant planer sur ce début de XXIe siècle. Pourquoi renoncer au monde de l'apparence, pourrait-il demander, si ce monde peut être *totalement* compris ? Mais ce n'est que depuis ces cinquante dernières années que l'homme a trouvé dans l'ordinateur un outil capable, au moins en principe, de venir à bout de la taille même du tissu, de sa complexité. Et cela aussi, Leibniz l'avait prédit.

L'ordinateur ne peut pas penser ; il ne peut pas agir ; il n'a ni volonté ni motivation ; mais ses opérations témoignent d'une étonnante économie de moyens, et sa conception, d'un génie singulier, d'une sorte d'habileté que ne possède nul autre instrument. Il arrive à des résultats stupéfiants en simplifiant son organisation pour n'englober que quelques opérations logiques de base. Il se penche sur un monde présenté sous la forme de blocs de données et parvient, grâce à sa grande vitesse et à sa simplicité, à coordonner les aspects de ce monde *directement*, sans passer par une théorie, sans faire appel à des notions abstraites. L'ordinateur n'entretient aucun contact avec les concepts de la continuité. C'est avant tout un outil qui suit puis enregistre l'évolution des relations au fil du temps. Si le Calcul incarne, ou du moins représente l'instinct séculaire qui pousse l'homme vers l'abstraction théorique, l'ordinateur représente et pourrait incarner l'instinct non moins séculaire qui le pousse vers la maîtrise des faits.

Et la continuité dans tout ça ? La longue et extraordinaire méditation entreprise sur sa signification touche à sa fin. Les mathématiques qui interviennent dans cette méditation sont devenues trop rébarbatives et le système de règles qui les anime trop compliqué pour nourrir une vaste communauté d'intérêts. Devenir mathématicien demande des capacités inhabituelles et des années de formation pénibles durant lesquelles l'intellect est contraint à d'étranges contorsions. Comme le contrepoint au XVIe siècle ou les rites de la cour de Perse, la discipline est devenue trop complexe et, dans les sciences comme dans les arts, ce qui est trop complexe est destiné à disparaître.

Ceux d'entre nous qui, comme le courtisan perse, en sont venus à accepter la complexité des mathématiques et ont permis à ce qui est bizarre et très difficile de devenir familier ont une tendance naturelle à prendre le monde qu'ils habitent pour une globalité, et de même que le courtisan ne peut imaginer la vie en dehors de la cour grandiose et majestueuse, avec ses palmiers, ses odeurs d'encens et de frangipane et le pourpre profond et saisissant de l'emblème impérial, le mathématicien ne peut imaginer des formes d'expérience intellectuelle qui ne soient d'une façon ou d'une autre dominées par l'idée ancienne du continuum et de ses propriétés et pouvoirs.

Cependant, comme tout a un commencement et une fin, si l'univers est effectivement né lors d'une explosion dense qui a créé par la même occasion l'espace et le temps, ceux-ci sont appelés à disparaître, la mesure s'évanouissant en même temps que la chose mesurée jusqu'à ce qu'une autre ride parcoure le champ quantique primordial et que quelque chose de nouveau surgisse encore une fois du néant.

Épilogue

Au fil du temps, ces cartes détaillées furent jugées quelque peu inadéquates et le Collège des cartographes dressa alors une carte de l'empire à l'échelle de ce dernier et lui correspondant point à point. Moins attentives à l'étude de la cartographie, les générations suivantes finirent par considérer une carte de cette taille encombrante et, non sans irrévérence, l'abandonnèrent aux rigueurs du soleil et de la pluie. Dans les déserts occidentaux, on trouve toujours des lambeaux de la carte abritant parfois un animal ou un mendiant ; dans toute la nation, il ne reste aucun autre vestige de la discipline de la géographie.

JORGE LUIS BORGES, « DE L'EXACTITUDE DE LA SCIENCE »

Remerciements

J'ai écrit ce livre dans l'isolement, presque sans adresser la parole à quiconque mais sans être opprimé non plus par les codes ou les credos universitaires, libre de dire ce que je voulais quand je le voulais. Le fait que je me sente obligé de m'en vanter témoigne bien de la dégradation qui frappe la vie universitaire américaine. Je voue une reconnaissance sans bornes à ma femme Victoria pour avoir rendu ma liberté possible. Dans tout ce que j'ai fait, mon espoir a été d'écrire quelque chose qui soit digne de son admiration.

Susan Ginsburg est le plus grand agent littéraire du monde ; c'est aussi une très bonne éditrice, à la fois compréhensive, avisée et exigeante. C'est Susan qui a vu les mérites de ce livre alors qu'il n'existait qu'à l'état de projet long d'un paragraphe, et c'est elle m'a affirmé maintes et maintes fois, à sa manière patiente mais implacable, que ce que j'avais fait, je pouvais le refaire en mieux. Elle avait raison. L'expérience m'amène à soupçonner qu'elle a toujours raison et si ce livre ne reçoit pas encore sa pleine approbation, ce n'est pas faute d'avoir essayé.

Tout auteur s'imagine un jour ou l'autre que ses éditeurs sont ses ennemis jurés et que leur seul but dans la vie est de barrer d'un trait rouge indigné ses phrases les plus précieuses ou ses paragraphes favoris. Je ne peux pas dire que cela ait été mon cas. Dan Frank et Marty Asher sont capables de repérer ce qu'il y a de meilleur dans la prose de leur auteur. Ils sont aussi déterminés à éliminer tout ce qui est grossier, maladroit, offensant, obscur, vulgaire ou alambiqué. « Vous avez à nouveau beaucoup écrit pour ne rien dire, monsieur Berlinski », écrivit un jour un professeur d'anglais sur l'un de mes devoirs ; et par une étrange et inexplicable division du courant génétique, ce personnage comminatoire nettement gravé dans ma mémoire semble s'être réincarné dans mes éditeurs. Derrière le livre qu'ils ont lu, ils ont aperçu le livre meilleur que j'aurais dû écrire et m'ont fait savoir, souvent en termes on ne peut plus clairs, combien il me restait à accomplir avant de faire coïncider ce que je voulais dire avec ce que je disais effectivement.

Trois mathématiciens ont influencé le développement de ma pensée :

M. P. Schutzenberger m'a offert un modèle durable d'intelligence mathématique : passionnée, variée, courageuse et sceptique. Je juge pratiquement tout ce que j'écris en imaginant son grognement de dérision. Son amitié a été la plus extraordinaire de toute ma vie.

C'est le travail de René Thom sur les singularités des applications différentiables qui a fait vibrer puis craqueler la banquise de mon autosatisfaction intellectuelle. Plus que toute autre, c'est cette œuvre qui m'a convaincu que, sans les mathématiques, la philosophie était une discipline appauvrie.

Quand nous étions jeunes, Daniel Gallin et moi-même avons travaillé ensemble à un certain nombre de projets mathématiques. Nous avions loué un studio ensoleillé à San Francisco et passions de longs après-midi dorés à bavarder. Ce sont ces conversations qui m'ont fait comprendre non pas ce qu'étaient les mathématiques – ça, je pensais le savoir –, mais comment on devait les faire. Je chérirai toujours le souvenir de ces journées passées ensemble, lorsque nous pensions que le temps ne finirait jamais.

Achevé d'imprimer en octobre 2001
par Maury-Eurolivres - 45300 Manchecourt

Imprimé en France

ISBN 2.9516597.2.5
957 384.8